U0179848

国家社科基金
GUOJIA SHEKE JIJIN HOUQI ZIZHU XIANGMU
后期资助项目

意义、想象与建构

当代中国展演类西江苗族服饰设计的人类学观察

Meaning, Imagination, Construction

Anthropological Observation on Design of Contemporary Chinese
Exhibition and Performance Miao Costume in Xijiang

周　莹　著

ZHEJIANG UNIVERSITY PRESS
浙江大学出版社

图书在版编目（CIP）数据

意义、想象与建构：当代中国展演类西江苗族服饰
设计的人类学观察 / 周莹著. — 杭州：浙江大学出版
社，2021.10
ISBN 978-7-308-21588-6

Ⅰ. ①意… Ⅱ. ①周… Ⅲ. ①苗族－民族服饰－文化
研究－中国 Ⅳ. ①TS941.742.816

中国版本图书馆CIP数据核字(2021)第139538号

意义、想象与建构：当代中国展演类西江苗族服饰设计的人类学观察
周　莹　著

责任编辑	闻晓虹
责任校对	张培洁
封面设计	周　灵
出版发行	浙江大学出版社
	（杭州市天目山路148号　　邮政编码　310007）
	（网址：http://www.zjupress.com）
排　　版	杭州林智广告有限公司
印　　刷	杭州高腾印务有限公司
开　　本	710mm×1000mm　1/16
印　　张	19.5
插　　页	6
字　　数	350千
版 印 次	2021年10月第1版　2021年10月第1次印刷
书　　号	ISBN 978-7-308-21588-6
定　　价	78.00元

图2–1①　身穿西江苗族女子盛装的苗族姑娘穆春（西江千户苗寨，穆春提供，2011年）

图2–2　鳞次栉比的西江千户苗寨建筑（西江千户苗寨，2009年②）

① 插页中的序号对应的是正文中的插图编号，图2-1指的是第二章的第一张图，下同。
② 未写明照片具体出处的，皆为笔者拍摄。

▲ 图2-12 流传至今的西江苗族女子盛装（宋美芬女儿龙玲燕的盛装，西江千户苗寨，2012年）

◀ 图2-3 "多彩中华"在巴黎卢浮宫展演中的西江苗族服饰（《衣舞卢浮宫：中国民族服饰在法国》，2004年）

图2-8 用自己头发制成的"假发"发髻（西江千户苗寨，2009年）

图2-11 盘苗族发髻的外来游客（西江千户苗寨，2017年）

图 2-15　西江千户苗寨歌舞表演（西江千户苗寨，2011 年）

图 2-16　西江千户苗寨歌舞表演《美丽西江》（西江千户苗寨，2017 年）

图2-17　西江千户苗寨歌舞表演中寨老的服装（西江千户苗寨，2011年）

图2-18　贵州省雷山县西江千户苗寨千名苗族同胞唱苗歌献给党的活动照片一（西江千户苗寨，穆春提供，2011年）

▲ 图3-12 "爱我中华"方队西江苗服的设计原型(《中国民族服饰博览》,2001年)

◀ 图3-4 收腰的西江展演女子苗族盛装(西江千户苗寨,2011年)

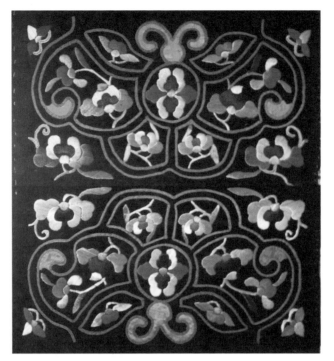

图3-1　雷山西江苗族破线绣蝶纹衣袖片（西江千户苗寨博物馆藏，清代）

图3-5　当代西江苗族女子盛装上衣及其色彩归纳（西江千户苗寨，2012年）

▲ 图3-7 雷山辫绣蝶纹、
龙人纹袖片（西江千户苗
寨博物馆藏，清代）

◀ 图3-6 艳色底色的辫
绣龙蝶纹袖片（西江千户
苗寨博物馆藏，清代）

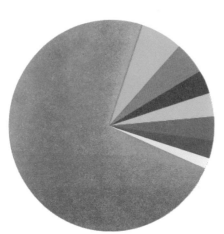

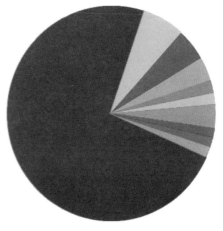

图3-8 清代龙蝶纹袖片色彩提取　　　图3-9 清代蝶纹、龙人纹袖片色彩提取

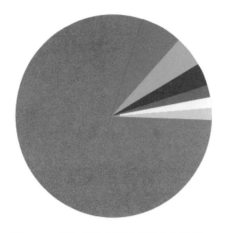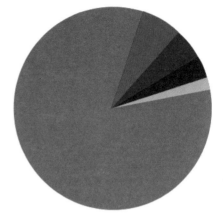

图3-10　西江展演苗服袖片图案色彩提取　　图3-11　"爱我中华"西江苗服袖片图案
色彩提取

图3-13　"爱我中华"方队西江苗服配色（《中国民族服饰博览》，2001年）

图4-15 西江式银帽（北京服装学院民族服饰博物馆藏）

▲ 图4-17 西江苗寨展演中的西江苗族盛
装（西江千户苗寨，2011年）

◀ 图4-18 "爱我中华"方队中的西江苗服
银饰（中央民族大学，2009年）

图5-9　被队员穿成各式各样的西江苗服衣襟

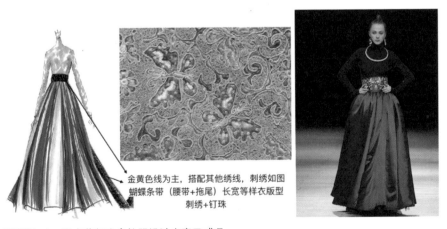

金黄色线为主，搭配其他绣线，刺绣如图
蝴蝶条带（腰带+拖尾）长宽等样衣版型
刺绣+钉珠

图后记-1　雷山苗年晚会礼服设计方案及成品

图后记-3 《蝴蝶妈妈》苗族文化旅游产品设计效果图

图后记-4 《蝴蝶妈妈》苗族文化旅游产品设计配色方案

国家社科基金后期资助项目
出版说明

后期资助项目是国家社科基金设立的一类重要项目，旨在鼓励广大社科研究者潜心治学，支持基础研究多出优秀成果。它是经过严格评审，从接近完成的科研成果中遴选立项的。为扩大后期资助项目的影响，更好地推动学术发展，促进成果转化，全国哲学社会科学工作办公室按照"统一设计、统一标识、统一版式、形成系列"的总体要求，组织出版国家社科基金后期资助项目成果。

全国哲学社会科学工作办公室

目　录

导　论

第一节　问题提出与陈述

一、研究缘起

尽管我本科和硕士都是学服装设计的，但是能够接触到展演类服饰设计的机会并不多。直到2002年夏天，我才初尝了这一类型服装的设计工作。当时我正在北京服装学院读研，导师带着我和我的同学，要为中央民族歌舞团50周年团庆舞蹈节目《多彩家园》设计民族服饰。接到任务的我既兴奋又忐忑，因为这是第一次设计用于展演的服饰，而且还是民族题材的；更富有挑战性的是，这项任务是展演类服饰里面对设计要求最为苛刻的舞蹈服。我的任务是画设计图，并和导演进行设计方面的沟通。导演要求设计35个民族的服饰，都是女装。我的设计是以传统的民族服饰为原型来展开的。我在图书馆找来了几本少数民族服饰的书（主要是图册），锁定了我认为设计出来会具有鲜明民族特点的35个民族，便开始设计。后来，因为其他项目的设计需要，我被导师派到张家口，没能亲自监制自己辛苦设计的服装。这次在保利剧院的演出获得了导演和观众的高度认可（图导论-1）。但是听同门师姐说，由于在材料选择和裁制纸样方面出了些问题，有些衣服在演员的舞蹈表演中被撕扯坏了。这些略带瑕疵的设计作品没能给我带来作为一名设计师的成就感，反而让我更加体会到了设计师所肩负的重大责任。

再次与展演类民族服饰结缘是在2009年，依旧是一个夏天。此时我已经是中央民族大学美术学院服装设计专业的一位老师了。当年的10月1日，中华人民共和国成立60周年庆典要在天安门广场举行。按庆典安排，阅兵仪式后群众代表要进行游行活动。中央民族大学负责组织和训练"爱我中华"和"团结奋进"两个穿民族服饰的方队。时值暑假，我游说爱人（当时是男朋友）陪着我去贵州考察调研，顺便放松一下，他却以要参加国庆游行训练为由拒绝了。这让我感到很困惑，因为他一向对我言听

图导论–1　笔者参与设计的2002年中央民族歌舞团50周年团庆舞蹈节目《多彩家园》的民族服饰(保利剧院,2002年)

计从，况且他在1999年的时候已经参加了一次国庆游行活动，这次居然还要放着好端端的假期不享受，在北京的酷夏苦练两个月。当我略带生气地责问他时，他却给出了非常简单的回答："因为这次游行可以穿蒙古袍，上次穿的是新疆维吾尔族的袍子。"[1] 我能理解他作为一个蒙古族人期待穿着蒙古袍在庆典中走过天安门的心情，但是当我告诉他穿的不是传统蒙古袍，而是设计师设计过的专门用于展演的民族服饰时，他却说无所谓。爱人对经过重新设计的民族服饰的穿着态度让我受到很大触动，也促使我更加关注展演类的民族服饰。

　　后来，我们还是利用他的训练间隙去贵州调研了（他在此行中生了病，遗憾未能参加后续的训练，也没能在10月1日当天穿着蒙古袍走过天安门）。在这次考察少数民族蜡染服饰的调研中，我在黔东南、黔西有幸领略到了当地独特的少数民族建筑、服饰、饮食及风土人情。更幸运的是，在这次采风中，我又一次接触到了展演类的民族服饰。在贵州省黔东南苗族侗族自治州被余秋雨先生称为"以美丽回答一切"的西江千户苗寨，苗族歌舞表演让我领略到了当地的民俗文化，苗族姑娘们在演出中穿着的与其传统民族服饰不同的服饰更是深深吸引了我。也许是出于自己的职业敏感度，我发现原本华丽、精致、大方的苗族盛装摇身变成了短短的、收身的、富现代感的服饰，这中间的变化缘由引发了我的好奇和思考。

　　更为机缘巧合的是，回到北京陪爱人去请假时，我发现训练场地的队

---

① 受访者：陈立新，男，蒙古族，1979年生人，曾任中央民族大学信息工程学院副教授，现任中央民族大学科研处副处长；访谈时间：2009年6月12日；访谈地点：中央民族大学；访谈者：笔者。陈立新曾于1999年和2009年，分别参加了中华人民共和国成立50周年和60周年庆典的群众游行训练，1999年是作为中央民族大学的学生代表，2009年则是作为教师代表任"爱我中华"群众游行方队的小队长。

员穿的苗族服饰，都是以西江苗族传统服饰为基型重新设计的。设计延续了传统西江苗族妇女盛装的大方感和华丽感，虽选择了现代的材料和制作工艺，但依旧是传统的式样。这不由引发了我进一步的思索：在设计师精心设计出来的展演类民族服饰与少数民族民众创造出来的传统民族服饰之间，究竟存在着怎样的异同呢？个中原因或许可以为我们找到一条了解当代中国服装设计文化的理想路径。

艺术与社会文化息息相关，在文化体系中具有独特的价值和社会文化表现方式。人类学家将艺术视为文化表征（representation of culture），将其作为理解、把握、研究文化的路径之一，借由表征探讨艺术与文化之间的关联。服饰艺术，是物质文明和精神文明的双重产物，是每个民族自然条件、人文背景、意识形态等方面综合作用的结果。服饰的作用不仅仅停留在蔽体保暖等功能上，还承载着一个民族的历史、文化、习俗、审美等诸多因素。因此，服饰本质上亦是一种文化现象。

这项研究中的"展演"①，不同于人类学所关注的"文化展演"，而只是对研究对象用途类别的界定，即用于"展示或演出"的民族服饰。因此，研究展演类民族服饰设计，并非针对一般面向大众的商业类日常服饰，也不针对用于普通文艺晚会的民族歌舞演出服饰，而是用于向公众进行展示或演出（如国庆群众游行、奥运会开闭幕式、民族博物馆少数民族服饰对外文化交流演出、少数民族地区旅游开发中的民族文化演出等），具有表征性、政治性、艺术性、商业性等多元化设计特点的民族服饰设计作品。展演类民族服饰设计既不是对少数民族传统服装的简单复制，也不是完全抛离少数民族传统服装的原型，而是设计师以少数民族传统服装为基型，运用现代的服装材料、色彩、空间、工艺等各种手段，对少数民族传统服装加以重塑和再造的服装设计作品。这类设计作品是设计文化的表征，通过对它们的研究，可以全面并充分地理解、把握和研究中国服装设计所蕴含的社会文化。本书研究对象的时空范围限定在近十年的展演类西江苗族服饰设计作品，并以西江千户苗寨中苗族歌舞表演的苗服及2009年中华人民共和国成立60周年庆典上"爱我中华"游行方队中的西江式苗族服饰作为研究个案。为更清楚地探讨研究对象，本书还从比较分析的视角，辅以同样是民族展演类服饰设计个案——民族博物馆的大型对外展示、演出中的西江式苗族服饰来展开讨论。

作为艺术人类学的研究对象，展演类民族服饰设计的描述与解释具

① 关于本研究所关注的展演类民族服饰，将在第二章第一节加以明确描述。

有特殊的目的。不同学科背景的学者们在研究中都意识到，就艺术而谈艺术其局限性十分明显。而在当代社会环境和学术思潮条件下，艺术人类学和以人类学为学术取向的各门类艺术和审美研究，只有在全面把握研究对象的社会文化前提下解读艺术或以研究对象的艺术为中心的解释出发来阐释其社会文化意义，艺术民族志对研究对象的描述与研究才有可能从"浅描"走向"深描"。①人类学在寻求描述性的事实的同时，更重视探究存在于这些事实背后的原因。艺术人类学的研究有两个互为补益的关注向度："一方面，透过艺术看文化，考究特定群体的'艺术活动'与当地社会文化内蕴之间的索引性（indexical）关联，亦即艺术的文化表达问题；另一方面，从文化切入阐释艺术，探讨特定'文化脚本'（文化语境）'框束'下的诸如人对艺术活动的赋义、具体艺术形式的产生机制等艺术本体性论题，即文化的艺术呈现问题。"②这种基于"关系"的考量，注重研究对象的"当下性"，基于可实证的文化关系生成场景。而具体到对展演类西江苗族服饰设计进行的艺术人类学研究，应是一种可以通过田野工作获取信息资料，进而展开的"当下"研究；通过了解当代中国展演类民族服饰设计的艺术，了解它向我们展示的文化。

有鉴于此，在艺术人类学视野下，对全球化语境下当代展演类西江苗族服饰设计的解读目标，不只是"浅描"其设计结果与设计行为的流程、工具、技法等表象内容，更是要"深描"文化持有者的设计经验。表现为见解、感受、想象、情感等设计经验的设计师的概念系统、意义体系和情感模式，才是解读服饰设计的核心要素。尽管不同文化以及不同设计师之间难以达成统一的欣赏准则，但相互间的差异应成为增进了解的动力，而不是交流、理解的障碍。对文化持有者设计经验的探究，将有助于理解设计文化差异的更深层面缘由。

二、研究目的与价值

本研究探讨在当代中国展演类民族服饰设计中，设计师如何能动地进行意义和对"他者"想象的构建，在构建的同时又是如何看待、把握和体现文化认同，并阐明设计与文化之间的关联等问题。

将当代展演类西江苗族服饰设计的探讨置于全球化这个正在发生的

---

① 何明：《直观与理性的交融：艺术民族志书写初论》，《广西民族大学学报（哲学社会科学版）》2007年第1期，第74页。

② 何明、洪颖：《回到生活：关于艺术人类学学科发展问题的反思》，《文学评论》2006年第1期，第87页。

"场域"中,展开即时性的观察与阐述,符合艺术人类学学科的一个重要学术取向。因此,对于全球化语境下当代展演类西江苗族服饰设计的艺术人类学研究的切入点,也应定位在当下其与人们行为间的互动关系,即设计作品如何被穿、谁在穿、如何被生产、如何被买卖、穿着者如何评价和被评价以及其如何影响人们的行为等等。由此,正在进行中的当代展演类西江苗族服饰设计艺术行为,便是笔者艺术民族志的书写对象。笔者不仅要书写艺术行为本身,更要透过艺术行为"深描"其背后的艺术体验或审美经验。这既是当代人类学的实验民族志书写的要求,也是由艺术这一特殊研究对象的特性所决定的。[①]

全球化时代中的中国传统文化,处于冲突与排斥、一致与互动、交流与融合、承传与异变并存的矛盾之中。传统文化作为民族、国家或地区中人们创造的物质和精神财富,因各自社会发展水平和文化生存环境不同而各具特色。价值观念也在传统文化的变化过程中,不断地在现实中寻找自己的合理性。民族服饰作为一种传统文化,不仅受传统习惯的制约,亦会受到所在国家政治、经济、社会环境以及外来时尚文化的影响。

在20世纪末的国际服饰舞台上,流行主题的更替好似走马灯。但有一个主题却是跨世纪的,那就是中国民族文化。民族服饰是中国民族文化的宝贵财富,它借由全球范围内影响越来越大的"中国风"服饰时尚风潮而深受国际著名服装设计师的青睐。受时代审美潮流的影响,当中国服饰朝着西方时尚靠拢,当大都市中已很难看到独具民族特色的服饰时,欧美设计师们却正大肆挖掘丰厚的中华民族文化宝藏,并以此为设计灵感创作出许多带有浓郁东方民族色彩的经典作品。从汤姆·福特(Tom Ford)告别伊夫·圣罗兰(Yves Saint Laurent)品牌的长衫配以20寸长靴开始,到亚历山大·马克奎恩(Alexander McQueen)以中国年画为灵感进行的设计,维果罗夫(Viktor & Rolf)运用中国红的设计,再到谭燕玉(Vivienne Tam)以充满中国韵味的小凤仙服装为剪裁蓝本,运用于现代设计,这些都是传统力量在全球化语境中的复杂性呈现。

"在所谓一个全球化时代产生的描述中,服装生产过程被描述为经济、无个性特征的、抽象的。"[②]当下,东西方文化都在进行积极反省且都有着

---

① 何明:《直观与理性的交融:艺术民族志书写初论》,《广西民族大学学报(哲学社会科学版)》2007年第1期,第75页。

② Christina H. Moon: "From Factories to Fashion: An Intern's Experience of New York as a Global Fashion Capital", Eugenia Paulicelli & Hazel Clark (eds.): *The Fabric of Cultures: Fashion, Identity, and Globalization*, London: Routledge, 2009, pp.194-210.

"文化自觉"，在众多国际著名设计师和时装品牌对中国传统民族服饰进行"再造"的浪潮中，国内许多设计师也利用国内物质精神生活的兴旺发达和借助受国际时尚"东风西渐"的影响而形成的社会风尚、审美意识、物质技术等，在弘扬优秀民族传统文化的基础上，汲取外界时装之精华为我所用，并结合世界流行大趋势，设计出具有民族特色的现代时装。

"在全球经济一体化越来越深入发展的今天，民族文化的自我保护机制正在产生作用。但这种自我保护只是一种下意识的？无意识的？还是对自身文化有一种真正的认识和真正的原创性发展？"[①]在全球化进程中，在面临着传统文化与现代化冲突与交融的大环境之下，民族传统艺术受到强势文化的压力而发生改变。展演类民族服饰设计师对传统民族服饰的"再造"，生动地反映了这一状况。因此，从民族文化的保护角度来看，本研究有助于我们重新思考有关传统服饰文化保护与传统服饰文化产业创新的课题研究，使我们能清晰地认识到设计师和当地民众的主动性与认同意识，明确中国传统服饰文化保护与延续的策略及意义。

从研究视角和方法来看，从人类学角度观察当代展演类民族服饰设计艺术，着重设计理念、设计师、设计行为、设计作品、设计的生产和消费等研究内容，从多元存异的宽阔视域来探讨服饰，将其复原至设计产生场景。作为设计文化表征的展演类民族服饰艺术，在生产和消费中成为想象"他者"/自我或被"他者"想象的媒介；同时作为族群和身份认同的表征，其生产和消费既呈现出不同族群、文化间的冲突与交融，亦体现了设计作品、设计者、消费者及其所在文化之间的互动关系。

跨专业、多学科相交叉的研究视角又为研究提供了崭新的切入点。本研究具有人类学与艺术学的双重研究视角，是立足于人类学、艺术学、社会学、历史学等学科的交叉研究课题，其中的分析、研究与论证涉及多个学科多个领域的知识和结构，为搭建一个崭新的跨学科研究体系与研究方式做出尝试。因此，关于当代展演类西江苗族服饰设计的艺术人类学研究实践，有着跨学科研究多重维度的认知意义，也可视为服饰艺术设计学科发展中的"诤友"。因为，以往对于服饰设计涵义的解释，仅限于对服饰设计作品本身涵义的解释，是将它的设计语言当作设计技法来理解，着重于设计学对于材料、色彩、款式等设计要素和审美规律方面的理解。从这一点看，本研究有助于从更新的角度、更深的层次理解和阐释服饰设计的涵义，进而完善对于服饰设计的理论研究。通过系统的田野调查，并运用

---

① 方李莉：《文化生态失衡问题的提出》，《北京大学学报（哲学社会科学版）》2001年第3期，第111页。

民族志方法，对当下全球化背景下当代展演类西江苗族服饰设计进行人类学研究，是透过服饰设计行为"深描"文化持有者的服饰设计经验，揭示出中国艺术在当下生存场景中的具体表现，并最终用以阐释文化问题。开展本研究，以期能深化艺术学与人类学学科问题，进一步补充完善艺术人类学研究的现有成果。

第二节　研究方法与手段

本研究是对当代展演类西江苗族服饰设计进行人类学的民族志研究。因此，本研究主要采用历史文本（historical text）与田野工作（field work）相结合的收集素材方法，运用人类学象征和结构（structure）分析理论，探讨当下我国民族文化再生产过程中带有普遍意义的文化现象。在具体研究过程中，笔者主要采用了文献研究、参与观察和访谈等手段。

一、文献研究法

通过相关文献的收集及学习，可以了解文献的写作背景、所论述问题的研究现状和国内外不同学者的各种观点。最重要的是可以弄清楚该方面研究的理论基础、资料来源以及资料收集方法等。

利用文献调查方法，以收集、分析、选取研究各类学科有关服饰的文献资料，完成对当代中国展演类民族服饰设计发展历程及研究现状的调查研究。具体地说，本书通过文献法所要解决的是，在众多文献群中选取适用的资料加以分析和使用。笔者在调查过程中收集、整理和分析了散见于各种文献中的有关西江式苗族盛装的历史资料，并梳理了其发展脉络。通过分析西江苗族展演服饰与西江苗族传统服饰的差异，分析苗族人在历史进程中人观及对服饰看法的发展变化，从而理解在全球化背景下的西江苗族现状以及展演类西江苗装的设计。

文献整理和分析的目的，是将展演类西江式苗服服饰设计放在具体的历史情境中加以探讨，并用人类学的视角对相关文献资料进行深入解读，从中发掘出与本研究主题相关的线索；以文献资料为基础入手，结合笔者在调查前和调查过程中收集到的有关贵州西江式苗族传统服饰的文献资料，展开对展演类西江式苗服服饰的设计调查。同时，笔者会结合内容分析法、二手资料分析法以及现存统计资料的分析方法等，对文献调查资料做出简要的评价，梳理并分析民族服饰和当代中国展演类民族服饰设计，以及更具体的展演类西江式苗服设计的环境和趋向，以使后面的调查目的更为明确，调查行为更有意义，调查内容更为系统、全面和新颖。

二、参与观察法

展演类民族服饰设计实践中，不可避免地会遭遇各方面的压力，而设计师常会自觉或不自觉地采取某些行为来加以缓解，从而自然会影响服饰的外在形式、内容或结构等方面。设计中的"即兴""互动"，以及"设计界"与地方传统服饰艺术的关系等论题，都是本书的观照对象。在全球化语境下，当代中国展演类服饰设计师如何疏导在设计实践中所遭遇的来自内心和外界的压力？设计师面对民族传统服饰元素，如何获得原创的动力？其如何更为自由地采用更多元化的服饰语言来参与人们生活形式的构建？因此，在全球化语境下对展演类西江苗族服饰设计的研究，应当以当下该服装设计与人们行为之间的互动关系为切入点，考虑谁在穿、穿什么、什么时候穿、如何被穿、如何被生产、如何被消费、如何影响人们的行为等等。而这些问题都会在笔者的田野调查中通过近距离的直接观察和剖析找到答案。

笔者调查的田野个案有三个部分：其一是西江千户苗寨苗族歌舞表演以及供给游人拍照留念的苗服设计；其二是2009年庆祝中华人民共和国成立60周年游行中，中央民族大学"爱我中华"方队的西江式苗族服饰设计；其三是民族博物馆的大型对外展示、演出中的西江式苗族服饰设计。这些个案场景不是完全分隔的，而是相互交织的，且并不都是作为成功的设计作品来分析和研究的。本研究之所以选取多个田野点中的成功与不成功的设计个案，是因为多元地点的连接、交互与印证，可以增强论文叙述和建构的能力，通过多点民族志（multi-sited ethnographic）中对"他者"的理解，将"他者"文化体验融入多维空间的视野，达到从更加复杂的宏观结构中理解自我、考察和解读文化现象的目的。如同马库斯（George E. Marcus）将多个现场田野考察描写为"走出习惯上民族学研究计划的单个现场和当地环境，着眼于研究文化意义、文化物件、文化特点的传播"①，这样，"他者"就不只是"镜中我"，而是"千面"的我。

因此，在田野中，笔者通过不同的角色转换，来观察和体验设计师创造性的发挥。例如，笔者作为设计助理、跟单员、游客等，从更多的侧面了解服饰设计师的日常工作状态，了解设计师个人行动的能力以及人们

---

① George E. Marcus: "Ethnography in/of the World System: The Emergence of Multi-Sited Ethnography", *Annual Review of Anthropology*, 1995 (24): 96.

导 论 | 9

对设计师作品的认同。笔者在展演类民族服饰设计公司中，以旁观者的身份，进行近距离的观察；从服饰公司的实地调查开始，作为公司一员（非设计师）加入设计师生活的内部，通过共同的生活体验来接近调查对象，并对调查对象的发展趋势做出预测和判断，进而加以整合以实现研究。在观察中，笔者不是从既有理论和假设出发，而是尝试发现和揭示设计师们对于日常生活的意义的理解，是对展演类民族服饰设计师真正的生活和实践进行近距离的直接观察和剖析。又如，笔者以此类服饰公司的设计师身份，在自己熟知的紧密相关的空间环境中，通过对其他设计师以及客户的访谈和观察，描述全球化过程中当代展演类西江苗族服饰设计的主观因素（图导论-2）。

图导论-2　正在呼和浩特明松影视剧服装制作中心向
工作人员询问制作工艺的笔者（呼和浩特，2011年）

在"既需要得到'本土人的观点'，又不能完全'本土化'"①的学科使命下，笔者尽可能做一个有着广阔视野的参与者。在研究的过程中，笔者不仅要记录访谈内容和研究过程，更重要的是参与到当代中国展演类民族服饰设计师的生活中，从当事人（设计师）的角度去观察和做出价值判断。除了体察他们在设计中如何表达自己的情感，探究他们的行为背后的意义与规范，还要思考一系列相关问题，诸如民族传统服饰一整套的符号体系及图像表达如何在他们的设计中起作用；他们的作品如何能唤起各族人民内心的不同情绪；在整个服装设计团队中，最起作用的是哪些人，他们是如何分工的，他们和周围的其他工作人员如何互动、如何相互影响，他们的经济状态和物质文化以及价值观有什么样的关系；全球化浪潮中，

---

① 〔美〕露丝·贝哈：《动情的观察者：伤心人类学》，韩成艳、向星译，北京：北京大学出版社，
2012年版，第6页。

外来的文化如何打破了他们以往设计行为的平衡和秩序，在新的文化影响下人们又在如何组建新的社会秩序和调适自己的文化；全球化浪潮给他们带来的最大变化是什么；他们是如何看待全球化的等。

三、深入访谈法

"访谈毕竟是我们理解他人最普遍、最有效的方法之一……定性研究者越来越认识到，访谈并不是中立的资料收集工具，而是两个人或多个人根据具体情境商谈的结果。因此，访谈不仅包括传统的'是什么'（日常生活活动）的问题，也包括人们的生活'怎么样'的问题（涉及日常生活秩序的建构）。"[①]因此，本书尝试通过笔者与受访者之间的深入交谈，对当代展演类西江苗族服饰设计的发生和经过进行详细的描述，了解可以用语言表达的受访者的内心世界，并通过综合不同受访者的观点，来探讨他们的言行背后的意义。除与被访者做面对面的深入访谈外，笔者还对部分访谈对象通过多次电子访谈的形式加以追问。或许电子访谈的深度不够，但却更为隐秘，受访者也可以有更多的时间思考并完整地表述连续的问题。

本研究的访谈对象涉及关于当代展演类西江苗族服饰设计多维度的知情者（knowledgeable informants）和代表样本（sample of representatives），他们主要有以下几类。

世代生活在西江千户苗寨的苗族。根据他们对西江式苗族服饰的历史记忆，描述其经历的历史变化。尽管有些资料与笔者从文献资料中获得的信息或互为印证，或各执一词，但民间人士和学者之间的不同表述，反而有助于为当代展演类西江苗族服饰设计的研究提供多维的理解角度（图导论-3）。

西江地区的服饰设计师或展演类西江苗服的设计师。在研究中，笔者采用深入访谈的方法，有目的地选取了几个具有代表性的设计师，有的是本土的，有的是外界的。当地人将民族服饰看成是和自己人生相联系的一种延续性的东西，那么不同文化背景下的设计师怎样理解和处理民族服饰文化内涵的这些深层次意义呢？在设计这个抽象的过程中，设计师将民族身份外化的同时又是如何将民族认同加以具体化的呢？因此，需要围绕设计师在设计作品中通过何种手段能动地进行意义和自我的构建，以及设计师对认同的理解进行深入访谈；通过对他们的质性访谈来详细描述事情发生的经过，综合不同观点以探讨言行的背后意义，从而将报道人（设计师）

[①] 〔美〕安德里亚·方塔纳、〔美〕詹姆斯·H.弗里：《访谈：从结构式问题到引导式话题》，载于〔美〕诺曼·K.邓津、〔美〕伊冯娜·S.林肯：《定性研究（第3卷）：经验资料收集与分析方法》，风笑天等译，重庆：重庆大学出版社，2007年版，第683～684页。

图导论-3　对苗寨鼓藏头进行
访谈（西江千户苗寨,2008年）

那些寻常或不寻常的经历放置在全面、开阔的背景中来理解，透过受访设
计师的设计行为，"深描"他们的艺术经验或审美经验，并将所访谈的其
他设计师的经历及其他田野工作者的材料与之进行比较，以求得个性和共
性的相对平衡。

　　展演活动的参与者和组织者。参与者和组织者作为这些服饰的消费者
（穿着者或使用者），他们对展演类西江苗族服饰设计的理解，构成了本研
究的另一个重要调查维度。例如，在对庆祝中华人民共和国成立60周年
"爱我中华"游行方队中西江苗服的调查中，对西江苗服穿着者的访谈可
以针对她们对所穿着服饰及审美看法等方面来展开，而对组织者的访谈可
以围绕穿民族服饰进行展演的权力问题、对服饰的选择及整个展演过程等
方面展开调查。

　　苗族服饰或苗学的研究者。笔者会就所研究的展演类西江苗服盛装，
向他们询问相关的信息，以便大致了解他们对此类服饰设计的评价和看
法。之后，笔者会在分析资料的基础上，识别每个访谈对象的每一段访谈
资料的关键特征和主题，打破访谈的时空限制，通过对访谈资料的整理、
归类，最终形成一个有内在联系的故事文本。

　　后现代主义时期的人类学艺术研究一反过去民族志方法的客观性，虽
然同样注重田野调查及基于田野调查的民族志方法，但更加强调对文本的
阐释。"随着旅游业的发展，民族民间艺术被开发和利用，但艺术的主体
也就是他们的创造者被抛弃或旁置。开发的观念和措施不当，往往会导致
民族民间艺术庸俗化，不仅丧失了所蕴含的文化价值，甚至可能会误导观
众对文化的理解和评价。"[1]因此，在对展演类西江苗服的访谈中，笔者尝

---

[1]　王建民：《艺术人类学理论范式的转换》，《民族艺术》2007年第1期，第45页。

试将其放入整个文化系统中，连接其技术和形式与概念体系和意义系统，关注展演活动中的演员、观众以及参与者之间的互动关系，进行综合探讨，以期发现其中的堂奥。

第三节　主要内容与框架

本书主要包括导论、正文（共五章）、结论三大部分。

导论部分包括研究缘起、研究目的与价值、研究方法等内容。首先介绍选题的缘由，提出深入研究该问题的主旨以及其在理论与现实方面所具有的研究价值，并提出自己的一些思考与具体研究思路。

正文部分共分为五章，是以民族志的方式叙述了处于不同场景下但又相互交织的三个个案中的当代中国展演类西江苗族服饰设计，并进行了相关的理论探讨。

正文的开始，即第一章，笔者对围绕民族服饰的相关探讨，做了一个回述和概括。借用国内外学者对民族服饰及设计方面已有研究成果，分别从时尚潮流与风格、符号与象征、全球化与殖民化、想象与再造、性别与文化这五个方面的主题，进行认真的归纳和梳理，做出较为仔细的叙述和评价。从他们的研究出发，挖掘出待研究的问题，即透过"深描"设计行为理解其所呈现出来的想象与意义的建构问题；通过分析他们在设计作品中对同一民族的表达和对民族身份的再现，阐明设计者的概念系统、意义体系和情感模式；将展演类民族服饰艺术作为象征符号，探讨其在全球化背景下如何在设计师的设计实践下成为一种展示民族身份、展示国家的行为。

第二章语境与个案场景在上一章已挖掘出本书所关照问题的基础上，首先对研究对象——展演类民族服饰加以界定，并通过分析不同学者对西江苗族服饰的不同称谓，指明本书所用"西江式苗族服饰"这一标签的缘由。随后，笔者分析和探讨了走到台前的展演类西江苗族妇女服饰如何在被"结构"了的表述中代替了苗族妇女的形象，以及西江苗族形象被"女性化"建构的现实语境；同时对本书所聚焦的个案场景中的当代中国展演类民族服饰——庆祝中华人民共和国成立60周年展演中的西江式苗服盛装、中国民族博物馆对外演出中的西江式苗服盛装以及西江千户苗寨的展演苗服加以简要的叙述。铺陈好本研究语境与个案场景之后，本书第三章到第五章，笔者从意义体系与元素，到元素拼贴与设计制约，再到设计师对苗族的想象与构建这三个层面，来具体探讨和论证设计师对民族及民族服饰进行的想象和意义建构。

第三章意义体系与元素首先分析西江苗族女子传统盛装服饰图案中的意义体系，及作为"第二皮肤"的服饰（图案）所承载的意义，从而指出在展演类西江苗服的设计中，这些图案作为制约设计师的因素发挥了怎样的作用。接下来，通过田野场景的转换，以上述三个个案为例，将当代中国展演类少数民族服饰设计的探讨置于全球化这个正在发生的"场域"中，展开即时的观察、体验、阐述与研究。通过设计师将传统西江苗服图案"色""型""意""神"的碎片化处理，分析设计师从传统西江苗服盛装图案中提取元素的设计手法。本章的叙述重点是以个案中不同设计师设计的展演西江苗服作品为例，探讨在此类设计中意义体系与元素相互碰撞的结果，分析设计师对传统图案的理解与创新如何使其原有的意义发生转换。

第四章元素拼贴与设计制约的叙述，从作为"被设计的设计者"的设计师对意义和象征的理解与元素的创新层面，转到以直线平面结构、刺绣、飘带裙和银饰这四个方面作为切入点，分析设计师对展演类西江苗服盛装元素拼贴（公式、路径）的设计行为及不同社会文化背景下设计师的拼贴差异。透过设计师的上述设计行为，分析在设计过程中设计师受到来自设计要素与规律、时代背景和文化先结构方面的主客观制约因素。探讨了在面对传统资源的传承和延续中，设计师如何在文化互动中改造自己，并通过对西江苗族的想象与构建来凸显其民族特色，以及那些隐藏在细节背后的主观意图——设计中独特的感性内容，深描当代中国展演类少数民族服饰设计师，如何通过元素拼贴的设计方式能动地借穿着符号与象征的身体，来向穿者和观者分享并传达他们的概念系统、意义体系以及情感模式。此外，也通过拼贴元素的身体反思当下中国服饰设计中"跟风""抄袭"的设计原创性缺失模式和文化失语现状。

分析过设计师的设计行为后，第五章设计师对苗族的想象与构建主要论述了在展演类西江苗服设计中，设计师如何根据演出活动的主题限定及内容要求，将头脑中对西江苗族形象的想象，变为现实中的设计作品。在这个从灵感来源到舞台展示的过程中，分析设计师对西江苗族服饰想象的形成与实现过程，分析苗族同胞，尤其是西江苗族人对苗族服饰中所呈现出来的民族心理、族群认同意识，以及这些心理意识如何影响设计师的设计行为，体验设计师在再造"传统"的过程中如何解读西江苗族、如何看待设计的评判标准、如何理解"像不像"与"是不是"的认同差别，并从中塑造自我的设计风格，理解设计师的作品如何呈现"民族传统"与"现代设计"之间的差异；进而分析民族内外的权力结构关系如何影响西江苗族妇女的服饰展示，以及西江苗族服饰展演如何呈现、巩固各种认同与区分及其背后的权力关系等问题。通过上述三个章节的展开分析，推导出本书的研究结论，即设计师如何通过设计来想象和建构苗族。

结论部分主要解释了当下少数民族在被"结构"了的表述中被"女性化"地建构及苗族女性被"西江化"地建构的原因，阐明不同立场的当代展演类西江苗族服饰设计师，为何且如何以西江苗族女性和体现高价值感的妇女盛装为想象媒介，对其意义加以建构，设计再造出展演化的西江苗族女装；阐释设计师如何在自我身份的界定及转变中，进行与时代精神气质相呼应的自我反思性实践，设计师如何在一种公共性的、普遍的社会系统（全球化语境）中实现自我等设计文化方面的问题；通过揭示西江苗族本身象征财富、表述民族历史文化的服饰与设计师设计的用于展示的展演服饰之间的差别，阐述整个社会对设计师这样的想象结果加以接受并认同的缘由，即透过设计师男性中心主义和社会文化进化观念的表面现象，反思设计师背后的国家话语和意识形态。

第一章 围绕民族服饰的相关探讨

笔者的文献阅读范围以人类学相关研究为中心，广泛涉猎相关学科，如：艺术学、消费学、社会学、社会心理学等。这些相关学科的文献对选题的确定、研究框架的形成具有不容忽视的作用。

就笔者有限的阅读来看，目前的研究主要是针对民族服饰、服饰设计以及展演类服饰设计这三者的研究。这些研究散见于一些论文、著作和图集中，基本上从以下三个方面来展开：第一个方面是对民族服饰、服饰设计和展演类服饰设计进行田野调查或资料收集，对其历史与现状等方面加以记录，可以说是进行了资料的收集与整理工作。第二方面是从艺术研究的角度，研究上述三者的分类、特点，服饰的材质、色彩、款式、图案等形式美要素，服饰的文化底蕴和社会功能，以及各地区服饰之间的比较等。这些研究虽然没有具体提到当代展演类西江苗族服饰设计，但对我们理解全球化语境下的当代中国展演类民族服饰设计很有帮助。第三方面是从社会学、人类学、心理学、消费学等文化的角度来研究服饰，围绕着各自的研究对象，结合当地的社会环境、自然环境等方面来探讨服饰设计文化的特征及流变。以下，笔者主要爬疏并讨论了一系列研究民族服饰的经典著作，专注于以民族服饰为中心的人类学研究。在对这些论著的综述中，笔者并非强调区域性学术研究的独特关注点，而是以若干相互交叉的不同研究主题来展开评述。①

第一节 时尚潮流与风格

时尚潮流与风格是早期学者们关注民族服饰的一个焦点，目前大多数人类学家认为，"时尚"是"泛人类的"（pan-human）。托斯丹·凡勃伦（Thorstein Veblen）在他的《有闲阶级论》一书中，专辟一章描写服饰时

---

① 关于民族服饰的人类学研究，笔者曾撰写过一篇文章，题为《民族服饰的人类学研究文献综述》，发表于《南京艺术学院学报（美术与设计版）》2012年第4期，以下内容有多处皆摘自该文，故不再一一注明。

尚。凡勃伦将时尚作为其"有闲阶级理论"最鲜明的例证。他用"炫耀性消费"（conspicuous consumption）一词来描述美国暴发户们的巴黎高级女装。而例如日本、中国以及别的一些亚洲国家，又如希腊、罗马以及别的一些古代东方民族，在服饰上已经有了比较稳定的式样和类型，而在凡勃伦看来，"采用这类服装的民族或阶级，其富裕程度必然比我们低，以通行这类服装的国家、地区和时期而言，其时其地的居民，或至少其阶级，总是比较纯一、比较稳定、比较安土重迁的"，①因此这些民族服饰所含有的"炫耀性消费"成分比较少。凡勃伦理论与马克思经济学有着不解的亲缘关系，尽管他的阐述更倾向于摩尔根（Lewis Henry Morgan）的进化论。他对早期延续下来的消费方式印象深刻，采纳了摩尔根所持的人类发展蒙昧时代和野蛮时代的观点。与凡勃伦的看法相似，西美尔（另译称齐美尔）（Georg Simmel）也认为，统治阶级的努力是受下层阶级竭力仿效其挥霍浪费的习惯而激发的。从实质上看，凡勃伦和西美尔对民族服饰时尚潮流的分析，受到当时进化论的影响，在他们看来，时尚潮流是由"高级"流向"低级"，"低级"出于模仿而向"高级""进化"。②西美尔的理论被弗吕格尔（J. C. Flügel）接受，并成为当时的主流观点。1930年，弗吕格尔在《服装心理学》（*The Psychology of Clothing*）一书中，以季节性层出不穷和朝涨暮落为主要特征的时尚，与区域传统服装表达了内蕴在社会中的、被认为是理所当然的地位和身份。③

卡尔·海德（Karl Heider）对巴布亚新几内亚的丹尼族做了一项关于阴茎护套（koteka）的个案研究。丹尼族的男人都有多个阴茎护套，且形状各异、长短不同，海德想了解当地男人对阴茎护套的选择和变化是基于什么。他在文中写道："可以想到的是，（丹尼）男人根据他在这一天的心情来挑选他要佩戴的葫芦（阴茎护套），但是我并没有找到这方面的证据。"④海德对照性地描述了文艺复兴时期的人们是如何使用被称为布拉盖特（Braguette）的类似阴茎护套。他认为，丹尼人阴茎护套的多样性在表面上是与时尚潮流相联系的，然而这种非以阶级为划分标准的反复不定的时尚，究竟是承续了传统惯例，还是只是世界商品体系的适应物，海德并

---

① 〔美〕凡勃伦：《有闲阶级论——关于制度的经济研究》，蔡受百译，北京：商务印书馆，2007年版，第137页。

② Georg Simmel: "Fashion", *International Quarterly*, 1904 (10): 130-155.

③ 〔英〕弗吕格尔：《服装心理学》，孙贵定、刘季伯译，上海：商务印书馆，1936年版，第165～185页。

④ Karl Heider: "Attributes and Categories in the Study of Material Culture: New Guinea Dani Attire", *Man*, 1969, 4(3): 387.

未做出明确回答。

　　与以社会阶级为基础的时尚潮流理论相反，布卢默（Herbert George Blumer）挑战了以西美尔为代表的多数人的观点，提出了自己的理论来解释时尚潮流及风格的传播，即时尚是一种"机制"，"它不仅仅涉及声望的影响。……时尚机制的出现不是适应阶级区分和阶级仿效之需，而是响应入时的愿望，以表达变化着世界中正出现着的新品味"。[①] 必须承认的是，以社会阶级为基础的涓滴理论（trickle-down theory），的确束缚了我们对服饰潮流和灵感来源的理解。尽管自上而下的文化涓滴效应，在今天由现代民主造成的大众化潮流中仍旧很难被否认，但这种效应仅在缺乏政治和文化权力的下层社会中呈现得更为明显。皮埃尔·布迪厄（Pierre Bourdieu）在《区隔》中基于阶级的分层解释模式[②]，由于突出了下层社会文化和高层社会文化之间的区别而遭到批评。泰德·波尔希默斯（Ted Polhemus）的《街头风格》确认了自下而上流行方式的影响。[③] 而在《风格冲浪：在第三个千年穿什么衣服》中，他认为风格的扩散是同时获得的，假如不是奇特的服饰艺术，风格通常是被折中地混合的。[④] 在《寻找宽大长罩衣：19世纪服饰的功能与时尚》一文中，作者分析了19世纪普通女性如何借用宽松的长罩衣来挑战当时的紧身着装规范，以及服饰改革家们如何利用它来挑战时尚，指出有节制的紧身衣和无节制的宽衣着装思想形塑了时尚语境中人们对该服饰的态度。[⑤] 在前述探讨风格的著作中，学者们或多或少地强调了流行从一个文化到另一个文化，一个民族到另一个民族，或者自一个地方到另一个地方的传播。他们不是否认人类的服饰发明创造能力的极端传播论，而是承认人们会以不同的速率来创造，且都有接连发明相同潮流与风格的倾向。

　　事实证明，民族服饰在现代发展中受到潮流因素的影响，流传到世界各地，早已跨越阶级的界限。在《织造希腊：从百褶短裙到光面印刷杂

---

① Herbert Blumer: "Fashion: From Class Differentiation to Collective Selection", Mary E. Roach-Higgins, Joanne. B. Eicher & Kim K. P. Johnson (eds.): *Dress and Identity*, New York: Fairchild Publications, 1995, p.384.

② P. Bourdieu: *Distinction: A Social Critique of the Judgment of Taste*, Translated by R. Nice, Cambridge, MA: Harvard Univ. Press, 1984, Introduction, p.2.

③ T. Polhemus: *Streetstyle: From Sidewalk to Catwalk*, New York: Thames & Hudson, 1994, p.8.

④ T. Polhemus: *Style Surfing: What to Wear in the 3rd Millennium*, London: Thames & Hudson, 1996, pp.10-16.

⑤ Sally Helvenston Gray: "Searching for Mother Hubbard: Function and Fashion in Nineteenth-Century Dress", *Winterthur Portfolio*, Spring 2014, 48 (1): 29.

志》^①一文中，迈克尔·斯卡菲达斯（Michael Skafidas）围绕希腊民族服饰（百褶短裙）在奥运会期间的复苏，以及冷战后以时装杂志为代表的后现代时装工业欲将时髦样式转变为全球化现象的野心，揭示了像现代希腊这样的国家如何在全球化时代塑造自我，如何再造历史，如何挑战西方时尚的进口美学。斯卡菲达斯认为，时尚使人们的幻想合乎标准，规范着他们的外表，既在地方水准又在全球水准上影响着他们的审美选择。

"时尚是反复无常的，似乎是一种不合时宜的传播传统的媒介物，这与其具有停滞期和可预见性特点紧密相关。"^②但正是时尚与传统的联系，推动了特定形式和风格的服饰潮流。"民族服饰是活泼的祖母，在新的潮流轮回中，时装是其子孙，是一个永远不会超越婴儿阶段的孩子。"^③这句话用形象生动的语言，将民族服饰界定为一种更为固定的时尚形式，因为它通常不与旧的式样（文化）对立，没有完全改变，常常保存了传统，但随着时间的推移又会逐渐吸收新的趋势。

审视民族服饰时尚潮流与风格的选择是一个错综复杂的过程，当代人类学的研究已经超越了效法或模仿的想法，而去拥抱就地取材（bricolage）、杂糅（hybridity）和克里奥尔化（creolization）的理念。西江苗族民众自身对服饰的喜好以及对身体的看法也是在发展变化的。那么在当下的民族服饰设计中，展演类设计师在何种程度上创造、左右或跟随国际时尚潮流？又在何种程度上影响了西江苗族人的服饰选择及身体观？是设计师创造时尚潮流与风格，还是相反？塑造他们的这些时尚潮流与风格的动态和权力的差异又是怎样的？以及中国的设计师为何存在一味"跟风""抄袭"的设计模式和现状？

第二节 符号与象征

古典符号学很少将服饰作为一种沟通交流的资源来关注。它的创始人之一，费尔迪南·德·索绪尔（Ferdinand de Saussure），明确否认服饰的所有符号学意义。在他看来，身体的划分是由本性（自然关系），而不是文

---

① Michael Skafidas: "Fabricating Greekness: From Fustanella to the Glossy Page", Eugenia Paulicelli & Hazel Clark (eds.): *The Fabric of Cultures: Fashion, Identity, and Globalization*, London: Routledge, 2009, pp.145.

② Victoria L. Rovine: "Colonialism's Clothing: Africa, France, and the Deployment of Fashion", *Design Issues*, Summer 2009, 25(3): 46.

③ Roman Meinhold: "A Critical Inquiry into Fashion", *Fashion Myths: A Cultural Critique*, New York: Columbia University Press, 2013, p.26.

化来定义的，"甚至服装的时式也不是完全任意的：人们不能过分离开身材所规定的条件"，[①] 所以服饰完全是遵循功能的一种形式的问题。在《解读民间服饰：对舞者的着装密码》这篇文章中，作者论述了如何为舞者选择穿来跳舞的衣服，以及为什么这样选择。该文可视为如何引入符号学方法进行研究的案例。尽管是民俗学方面的研究，但从其结论"能够看到自己的文化和传统对他们自身行为影响的民俗学家们，将在观察和阐释他人的艺术表现时更加敏感"[②] 的表述中，可以看出作者赞同文化对服饰具有影响力。而人类学家早已证明，身体和服饰的确受其内在文化的配置。简·施奈德（Jane Schneider）回顾了布料在强化社会关系中的角色，评价其在社会认同和价值中的作用。她尝试将布料的生产与权力的调集关联起来，以布料生产这一社会行为，作为阶级、时代、城市、宗教机构、种族与性别的"联谊"。[③]

"民族服饰是一种既往的边缘现象，具有浓厚的乡村、传统、本土和地域特征，局限于特定的社会群体。"[④] 民族服饰的创作者是社会环境中的人，而被创造的服饰就是社会环境中的事物，人们在创作民族服饰时，倾注了自己的情感，表达了审美情趣和意识。从某种意义上讲，所有的民族服饰都诞生于社会环境之中，也都具有文化的内容。在将民族服饰作为"物"的人类学研究中，学者们试图通过"物"的象征性、符号与"物"的文化分类，揭示"物"的"能指"（signifiant）意义、文化秩序与认识分类，对民族服饰做分类与象征研究。

邓启耀的《民族服饰：一种文化符号——中国西南少数民族服饰文化研究》一书，从少数民族服饰的文化功能出发，将少数民族服饰看作民族的文化符号，探讨了西南民族服饰本身及其与生存环境、史迹象征、人生礼俗、社会规范、民族文化心理等方面关系的问题。在他看来，民族服饰"在一切皆可通灵传讯、一切都可成为文化象征的乡土社会或口承文化圈里，犹如一种穿在身上的史书、一种无声的语言，无时不在透露着人类悠远的文化关系，传散着古老的文化信息，发挥着多重的文化功能"[⑤]。在

① 〔瑞士〕费尔迪南·德·索绪尔：《普通语言学教程》，高名凯译，北京：商务印书馆，1980年版，第113页。
② Laurel Horton & Paul Jordan-Smith:"Deciphering Folk Costume: Dress Codes among Contra Dancers", *The Journal of American Folklore*, 2004, 117(466): 437.
③ Jane Schneider:"The Anthropology of Cloth", *Annual Review of Anthropology*, 1987 (16): 409.
④ Roman Meinhold:"A Critical Inquiry into Fashion", *Fashion Myths: A Cultural Critique,* New York: Columbia University Press, 2013, p.27.
⑤ 邓启耀：《民族服饰：一种文化符号——中国西南少数民族服饰文化研究》，昆明：云南人民出版社，1991年版，第3～4页。

《衣装秘语——中国民族服饰文化象征》一书中，邓启耀叙述了民族服饰记史述古、仪礼教化的符号功能和教育、伦理等职能。凡创世神话、民族迁徙、鬼神喻示等，一应描绣在服饰上，如同将民族文化的史册世代随身携带。他延续了其对象征文化的研究，认为服饰是人的文化的历史标记，也是人的历史的文化象征。①杨鹓的《身份·地位·等级——少数民族服饰与社会规则秩序的文化人类学阐述》一文中，将少数民族服饰与人生礼仪、与族群成员社会化的过程，都视为一个符号化的过程。少数民族通过服饰这种符号活动和符号思维，使服饰符号达到一种综合效应，呈现出多重动因结构和象征意义，隐含着社会的秩序与法则，透露出诸多的语言代码信息。文章立足于符号人类学和象征人类学的理论框架，从少数民族服饰向心排异的族徽功能、社会角色标识作用、社会身份信息、地位等级象征四个方面进行较为系统的论述阐释，指出了它们在特定族群文化体系中的价值，并得出了少数民族社会的礼法体制，很大程度上促益人们的服饰穿着规则的结论。②《苗族服饰：符号与象征》的作者在文化人类学的开放框架中描绘了苗族服饰作为一种文化符号和象征的原貌，通过实证材料论述了苗族服饰的缘起、演变动因、服饰与社会生活、服饰图案的含义、服饰的视觉传达、服饰的风格特征、服饰所折射的思维特征等问题。他将苗族服饰视为一种记志性的"图画"符号体系，在他看来，"作为'器'的服饰不但能'载道'，而且还体现着更多的情感因素并制约、引导着文化心理。因而，它们也成了苗族'礼'和'理'的象征"③。

根据马歇尔·萨林斯（Marshall Sahlins）的观点，服饰的语义有不同的层次：在较高层次上，一套服饰以及它的穿戴场合陈述着社会的文化秩序；在微观层面上，一套服饰的构成决定了其话语的不同意义。他把布料、线条和色彩这些承载社会意义的基本元素称为服饰的"基本组成单位"（elementary constituent units，简称ECU）。布料的意义是从"能指"的二元对立中产生的，如暗—亮、糙—滑、刚—绵、暖—凉等，只要每一种属性都承载一定的社会意义，布料就会发挥"文化坐标"的功能，与一定的年龄、性别、时间、场合、阶级等文化秩序的各种维度相关联。结构线（structural line）具有三个特点：方向、形式与节奏。方向指水平线、垂直线和斜线（又分左斜线和右斜线），形式指直线和曲线，节奏指曲线

① 邓启耀：《衣装秘语：中国民族服饰文化象征》，成都：四川人民出版社，2005年版，第2页。

② 杨鹓：《身份·地位·等级——少数民族服饰与社会规则秩序的文化人类学阐述》，《民族艺术研究》2000年第6期，第43页。

③ 杨鹍国：《苗族服饰：符号与象征》，贵阳：贵州人民出版社，1997年版，第14页。

或角度的频率。而色彩更是服饰符号生产过程中含义的基本构成要素，它主要利用色调、饱和度和亮度的差别，以及它们在色彩图案中的组合方式。恰如不同的文字与标点符号的不同组合可以构成不同的语篇一样，服饰的各种构成要素之间，不同的搭配方式建构起形形色色的服饰文本。譬如，非主流人群追求与众不同，打扮入时、造型夸张，在生活中喜欢穿颜色鲜艳、图像怪异的服饰。在这里，色彩和图案的组合差异体现了非主流人群的社会文化状态，表达了他们的审美判断和价值标准：个性代替模仿，情趣代替乏味。[①]萨林斯相信，符号结构（也译作"象征结构"）和认知结构的对应性体现了后者是如何在前者的方案中被激活的。在他看来，服饰的生产绝不是物质效用的实践逻辑，而是某种文化意图的体现，设计师的工作便是对文化范畴加以客观综合。

"我们以往的民族服饰研究常常会关注民族文化的特征，然而在说明民族服饰特点时，有时却将观察到的特征固定化，成了本质性的东西。另外一种问题是抽取服饰中某些部分作为民族服饰的整体特征，也就是通过结晶化的萃取过程来表述民族服饰。"[②]的确，民族服饰符号系统是十分复杂的，意义在特定的环境和使用者之间显然是复杂的，不同的穿着者从同一服饰中获得的意义和使用方式也是多样化的，即符号在与外部环境发生联系的过程中，所扮演的角色是很难准确定位的。由于在研究中，非常重要的有关民族服饰本身的参与几乎消失了，这样难免使得服饰成为象征、结构或符号学解释的一个附属品。

在对土耳其面纱时尚的考察中，研究者认为："实际上，商品的伊斯兰特性不能被固化，相反，它应该被理解为是插入到社会空间网络中的一种模式。面纱作为一种商品，进入并成为更广泛的物质和符号网络组成。"[③]通过关注商品生产的符号性，进而表明了符号和物质过程在商品生产中的不可分割。尽管21世纪创新的步伐更加迅速，但往昔服装中的符号和实践仍被重新语境化，并在当前继续被阐释。传统服饰的使命既是一种根深蒂固的场域感的表达，同时又体现了一种与其他时间、地点和人们

---

①　以上萨林斯关于服饰语义的分析皆引自〔美〕马歇尔·萨林斯：《文化与实践理性》，赵丙祥译，上海：上海人民出版社，2002年版，第243～256页。

②　王建民：《艺术人类学新论》，北京：民族出版社，2008年版，第104页。

③　Banu Gökariksel, Anna Secor: "Islamic-ness in the Life of a Commodity: Veiling-Fashion in Turkey", *Transactions of the Institute of British Geographers,* New Series, July 2010, 35(3): 313.

的流动性互动。①

民族服饰的意义本质上即属于衣服本身，但是意义在实践中是通过被穿用而创造出来的。穿衣的经验（由观赏者做出评价）是不能给予或固定的，但在每个背景下会重新被创造。因此，作为象征符号的物的意义要在具体的仪式情境中、过程中动态地来加以理解。民族服饰通过穿者和观者，意义被注入和构建。意义是在特殊情况下一个独特的服饰实践的产品。"同样一套服装可能会有不同的功能，表达多种并不相同的意义，每个研究者可能会从特定的角度对功能和意义进行解说。不过，我们也应当对各种功能和意义之间的关联有所考虑。"②而过于强调民族服饰作为"物"的特性，往往容易忽略服饰对个人身体的展示以及个人对于服饰情感好恶背后的社会根源，即容易忽视"此种身体展示背后的社会价值（什么是美的或适当的穿着？）以及产生此种价值的社会认同与区分体系（我们是谁？与他们有何不同？）以及形成此种认同与区分体系背后的内外群体间的权力与政治关系（谁定义我们是谁？谁来定义什么是适当的穿着）"③。因此，从艺术人类学视角，如果将当代展演类西江苗族服饰设计作为物及物质文化的研究，亦应更关注于物的心性与人观的研究，即以设计作品作为研究的切入点，透过当下的社会文化脉络，来探讨设计师的社会生活及其背后的心性。西江苗族人在地方仪式中所穿用的民族服饰除去具有内部支系区分功能外，还可以展现出穿着者的地位、财产、等级等功能以及族群共同认可的历史文化象征功能等。因此这项研究要关注在主客体互化的情况下，研究设计师是如何通过设计作品来对这些既定秩序（例如传统服饰文化、时尚潮流与风格等）进行颠覆，从而表达自我与情感。

第三节　全球化与殖民化

最近许多学者研究探讨全球化带来的西方时尚对民族服饰的影响。尽管人类学界对"全球化"没有一个统一的定义，但无论是罗伯特·福斯特（Robert J. Foster）理解的各种主客体在全球表面流动的急剧加速和传

---

① Anna Paini: "Re-dressing Materiality: Robes Mission from 'Colonial' to 'Cultural' Object, and Entrepreneurship of Kanak Women in Lifou", Elisabetta Gnecchi-Ruscone, Anna Paini (eds.): *Tides of Innovation in Oceania: Value, Materiality and Place,* Canberra: Australian National University Press, 2017, pp.139-178.

② 王建民：《艺术人类学新论》，北京：民族出版社，2008年版，第108～109页。

③ 王明珂：《羌族妇女服饰：一个"民族化"过程的例子》，《"中央研究院"历史语言研究所集刊》，1998年第69本第4分册，第842～843页。

播范围的扩大，强调互动、交流的萨林斯所指的"多文化之文化"及尤尔夫·汉纳兹（Uif Hannerz）所指的"多网之网"的全球社会文化体系，还是迈克·费瑟斯通（Mike Featherstone）认为的全球文化相互联系的扩展和"全球人寰"（a global ecumene）①的过程，他们都不认同全球化正在或即将变成同一化，而认同的是"克里奥尔化"或混合化的全球化，强调的是地方主体所表现的发明能力和创造力。如同让·卢·昂塞勒（Jean Loup Amselle）所说："它既不是产生于远古并相互孤立的明晰实体的淡化，也不是它们的冲突。反之，我们应该把全球化当做一种为文化的产生或分化提供新空间的过程来加以考察。"②在全球化背景下，时尚不再是西方的独家财产，当代时装被快速创造，其中有大量是来自拉丁美洲、非洲和亚洲。服装设计师们在创造的过程中既重新定义消费又重新定义时尚本身，并推动着时装风格的多样化发展。

在《穿衣的民族：1947—1957年印度电影服装和民族时尚的制造》一文中，雷切尔·杜（Rachel Tu）探讨了热门电影在传递信息时，如何等同于大众传媒或时装杂志，反映国家意识形态和意象。在电影《安达斯》（Andaz）中，作者揭示了印度人对民族服饰的态度转变。主角妮娜（Neena）的西方服饰反映出她对流行时装的狂热，而她的民族服饰——纱丽，是由传统的印度纱丽演变而来的，纯雪纺以及诱惑性地隐藏和暴露她身体的紧身胸衣，也反映出高度的时尚意识。印度妇女服饰从西式到印度式的转变，反映了20世纪40年代上层社会妇女在政治和社会生活方面灵活性的增强。③民族服饰与西方时装成为具有可塑性的自我表达媒介，通过它们，个人得以重新定义自身在新的社会和政治环境下与他人的关系。

丽扎·多尔比（Liza Dalby）对日本和服的研究重点是服饰的本土性和欧洲风格的相互作用。她描述了现代和服的形成过程，考察了作为工作服、时装和艺术形式的和服。她探讨这种包裹式服饰式样所面临的来自西方的裁剪、定制以及缝制成衣的竞争，分析其逐步在19世纪60年代后让位于进口式样的原因。④今天，多数日本人在特殊场合下穿着和服，而在日常生活中穿着西式风格的服饰。然而，按传统/现代，非西方/西方，当

---

① Uif Hannerz: *Cultural Complexity: Studies in the Social Organization of Meaning*, New York: Columbia University Press, 1992, pp.217-268.这里的"全球人寰"指的是"持久的文化互动和交流的地域"。

② 〔法〕让·卢·昂塞勒：《全球化与人类学的未来》，张海洋译，《世界民族》2004年第2期，第43页。

③ Rachel Tu: "Dressing the Nation: Indian Cinema Costume and the Making of a National Fashion, 1947-1957", Eugenia Paulicelli & Hazel Clark (eds.): *The Fabric of Cultures: Fashion, Identity, and Globalization,* London: Routledge, 2009, pp.28-40.

④ Liza Dalby: *Kimono: Fashioning Culture*, New Haven, CT: Yale Univ. Press, 1993, pp.87-93.

地/全球等二分法分析，并不能把握关于非西方当代风格和离散（diaspora）在西方的、非西方的服饰动力学的多重影响。人类学学者在这一问题上，更倾向于研究权力在全球化过程中对时尚和设计的直接影响。

在《重新定位时尚：全球化的亚洲服饰》这一论文集中，学者们描述了在整个亚洲区域，各国政府正在促进纺织和服饰出口生产的情况，而亚洲设计师们将民族服饰元素作为一项东方化战略。在越南，奥黛（Ao Dai）被认为是民族服饰，即使它是"混血"的，直到20世纪70年代才形成。安妮·玛丽亚·莱什科维希（Ann Marie Leshkowich）描述了奥黛作为越南传统的体现，也标志着该国进入现代国际社会。[①]正如里瑟·什科弗（Lise Skov）所分析的，将创作"中国"图案的服饰的设计师与那些尝试设计真正具有国际风格，但却鲜有成功的年轻中国香港设计师比较，可以看出东方化战略可能使设计师处于困境。[②]相比之下，日本已经既是全球时尚中心巴黎的竞争者，又是东亚时装的中心。20世纪80年代，山本耀司（Yohji Yamamoto）和川久保玲（Rei Kawakubo）在巴黎时装界的成功，已经与"传统的"日本民族服饰没有多大关系，而是更多体现他们的设计感情和日本在国际上突出的纺织品及服饰工业。日本的设计师们挑战着欧洲和美国的霸权的审美惯例，具有反东方主义的企图。虽然消费人类学的研究已经指出洋装在亚洲的广泛本地化，但很少有针对西方服饰风格在亚洲的重要性的实质性讨论。这是一个保留了当地行为者（日本本土设计师）能动性的，接受西方审美驯化的过程。

时下，人类学研究越来越多地涉及民族服饰的创造、流通、消费，以及其所植根依赖的民俗对个体和群体多重身份的塑造或消解等问题。可以这样认为，当代人类学突出的特征，就是讨论全球化背景下特定的社会行为，是怎样蕴含了地方性意义以及其如何保护当地文化的自我品格。文化人类学家瓦莱里娅·布兰迪尼（Valeria Brandini）在题为《巴西时装：南美样式、文化和工业》[③]的文章中，利用时装艺术资料来研究跨文化的变异

---

① Ann Marie Leshkowich: "The Ao Dai Goes Global: How International Influences and Female Entrepreneurs Have Shaped Vietnam's 'National Costume'", Sandra Niessen, Ann Marie Leshkowich & Jones Carla (eds.):*Re-Orienting Fashion: The Globalization of Asian Dress*, Oxford: Berg, 2003, pp.79-116.

② Lise Skov: "Fashion-Nation: A Japanese Globalization Experience and a Hong Kong Dilemma", Sandra Niessen, Ann Marie Leshkowich & Carla Jones (eds.): *Re-Orienting Fashion: The Globalization of Asian Dress*, Oxford: Berg, 2003, pp.215-242.

③ Valeria Brandini: "Fashion Brazil: South American Style, Culture, and Industry", Eugenia Paulicelli & Hazel Clark (eds.): *The Fabric of Cultures: Fashion, Identity, and Globalization*, London: Routledge, 2009, pp.164-176.

性或共同性。正如安东尼·吉登斯（Anthony Giddens）所说："全球化在抽离国家力量的同时，还进一步使事物本土化。全球化为地方自治和新型地方主义创造了需求，地方身份认同开始变得备受关注，并赋予大城市以前所未有的力量。"[①] 全球化导致的"趋同"是浅层的，全球化导致的"逐异"却是深刻的。由于巴西时装专业人士开始获得全球的承认，"巴西认同"（包括种族和创造性）成为一个欧洲和北美时装潮流关注的新焦点。巴西时装认同的寻求是内部文化知识的发掘过程，即将传统的符号和崇拜对象与巴西现代都市生活的方方面面结合起来，来代表个人的、集体的和日常生活的文化宇宙观，通过时装的交流创造全新的认同。时装体系的操作，体现了旧世界（欧洲）和新世界（美国）的文化差异，而巴西时装高度强调了传统和现代价值观的分歧。在这里，"我们与其把现代性、后现代性或超现代性理解成与过去传统价值的断然决裂，还不如把它想象成随着人口流动而形成的文化流动机制"[②]。

　　"时尚并不在政治之外，相反，它构成了全球和国家政治经济以及生物政治与地缘政治相互交织的关键视域。"[③] 在对非洲的法国殖民地服饰的研究中，维多利亚·罗维恩（Victoria L. Rovine）肯定了波烈（Paul Poiret）、博腾（Ozwald Boateng）等著名设计师的作品提供的对建构非洲"他者"文化的见解，以及服饰作为协商工具在改变对身份和传统加以定义的权力方面所具有的重要意义。[④] 这些运用非洲殖民地文化的法国时尚，揭示了设计师们努力吸收这些文化但又与其保持距离的尝试。悠久的服饰史作为非洲"他者"刻板印象的重要标志，为设计师们提供了素材，他们运用相同的媒介构成了一种相反的话语。可以说，设计作品成为深刻而有力地表述文化的重要来源之一。近年来，在对日常生活中时尚的研究方面，出现了质疑时尚的本质、质疑时尚与现代性的关系、质疑时尚变换的假设的研究倾向，这些研究也试图扩展未来时尚研究的关键框架。[⑤]

　　在研究当代展演类西江苗族服饰设计方面，传统的物理空间和地点划界已经让位于视全球化为一个进程的理解，在这个进程中，本地和全球

---

① 〔英〕安东尼·吉登斯：《全球时代的民族国家》，郭忠华、何莉君译，《中山大学学报（社会科学版）》2008年第1期，第4页。

② 〔法〕让·卢·昂塞勒：《全球化与人类学的未来》，张海洋译，《世界民族》2004年第2期，第51页。

③ Minh-Ha T. Pham: "The Right to Fashion in the Age of Terrorism", *Signs*, Winter 2011, 36(2): 406.

④ Victoria L. Rovine: "Colonialism's Clothing: Africa, France, and the Deployment of Fashion", *Design Issues*, Summer 2009, 25(3): 44-61.

⑤ Cheryl Buckley and Hazel Clark: "Conceptualizing Fashion in Everyday Lives", *Design Issues*, Autumn 2012, 28(4): 18-28.

进行着交互。其中，最重要的交互媒介就是消费。当代中国展演类西江苗族服饰的消费，不仅是市场和经济行为，而且是构建认同的文化进程。那么，在全球化背景下，服饰设计审美中多样性和一致性关系如何？设计师在抵制全球化浪潮下的"均质化"趋势中，又是如何在以西方时尚潮流与风格为主流的文化互动中改造自己，构建、认同、凸显民族特色并再现民族身份的？在设计和制造服饰以适应世界商品体系的同时，对自身传统惯例的传承（如传统服饰图案中象征符号的意义）和凸显是否是民族艺术获取成功的不二法则？这些问题笔者将在本书中加以探讨。

第四节　想象与再造

"一个人的着装可以理解为是对他人义务的履行。具体而言，服装表明对他人的态度，一种关切的态度。"[1]也许在公共场合，往往存在一种标准来要求人们以具有表演性的服饰呈现自我。"它应该能够标志出一个人期望自己扮演的某种角色、必须能够帮助一个人在穿着上适应某种社会习俗、必须能够显示出可能符合也可能不符合穿着者的真实的身份与地位的某种社会形象。"[2]这种对自我和他者的想象与认同方式为多数学者所认同。在族际交流中，服饰的异同被处理为自我与他者关系的一种生存策略。想象中的差异帮助他们确认彼此间的距离，事实上的共通之处又使他们保持友好和谐的关系。[3]理查德·森尼特（Richard Sennett）认为："衣服的目的不是帮助你确证你正与之打交道的人是谁，而是能够把那个人打扮成好像你确实知道他是谁。"[4]然而，服饰并不总是被忠实地"解读"，许多学者在对服饰与身份的关注中，考察了被"想象"的身份怎样被解读为外表的"内涵"，以及如何被误读，例如森尼特和乔安妮·芬克尔斯坦（Joanne Finkelstein）[5]。西美尔认为，精英阶层通过穿极端、时尚的服饰而将自身与大众区分开来。然而，有许多证据表明，当今身份地位的概念已经与传统的、和阶级联系在一起的身份地位概念，构成了强烈的反差。因此，要考

---

① Laura Pearl Kaya: "The Criterion of Consistency: Women's Self-Presentation at Yarmouk University, Jordan", *American Ethnologist*, August 2010, 37(3): 529.

② 〔英〕乔安妮·恩特维斯特尔：《时髦的身体：时尚、衣着和现代社会理论》，郜元宝等译，桂林：广西师范大学出版社，2005年版，第130页。

③ 徐赣丽、郭悦：《认同与区分——民族服饰的族群语意表达》，《民族学刊》2012年第2期，第23页。

④ Richard Sennett: *The Fall of Public Man*, Cambridge: Cambridge University Press, 1977, p.68.

⑤ Richard Sennett: *The Fall of Public Man*, Cambridge: Cambridge University Press, 1977, p.68. Joanne Finkelstein: *The Fashioned Self*, Cambridge: Polity Press, 1991, p.128.

察文化中的民族服饰的参差多样性，就需要将民族服饰作为情境化的实践来思考。

考量作为情境化实践的民族服饰，需要吸取结构主义和现象学这两种不同的理论。以列维－斯特劳斯为代表的结构主义"艺术人类学研究过程中表现出来的理论阐发与现实观照相结合的研究路径为文艺学、美学的发展及艺术学研究范式的革新提供了参照"[①]，提供了将民族服饰理解为"社会组建和情境对象"的可能性，而现象学则提供了将民族服饰理解为"具体化体验"的可能性。不能孤立地分析民族服饰或是仅仅以一套社会关系来理解，因为它与身份体系的关系相当密切。在研究特定情境中的斯威士服饰时，希尔达•库珀（Hilda Kuper）关注了与其最为密切相关的"王权"，服饰被他视为社会结构的一个反映。在他看来，服饰可以被描述为个人外表整体结构的一部分。结构的不同部分是被有意识地操控的，在个人、国家和国际关系层面上，被用来判定和区分不同的地位、身份和责任。"结构的这些规则随着时间的推移，会与其他思想和行为的规则趋同。"[②]侧重于艺术作品中各元素的排列方式以及结构内部各部分之间关系的结构主义，容易忽略所关注事件的连续性或时间因素。而在现象学的视域中，民族服饰的审美关切民族的历史性，民族服饰聚集了天地人与信仰旨趣，与此同时，实用性遮蔽了服饰作品自身。赵旭东在《侈靡、奢华与支配——围绕十三世纪蒙古游牧帝国服饰偏好与政治风俗的札记》一文中，描述分析了纳石失这样一种外来的布料如何被蒙古贵族和精英追捧，转而成为蒙古人的自我认同的文化标志。纳石失是蒙古帝国的一种可以体现其自身支配能力的象征性物品，这种服饰偏好现象恰与当时的政治场景（功能）相应，正因"帝国的统治更多的［地］依赖于奢侈性物品的获得与施予……对于奢侈品的追求造就了这个帝国支配欧亚大陆的结果"。[③]

20世纪80年代末以来，人类学家已形成一个新的服饰研究趋势，即将穿衣的身体置于中心舞台的表面，将服饰看作一套竞争的话语，与权力的运作联系在一起，构建着穿衣的身体和身体的呈现。约翰•科马罗夫（John L. Comaroff）和吉恩•科马罗夫（Jean Comaroff）视19世纪初贝专纳（英国在南部非洲建立的"保护地"，现在博茨瓦纳的前身）的服饰为传教士转变思想的中心。思想灵魂上的斗争需要穿衣的非洲身体用欧洲布

---

① 董龙昌：《列维－斯特劳斯艺术人类学思想研究》，北京：中国社会科学出版社，2017年版，第225页。
② Hilda Kuper: "Costume and Identity", *Comparative Studies in Society and History*, 1973, 15(3): 348-367.
③ 赵旭东：《侈靡、奢华与支配——围绕十三世纪蒙古游牧帝国服饰偏好与政治风俗的札记》，《民俗研究》2010年第2期，第47页。

料加以覆盖，并以新的卫生制度来管理这些身体。在传教士到达前，欧洲布料是一种流行的信誉良好的商品；贝专纳人改变对欧洲布料的看法，并急切地穿用它们。这样一个全新的消费文化现象，表达出传教士不能完全控制他们的个人欲望。[①]菲利斯·马丁（Phyllis M. Martin）在1994年研究了城市景观的活力和快速变化的风格，发现在法国殖民时期多元文化交织的背景下，非洲人民的衣服并入了布拉柴维尔风格。这个殖民大都会处在一个贸易和交换的历史十字路口，在那里卖弄的身体突出展示了当地人长期持有的将服饰和社会地位相联结的想法。[②]由于穿衣的身体含义发生转变，民族服饰很直接地成为一个有争议的问题，身体的象征性相互作用和社会经验的变化，导致人们以不同的方式转换服饰，与此同时也呈现出将衣服、身体、展演（evolution）作为体现服饰实践的人类学研究趋势。

服饰通过选择性影响的合并已经发生了改变，在全球舞台上，这些影响不断地重新定义个人和地方认同，以与该地区变化着的政治制度和机遇的背景相对照。王明珂在《羌族妇女服饰：一个"民族化"过程的例子》一文中，介绍了当前羌族村寨妇女在服饰上可以代表各种认同（性别、世代、村寨、本地汉族或羌族），并可以区分各层次外族的功能，说明了由20世纪前半叶到90年代，羌族妇女服饰鲜明化、特色化的变化过程，他将其归为民族化的结果与反映。接下来他以现代民族主义的团结与进步这一二元概念，说明了为何只有村寨妇女因其边缘与弱势的社会地位而成为传统服饰的展示者。[③]文中所探讨的羌族传统服饰文化可以解读为：借着一个绚丽多彩又古老的民族"身体"，一方面可以使羌族与汉族的边界更加鲜明，另一方面可以表达出多民族构成的中华文化的多彩多姿与历史的悠久绵长。赵卫东的《族群服饰与族群认同——对"白回"族群的人类学分析》，在"白回"族群服饰的历史叙述以及对"白回"服饰的构成及其特点的分析中，探寻了"白回"族群服饰中的认同意识及其表征。他认为"白回"强烈的族群认同是基于伊斯兰文化上的族群内核，它是"白回"的族群边界得以维系的强大文化内力，"白回"族群也

① John L. Comaroff & Jean Comaroff: "Fashioning the Colonial Subject", John L. Comaroff & Jean Comaroff (eds.): *Of Revelation and Revolution, Volume Two: The Dialectics of Modernity on a South African Frontier*, Chicago: Univ. Chicago Press, 1997, pp.218-273.

② Phyllis M. Martin: "Contesting Clothes in Colonial Brazzaville", *The Journal of African History*, 1994, 35(3): 401-426.

③ 王明珂：《羌族妇女服饰：一个"民族化"过程的例子》，《"中央研究院"历史语言研究所集刊》1998年第69本第4分册，第842～843页。

总是随着主文化的变化而改变自己相应的服饰。①而在当下将文化资源转化为文化产业的大形势下，少数民族民众把过去仅限于自己消费的民族服饰，通过网络跨界传播，变为跨族群跨区域传播的文化象征物和旅游产品。②"传统的"服饰从来就不是一个人类学的文化"遗产问题"，但却总是一个不断变化的实践，在与其他服饰风格、与西方商业制造的服饰和西方时装体系的互动中改造自己。

玛丽亚（Maria Wronska-Friend）分析了在澳大利亚社会语境中，苗族服饰的文化内涵和意义发生了重大变化，也反映出该移民群体社会身份的转变。③当代澳大利亚苗族服饰及其组成源自世界许多不同国家，这促使服饰频繁地产生融合并形成多样化的式样。此类苗族服饰作为一种有形的非语言媒介，成为苗族群体构建新身份的视觉表征。"种族"或"民族"服饰是不断变化的，它甚至也有时尚潮流。因为，无论怎样改变地方偏好的定义，世界各地的人们想要"最时髦的"式样的心情是不变的。也许，民族服饰的主要社会意义，并非仅仅在于其所表现出来的物与物之间的相似性，以及相对应的客观人群分类。民族服饰所呈现的社会认同与区分体系及其变迁，如何被社会内外不同的个人与群体，借由各种不同的记忆媒介（如文献、口述与身体仪式展示等）表现出对传统服饰的定义与操弄，民族内外的权力结构关系如何影响妇女的服饰展示，以及民族服饰展演如何呈现、巩固各种认同与区分及其背后的权力关系等问题仍有待于进一步深入探究。④另外，在与西方强势时尚潮流与风格的对抗中，在对传统的民族服饰进行积极的"再造"中，是否应该考虑所"再造"民族本身的想法和主体性的发挥？设计师又是否有权力去创造处于动态变化中的民族服饰的传统？简单地通过对象征传统的符号进行"剪切""复制""嫁接"后的设计作品，不仅失去了民族服饰原有的符号意义，而且并不见得有利于民族文化传统的传承与延续。

---

① 赵卫东：《族群服饰与族群认同——对"白回"族群的人类学分析》，《民族艺术研究》2004年第5期，第24～28页。
② 邓启耀：《不离本土的自我传习与跨界传播——摩梭民族服饰工艺传承"妇女合作社"考察》，《文化遗产》2017年第6期，第7页。
③ Maria Wronska-Friend: "Globalised Threads: Costumes of the Hmong Community in North Queensland", Nicholas Tapp, Gary Yia Lee (eds.): *The Hmong of Australia*: *Culture and Diaspora,* Canberra: Australian National University Press, 2010, pp.97-122.
④ 周莹：《偅家服饰蜡染艺术的族群认同研究——贵州黄平重兴乡望坝村的研究案例》，《原生态民族文化学刊》2011年第2期，第65页。

第五节　性别与文化

性别与文化有关，这一事实已经为人类学家所描述，并展示了"他者"文化如何解释性和构成性别。然而，玛格丽特·米德（Margaret Mead）的《三个原始部落里的性和气质》（*Sex and Temperament in Three Primitive Societies*）一书中关于性和性别的含义遭到了后来学者的质疑，即在生物学范畴的性别与文化特性上的性别之间是否存在必然的联系？作为文化的一个方面，服饰的确具有显著的性别区分功能，它将自然的实物引入文化范畴，并展示了文化留下的烙印。"每个已知的社会都会区分出男女两性间的某些差异，而且尽管在某些团体中男性穿着裙子而女性则穿着长裤，但在世界各地的男女都有其主要的工作、礼仪和责任。"[①]"男女服饰的色调、线条或型式体现了对性别的文化估价方式。"[②]而在特定文化中，民族服饰具有联结男性化和女性化的意义。

无论在学术研究中还是在流行媒体中，面纱是穆斯林身份和不同于东方化路径的象征，并在一定程度上标示妇女处于从属地位。20世纪70年代和80年代的研究中，学者们通过证明在伊斯兰文化的不同地区，面纱的不同用途和妇女个人的穿衣实践经验，限定了面纱和妇女的从属地位之间的联系。过去30年的民族服饰学术研究已经扩大了经验和理论范围。在这些新的研究中，政治和宗教正沉重地压迫着妇女穿衣的身体，正如伊斯兰服饰继续因影响本地和外地的服饰而被关注。

按照詹尼·怀特（Jenny B. White）的观点，土耳其过去和现在的衣着已同政治意识形态相契合。[③]在20世纪70年代，一些年轻妇女开始质疑大学戴头巾的禁令。蓝色的头巾和长大衣象征着异议，也象征着与伊斯兰政治党派的结盟。长大衣和长丝绸头巾的时尚成为政治的图标。"伊斯兰时尚"的日益分化，既锐化又模糊了土耳其伊斯兰主义与世俗的鸿沟。在长期的历史和比较的背景下，法达瓦·琼迪（Fadwa El Guindi）对当代埃及的研究讨论了头巾如何成为一个新的伊斯兰意识的客体与象征。由于这种城市风格的面纱不同于早期的面纱，有些人认为这是一个"新的"面

---

① Michelle Z. Rosaldo: "Women, Culture and Society: A Theoretical Overview", Louise Lamphere & Michelle Zimbalist Rosaldo (eds.): *Woman, Culture, and Society*, Stanford: Stanford University Press, 1974, p.18.

② 〔美〕马歇尔·萨林斯：《文化与实践理性》，赵丙祥译，上海：上海人民出版社，2002年版，第192页。

③ Jenny B. White: "Islamic Chic", Çağlar Keyder (ed.): *Istanbul: Between the Global and the Local*, Lanham, MD: Rowman & Littlefield, 1999, pp.77-91.

纱。中层和上层阶级妇女已逐渐开始蒙上"新的"面纱。①

　　这种状况已促使妇女反抗问题的产生。爱华·翁（Aihwa Ong）审视了马来西亚的面纱，探讨了与伊斯兰相关的面纱复兴。服饰，包括完整的面纱（这在历史上是与马来文化格格不入的），引发了改革派团体关于男子公众角色和妇女私人角色方面的严重分歧。改革派团体攻击那些年轻的新自由乡村妇女，她们有在免税贸易区工厂当工人的经历。作为消费者，穿牛仔裤和其他西方风格的服饰是她们的权利，这些年轻妇女挑战家庭和社会对她们性别和收入的要求。而拿起面纱的大学生和中产阶层妇女则试图维护男子的权威，建构妇女的角色来保持一个伊斯兰的马来西亚社会。②在爪哇，面纱既不是根深蒂固的，也不是被多数人鼓励的，苏珊娜·布伦纳（Suzanne Brenner）探讨了为什么在20世纪80年代末伊斯兰服饰成为一个共同的视线焦点。她建议，抛弃过去并设想一个更完美的未来，妇女可以按照现代伊斯兰女人自己的形象重新塑造自己。③这些面纱已经几乎被认为是民族服饰，且与人们对女性的定义有关。面纱应作为一个消费场景来被研究，因为性别、外貌、衣着和身份是通过面纱的穿用来构造的。"如果服装代表着自我形象，那么什么样的自我被映射在被（面纱）遮蔽的表面呢？……（土耳其的）面纱时尚不是将蒙面纱的女性从被凝视的游戏中解脱出来，而是女性渴望参与的标志。身体的表面并非微不足道，它是女性投射她们理想自我的场所。"④女性通过蒙面的肉体参与着面纱时尚的塑造，使自己与彰显着欲望、信仰、形象的伦理理想和审美理想相协调的自我理想形象一致。

　　在对20世纪80年代中期到90年代中期英国时装业的考察中，安吉拉·麦克萝比（Angela McRobbie）认为由年轻女性劳动力组成的小规模独立设计活动构成了英国服装设计的支柱，意味着女性自主经济活动带来的协作和合作形式的可能性，认同了女性个性化在创造性工作中的重要性。⑤然而，在服饰活动中，性别的认同并不是固定的。在对非裔

---

①　Fadwa El Guindi: *Veil: Modesty, Privacy and Resistance*, Oxford: Berg, 1999, pp.161-186.

②　Aihwa Ong: "State Versus Islam: Malay Families, Women's Bodies, and the Body Politic in Malaysia", *American Ethnologist*, 1990, 17(2): 258-276.

③　Suzanne Brenner: "Reconstructing Self and Society: Javanese Muslim Women and 'the Veil'", *American Ethnologist*, 1996, 23(4): 673-697.

④　Banu Gökarıksel, Anna Secor: "The Veil, Desire, and the Gaze: Turning the Inside Out", *Signs*, 2014, 40(1): 177-200.

⑤　Angela McRobbie: "Fashion Culture: Creative Work, Female Individualization", *Feminist Review*, 2002 (71): 52-62.

西印度群岛妇女如何进行新的生产方式的探讨中，卡拉·弗里曼（Carla Freeman）展示了"灵活性"的企业战略与妇女自身战略之间的整体联系，将灵活的劳动与灵活的性别认同联系在一起。[①]在性别和阶级的跨国统一体中，妇女们的自我概念（如品味、风格和实践），以标识新身份的方式呈现着流行信息学的独特时尚。在当下现代性语境中，民族文化商品化是一种十分普遍的现象。女性通过表现自身的族群认同和肯定传统技艺（如苗绣）的工艺价值来建立自己在商品生产和销售中不可替代的主体性，这不仅呈现出族群内部性别角色的变化，更意味着在汉族代表中心／少数民族代表边缘这一二元范式下，苗族为争取文化自主权和话语权所做的努力和取得的突破。[②]

回归到本书所聚焦的话题，在对民族身份的表达中，如今包括苗族在内的中国少数民族女性，因其所体现的民族文化而被拿到台面上，被表述为族群文化的资源和资本，而男性及男性服饰因何被忽视，又是什么样的原因使得西江苗族男性在族群认同中的身份走向客位化，这些问题将在本书中铺陈开来。

不同学科的学者们审视民族服饰的视角有所不同：历史学（艺术史）研究者们视民族服饰为在特定时代文化价值的表现形式，他们将服饰作为一个对象，解释服饰的发展历程及服饰穿着的结构与细节；社会学研究者们将服饰作为群体价值观的表达，乏于对服饰衣着的考察，疏于了解其意味；文化研究则倾向于用符号学的方式将民族服饰理解为一个"符号系统"，或注重解释文本而不是穿衣的身体；心理学研究者们则视其为人格的表达形式，在社会的相互作用中考察服饰的意义与意图；而相对于其他学科，人类学的特点一直是它的整体性和关联的办法，对服饰及其象征性和文化内涵进行跨文化研究。当然，上述种种话题皆要适当地被还原至它们各自所属的历史语境中，毕竟特定的历史环境造就了特定历史时期的特定理论话语。

主观的和客观的着装经验并不总是相统一的，也可能是相互矛盾或相互碰撞的。在这两个着装经验之间可能发生互动，产生含糊不清、模棱两可的不确定性以及因而出现的衣着观争论。在历史遭遇、跨越阶层的互动、性别和世代之间，以及在最近的全球文化和经济交流中，穿着很

---

① Carla Freeman: "Femininity and Flexible Labor: Fashioning Class through Gender on the Global Assembly Line", *Critique of Anthropology*, 1998 (18): 245-262.

② 叶荫茵：《苗绣商品化视觉下苗族女性社会性别角色的重塑——基于贵州省台江县施洞镇的个案研究》，《民俗研究》2017年第3期，第86～92页。

容易成为价值观论战和竞争加剧的引火点。"人类学通过赋予服饰研究以新的生命，为身体研究的发展做出了贡献，这在很长一段时间里只是通过关注获得的。绝大部分主流的理论范式都被指责不重视这一点，使得服饰成为象征、结构或符号学解释的一个附属品。"① 从文化的角度思考，我们自己选择穿什么不仅只是表达我们个人的理想，也是我们与其他人认同的标准，然而我们的选择是受既定的权力"结构"限制的。考察民族服饰所受的结构性影响，需要考虑民族服饰的历史与社会强制性因素，即在给定时间加于穿衣活动的强制，同时还要分析是被怎样的社会情境强制，即玛丽·道格拉斯（Mary Douglas）所谈论的社会语境（social context）② 。在某种程度上，对民族服饰的解读的确有赖于特定的社会和经济环境，但也不能将其简单化约为特定的社会或经济的形式。"人类学以对自身结构进行质疑和颠覆的方式来建立和摧毁自己的叙述"③ ，因此在研究民族服饰的"结构"时，研究者需要依据这些新的结构形式来分析社会文化结构的差异，认识结构转换的原因。民族服饰的这种结构性制约与文化实践者的能动性，在场景中到底呈现出一种什么样的关系，是值得反思和讨论的。因此，对于个案的解释不仅应当考虑研究者所发现的结构性制约因素，也应当注意具体场景中各种不同力量及能动的实践者的介入，考虑民族服饰创作和生产的个案中的各种不同具体因素的影响。

　　动态地考察全球化背景下当代展演类西江苗族服饰设计的生产和再生产，动态地描述服饰的意义，将是在艺术人类学范式下服饰研究中需要更深入、更透彻探索的难点。而关于服饰的民族志书写，则要以丰富的民族志材料刻画服饰，不仅仅停留于服饰艺术行为本身的书写，更要透过艺术行为"深描"其所表现与内含的艺术经验或审美经验。这似乎是以往服饰研究所欠缺和需要完善的，也是有待于本研究进一步考察的。以往的研究，往往更注重设计结果，即将服饰设计作品作为"物"来研究，忽视与"人"的关系，遮蔽了艺术中独特的感性内容。而本研究将结合笔者自身原有学科背景（服饰设计专业）的优势，避免以往艺术人类学的研究对于艺术形式和技术技巧本身的讨论和分析的不足，从而影响艺术人类学阐释力的缺憾；通过一定场景中的当代展演类西江苗族服饰设计来探讨"人"

---

① Karen Tranberg Hansen: "The World in Dress: Anthropological Perspectives on Clothing, Fashion, and Culture" , *Annual Review of Anthropology*, 2004 (33): 370.

② 〔英〕玛丽·道格拉斯：《洁净与危险》，黄剑波等译，北京：民族出版社，2008年版，第89～91页。

③ 〔英〕戴维·理查兹：《差异的面纱——文学、人类学及艺术中的文化表现》，如一等译，沈阳：辽宁教育出版社，2003年版，第346页。

的设计行为，将服饰设计而不是服饰本身作为笔者的切入点和研究角度，分析当下它们与人们行为之间的互动关系。服饰的观念和风格汇聚于穿衣的身体，笔者将当代展演类西江苗族服饰设计艺术行为，作为艺术民族志的直接书写对象，围绕设计的艺术价值或意义产生的动态变化，以及在当今全球化市场影响下的设计作品所呈现出的设计者、生产者、消费者及其所在的文化之间的微妙关系，透过设计师的设计实践行为，"深描"其如何能动地通过穿着服饰后的身体对"他者"的意义和自我进行想象和构建，以达到表面上的认同。通过他们对民族的表达和对民族身份的再现实践，来阐明设计作品所表现与内含的设计者的概念系统、意义体系和情感模式。

第二章　语境与个案场景

中国是一个统一的多民族国家，每个民族在与其他民族相互交流、借鉴、吸收、发展的漫长历史中，创造和发展了独具特色的民族文化，形成了由55个少数民族与汉族共同缔造的文化共同体。在当代展演类民族服饰的舞台展演中，每个民族的传统服饰都被设计师们用现代设计的语言加以艺术化呈现。而本研究以西江的苗族服饰作为案例来展开分析，便是符合当下特殊的语境的。

第一节　走到台前的展演类西江苗服：
苗族妇女形象的"西江化"

一、概念描述：何谓展演类民族服饰

正如笔者在导论中所指出的，展演类民族服饰具有表征性、政治性、艺术性、商业性等多元化设计特点。此类设计作品常能变换穿着者的身份，利用民族服饰的标识作用，以特定的服饰使人感觉穿着者像少数民族。这类服饰的特色是利用服饰具有表现穿着者内容的作用，反过来通过具有某种特征的服饰来暗示穿着者所属。这里的"展演"不同于通常令人联想到的包含视听动感元素的祭仪乐舞的人类学"文化展演"，而只是用于界定设计作品的用途类别，即"展示或演出"类的民族服饰设计。这一类别的服饰设计，既不是对民族传统服饰的简单复制，也不是完全抛离民族传统服饰的原型，而是设计师以民族传统服饰为基型，运用现代的服饰材料、色彩、工艺等各种手段，对民族传统服饰加以重塑和再造。

确切地说，展演类民族服饰是演员在展示和演出中所穿用的民族服饰，用于塑造民族外部形象。展演类民族服饰一般源于生活中的民族节日服饰（即盛装），但又有别于那些服饰。展演类民族服饰设计是指针对一个特定的目标，即展演类型和展演要求，通过设计解决某种问题，以满足人们的某种需求。这类民族服饰作为演员的"角色包装"，是角色的一部

分，其与舞台服装一样，"以符合艺术形象造型法则为前提，以假定性、直观性与舞台化的形象语言作手段，使戏剧要素在演员形体上得以体现，最终创造生动可视并渗透着戏剧性的服饰形象"。①

二、"西江苗服"的标签：苗族服饰研究中的不同声音

由于苗族支系众多，服饰多样，对苗族服饰类型的划分标准不尽相同，因此在对苗族服饰的研究中，对同样的苗族服饰有着各不相同的称呼。

在文献记载中，清代前人多以服色来区分苗族的支系，如"黑苗""白苗""红苗"等，而后人在研究中逐渐丰富了其支系的类型划分方式，同时对苗族服饰的划分也不再简单地跟随支系的类别来判定。例如，在《中国苗族服饰》一书中，依照方言区及所取样的标本地的不同，全书将中国苗族服饰分为湘西型、黔东型、黔中南型、川黔滇型和海南型五种类型②，其下又分为台江式、雷公山式、丹寨式等21个式样（如表2-1）。本书所关注的西江式苗族服饰被笼统地划分为黔东型的台江式。

表2-1　《中国苗族服饰》对中国苗族服饰的类型划分

类　型	细分式样
湘西型	无
黔东型	台江式、雷公山式、丹寨式、丹都式、融水式
黔中南型	罗泊河式、花溪式、南丹式、惠水式、安清式、宁安式、重安江式
川黔滇型	邵通式、毕节式、开远式、织金式、安晋式
川黔滇型	江龙式、丘北式、古蔺式、马关式
海南型	无

这种分类方法超越了过去简单以服饰色彩来区分"黑苗""红苗""白苗"等苗族服饰的做法，随后的许多学者都采用了这样的分类方式。例如，在《苗族服饰：符号与象征》一书中，作者杨鹃国将我国现有的苗族服饰，按照方言区和次方言区分成了黔东南型、黔中南型、川黔滇型、湘西型和海南特区型五种。③在书中，杨鹃国先生认为西江式苗族服饰隶属黔东南型这一大类型，其头饰属"黑苗"式，上装被划分为"挂丁"式，下装则为"黑苗"的"飘带裙"式样。若依照此划分方式，那么本研究所关注的西江地区苗族服饰，无论使用哪一种式样的称呼，都会面临无法准

---

① 李迪、任洪丽：《论中国舞台服装的发展》，《北方音乐》2012年第8期，第87页。
② 民族文化宫：《中国苗族服饰》，北京：民族出版社，1985年版，第4页。
③ 杨鹃国：《苗族服饰：符号与象征》，贵阳：贵州人民出版社，1997年版，第3页。

确地表达出整套服饰式样的困难。除此之外，还有段梅的《东方霓裳——解读中国少数民族服装》①、龙光茂的《中国苗族服饰文化》②等著作，也是按照方言的区域来进行服饰分类的。

　　贵州雷山本土学者张晓的《贵州苗族代表性服饰》亦是按照方言的区域，列出了中部、东部和西部方言区的13种代表性苗族服饰。此书为贵州省科技教育领导小组办公室组织的"贵州省苗族代表性服饰（头饰）研究"课题成果的延伸，以贵州省科技教育领导小组办公室《黔科教办〔2009〕14号文件》精神为选择"代表性"服饰（头饰）的基准，即"每个课题需在对该世居少数民族历史文化传统、人口分布、支系、服饰（头饰）种类、特点等进行充分调查、论证、比较、研究的基础上，选定1～5种具有代表性的民族服饰（头饰），个别民族可适当增加。选出的服饰（头饰）要体现该民族深厚的文化内涵，承载该民族的社会历史文化信息，充分体现该民族的历史观、艺术观和审美价值，有鲜明的民族特色，穿着人口较多，分布区域较广，民族认同度较高"③。课题组首先确定了以方言区作为三大支系框架的研究方案，充分征求贵州省和地州市苗学会及苗族服饰（头饰）研究专家们的意见，将"充分体现该民族的历史观、艺术观和审美价值，有鲜明的民族特色"的选择标准具体化为"①服饰（头饰）外形美；②服饰（头饰）工艺价值高；③服饰（头饰）符号解读内容丰富"，并增加"世界认可度"这一标准。再结合了贵州省博物馆李黔宾馆长提出的几种分类建议："①按照服装款式历史发展阶段来分；②按民族性与地域性的碰撞交融的新款式来分；③按照工艺种类来分等。"④最终提出了13种代表性苗族

① 段梅：《东方霓裳——解读中国少数民族服装》，北京：民族出版社，2004年版，第261～266页。书中按照湘西、黔东、黔中南、川黔滇、海南这五大方言区对苗族服饰进行分类，并从民族分布、历史源流、服饰种类等方面对苗族服饰进行了描写与分析。
② 龙光茂：《中国苗族服饰文化》，北京：外文出版社，1994年版，第26～27页。龙光茂将苗族的服饰分为五型二十三式。五型为湘西、黔东、黔中南、川黔滇、海南。二十三式有湘西型的花保、凤松、古泸三式；黔东型的台江、雷公山、丹寨、丹都、融水五式；黔中南型的罗泊河、花溪、南丹、惠水、安清、安宁六式；川黔滇型的昭通、毕节、开远、织金、安普、江龙、丘北、古蔺、马关九式。型是以有代表性的地区命名的，式是以典型的县市或特殊地段及两个以上的县市（地区）命名的。西江地区的苗族服饰被作者归为黔东型的台江式。
③ 张晓、张寒梅、潘璐璐：《贵州苗族代表性服饰》，北京：知识产权出版社，2017年版，第19页。
④ 张晓、张寒梅、潘璐璐：《贵州苗族代表性服饰》，北京：知识产权出版社，2017年版，第19～20页。13种代表性苗族服饰分别是：中部方言区的西江式苗族服饰（北部土语）、施洞式苗族服饰（北部土语）、谷陇式苗族服饰（北部土语）、舟溪式苗族服饰（北部土语）、排调式苗族服饰（北部土语）、摆贝式苗族服饰（南部土语），东部方言区的松桃式苗族服饰（西部土语），以及西部方言区的黔西北式苗族服饰（川黔滇次方言第一土语）、威宁式苗族服饰（滇东北次方言）、安顺式苗族服饰（川黔滇次方言普定土语）、花溪式苗族服饰（贵阳次方言）、水纳赫式苗族服饰（川黔滇次方言第二土语）、摆金式苗族服饰（惠水次方言中部土语）。

服饰名单，其中"西江式苗族服饰"是作为中部方言区巴拉河流域"长裙苗"的代表。之所以以"西江"命名，是因为"第一，西江苗寨是全国乃至全世界最大的苗族村寨，有'千户苗寨'之称，蜚声中外；第二，西江苗族妇女多是刺绣能手，也赫赫有名，常常引领服饰潮流"①。

这种依据语言的分类方式虽然关照了苗族支系的内在联系，但是却忽视了服饰的性别、年龄、功能的差异，忽视了苗族服饰在结构方面的差异。杨正文的《苗族服饰文化》在上述分类方法的基础上，同时考虑到支系的分布与服饰风格，以及服饰的性别、年龄和功能方面的特征，将苗族女装分为湘西型、清水江型、短裙型、月亮山型、三都型、丹都型、罗泊河型、贯首型、黔中南A型、黔中南B型、乌蒙山型、安顺型、川黔滇型、海南型这14个类型，其下又细分为凤凰松桃式、三穗式、月亮山式等77个式样（见表2-2）。

表2-2 《苗族服饰文化》对苗族女装的类型划分

类 型	细分式样
湘西型	花垣式、凤凰松桃式、三穗式、月亮山式、古装式
清水江型	施洞式、革东式、革一式、黄平式、台拱式、西江式、巫门式、柳川式、高丘式、稿雳式、贞丰式、久仰式
短裙型	大塘式、舟溪式、久敢式、古装式（杨武式）
月亮山型	雅灰式、八开式、高隋式、平永式、岜沙式、加鸠式、加勉式、高增式、融水式
三都型	无细分式样
丹都型	龙泉式、坝固式
罗泊河型	罗泊河式、重安江式
贯首型	花溪式、乌当式、坪岩式、德峨式、麦格式、鲁沟式
黔中南A型	高坡式、大坝式、云雾山式、中排式、摆榜式、广顺式、摆金式
黔中南B型	鸭寨式、董上式、关口式
乌蒙山型	甘河式、威宁式、武定式、燕子口式、六冲河式、大方式、陆良式、镇雄式
安顺型	高寨式、华岩式、河坝式
川黔滇型	摩尼式、分水式、寨和式、滑石板式、江龙式、织金式、乐旺式、西林式、丘北式、洒雨式、文山式、开远式、金平式
海南型	无细分式样

尽管杨正文先生的分类方法比较细致，充分地考虑到了"服饰结构、

---

① 张晓、张寒梅、潘璐璐：《贵州苗族代表性服饰》，北京：知识产权出版社，2017年版，第27页。

装饰部位及穿着方式等形成的服饰风格"①，但是仅从类型的命名中，既可以看到地域，又可以看到服饰式样，难免让人有零乱混淆之感。而在《苗族服饰文化》一书里，杨先生将本研究关注的西江式苗族服饰划分为清水江型之西江式。

贵州民族文化宫研究馆员、民族文物考古专家席克定认为："以方言为基准，按地域范围划分服装的类型，而不是用服装款式上的特征作为依据，来划分类型……不能准确地反映苗族服装的款式和类型的形成、演变，以及各个款式和类型之间的关系。"②因为，在一个方言区内，居住着穿着不同服饰的苗族，也就是说语言虽同但其服饰不一定相同。由此，他认为方言不能作为服饰分类的标准，而应以服饰款式特征为依据，通过分类可以准确反映服饰款式、类型特点和内在联系，以呈现出苗族服饰同一性和丰富性的特点。席克定用考古学类型学方法，在《苗族妇女服装研究》一书中，将苗族妇女服饰分为"贯首装""对襟装""大襟装"三大类，在各类下又划分为不同的"型"，在不同的"型"中，有条件地再划分出"式"。如"贯首装"可分为"无领""翻领""旗帜服"三型，"对襟装"分为"对襟裙装""对襟披肩裙装"等十型。③在这本书中，他将西江地区苗族妇女服饰归为Ⅷ型（2）式交襟裙装，详见表2-3。尽管这种分类方法充分地考虑到了苗族妇女服饰的款式变化，从称呼上就可以直接反映出服饰的款式结构，但是这种方法并不通用，除了研究者本人以外，其他人几乎无法直观地将作者所区分的式样与其所在地域进行对应。

在《中国织绣服饰全集6：少数民族服饰卷（下）》一书中，编者将苗族服饰按照苗族所分布的地域划分为湖北省、湖南省、贵州省、云南省、四川省、广西壮族自治区、广东省等地，贵州省下又细分为西江式、桃江式、摆贝式等五十二式。④这些具体的式样多以采集服饰样本所在地域的名称来命名，但"僮家式"除外（它是以该服饰所在的苗族支系来命名的），因此本书探讨的西江地区的苗族服饰被称为"西江式"。尽管这种分类方式依旧没有反映出苗族服饰的款式结构、性别、年龄、功能等方面的差异，但却可以依照地域的线索，来清晰地呈现各个地域苗族服饰的式样，也便于读者和研究者进行对应。

---

① 杨正文：《苗族服饰文化》，贵阳：贵州民族出版社，1998年版，第79页。

② 席克定：《苗族妇女服装研究》，贵阳：贵州民族出版社，2005年版，第16页。

③ 席克定：《苗族妇女服装研究》，贵阳：贵州民族出版社，2005年版，第21～22页。

④ 参见中国织绣服饰全集编辑委员会：《中国织绣服饰全集6：少数民族服饰卷（下）》，天津：天津人民美术出版社，2005年版，第27～154页。

表2-3 《苗族妇女服装研究》对苗族女装的类型划分

贯首装	I 无领贯首裙装	
	II 翻领贯首裙装	
	旗帜服	
对襟装	I 型对襟裙装	I 型（1）式
		I 型（2）式
		I 型（3）式
	II 型对襟披肩裙装	II 型（1）式
		II 型（2）式
		II 型（3）式
		II 型（4）式
	III 型对襟背牌裙装	
	IV 型对襟背褡裙装	
	V 型斜襟裙装	V 型（1）式
		V 型（2）式
对襟装	A 型斜襟右衽裙装	A 型（1）式
		A 型（2）式
	B 型斜襟左衽裙装	B 型（1）式
		B 型（2）式
	VI 型对襟胸兜裙装	VI 型（1）式
		VI 型（2）式
	VII 型对襟短裙装	
	VIII 型交襟裙装	VII 型（1）式
		VII 型（2）式
大襟装	I 型大襟右衽裙装	I 型（1）式
		I 型（2）式
		I 型（3）式
		I 型（4）式
	II 型大襟右衽裙装	
	III 型大襟右衽裤装	

从上述分析可以看出，根据苗族语言分类，从地域关系来划分服饰类型，或许并不能准确地反映苗族服饰的具体款式和结构类型特点，同时也无法关照到苗族服饰款式和类型之间纵向与横向的关系。但仅根据服饰的款式结构来分类，又无法反映苗族服饰所对应的地域。各种分类方式都有各自的道理和难以避免的缺陷，抛开分类的科学性和合理性不谈，且本书也并非想针对苗族服饰分类展开深入探讨，在这里我们可以直观看到的是，不同分类方式对本书关注的对象——西江地区的苗族服饰，具有不同

的名称：黔东型台江式，黔东南型"黑苗"式、"挂丁"式、"黑苗""飘带裙"式，清水江型西江式，Ⅷ型（2）式交襟裙装，贵州省西江式。如仅就研究者们所关注的角度来看，上述不同的划分标准反映了学者们不同的研究视角。而在本书中，笔者并不是仅从苗族服饰的款式结构来进行分析，而是更强调关注对象所在的区域，以及因区域不同所表现出来的苗族服饰特点。因此，笔者为便于清晰地反映本书所要探讨的苗族服饰所在的地域，以地域名来命名其服饰类别，将其称作"西江苗族服饰"，简称为"西江苗服"。

三、从"见多"到"广识"：被塑为"经典"的西江苗服

如果仅关注展演类民族服饰中的苗族服饰的话，似乎可以看到一个普遍存在的现象，那就是西江苗服盛装以苗族服饰代表的姿态出现在公众面前的频率非常之高。苗族服饰很美，这是受大家所公认的。但是缘何以雷山县为代表的这种"西江苗服"盛装款式，在不知不觉中成了苗族服饰的典范，甚至只要是提到苗族服饰，便会让人自觉或不自觉地将其与西江苗服盛装的形象相联系？是因为西江苗服美观大方吗？美观大方又是谁给予的评价？

（一）当地苗族人对自身服饰的评价

身为西江本地人的苗族人类学学者张晓，在《关于西江苗寨文化传承保护和旅游开发的思考——兼论文化保护与旅游开发的关系》这篇文章中，从西江苗族盛装所具有的美感、西江人口众多、西江拥有的悠久历史这三个方面来展开分析。她认为西江苗族盛装具备端庄大气之美感："我们可以在电视上、画报里、广告中等等看见穿着这样苗族服装的苗族形象代表。这种服装具有大家风范，显示了一个大民族的辉煌和气概。西江苗族妇女的服装款式也是这样的一种。"[①]在其近作《贵州苗族代表性服饰》中，西江式苗族服饰位列十三式苗族服饰之首，不难看出作为当地人对本地区苗服的看重与喜爱：

> 如果我们只选择一种服饰作为苗族代表的话，那么所选择的就是"西江式苗族服饰"，因为不管在电视上、在画册中，或者在广告里，当下作为苗族服饰形象出现的服饰大多数是这一种。苗族自己的

---

① 张晓：《关于西江苗寨文化传承保护和旅游开发的思考——兼论文化保护与旅游开发的关系》，《贵州民族研究》2007年第3期，第48页。

歌星、名人作为公众人物出现的时候，少不了会穿着这种服饰。以至于其他省区的其他民族，或者本地区的主流人群也把这种服饰拿来装扮自己。在一次我国西部各省区电视台联手合作晚会上，贵州电视台的主持人就穿着西江式的苗族服饰代表贵州地域性特色；类似的在中国举办的奥运会闭幕式我们也看见了类似的服饰元素；2015年中央电视台春节联欢晚会南方少数民族出场的节目也有穿着"西江式苗族服饰"演员出现等。"西江式苗族服饰"已经流传得太广泛了，特别是银首饰中的"银箍"。人们甚至推断，二十年以后将难以说清这种服饰的出处，因为它太普及了。这种苗族服饰就像一颗冉冉升起的新星，越来越耀眼。为什么这么普及？为什么到了近三十年来才被发现这种服饰那么美？一方面因为改革开放、旅游开发打开了一直比较封闭的山寨大门；另一方面经济发展富裕了却太忙碌了的人们向往返璞归真。这种美符合了时代审美的需求。相比黔东南其他地区的苗族服饰，"西江式苗族服饰"在华贵大方的基础上还具有一种古朴厚重。①

而针对西江苗族盛装的美感，笔者也专门走访了西江千户苗寨的苗族村民，以访谈的形式直观了解他们对自身服饰的感受。

在2011年春天的一个下午，笔者在西江千户苗寨"木春绣坊"访谈了西江一位土生土长的苗族姑娘穆春。她在西江千户苗寨里卖刺绣工艺品已有三年，她的父母亲收集这些刺绣也有十年之久。笔者在访谈时拿出了中华人民共和国成立60周年庆典上"爱我中华"游行方队中的苗族服饰照片，与她展开了对话：

笔者：您对中华人民共和国成立60周年庆典中群众游行时穿着的苗族服装有印象吗？这是西江这边的苗族盛装吗？

穆：我没有印象，这是哪里啊？这很明显是具有西江传统民族服饰特点，但是又改良过了的机绣盛装。

笔者：您觉得西江这边的长裙盛装好看吗？您认为是什么原因在游行表演中会选择西江这一带的苗服作为苗族的代表呢？

穆：西江苗族盛装是比较隆重、端庄并且还很华丽的服饰。工艺好，色彩美，穿着活泼大方。我认为西江苗服具备其他苗族支系的大部分特点，并且具有代表性，是苗族服饰中比较唯美的一种。

---

① 张晓、张寒梅、潘璐璐：《贵州苗族代表性服饰》，北京：知识产权出版社，2017年版，第26页。

笔者：您对其他苗族支系的服饰有了解吗？是否喜欢呢？

穆：其他支系的服饰大部分我都有见过并且有收藏，像施洞苗族的盛装、黄平苗族的都很漂亮。

笔者：为什么西江这边的苗服会有较高的知名度，您觉得它美在何处？

穆：西江苗服工艺好，款式大方，色彩鲜艳，加上刺绣上的银饰做修饰更加显得华贵。①

在访谈中，穆春给笔者看了几张她穿苗族盛装参加中国共产党建党90周年西江千人合唱的照片，这套苗族盛装据说是妈妈亲手给她缝制的，而且所有的装饰品都是纯银打造的（见图2-1）。从上述谈话中，我们可以感受到她言语中透露出来的自豪感。民族服饰对于少数民族民众来说，一方面作为文化的表征，展现了民族历史，传递出个人的财富、等级等文化内涵，另一方面作为一种美在呈现给外人的同时亦期待获得他人的认同。而穆春言语中的这种自豪感既源于自己服饰的货真价实，又由身为西江苗族人，本地苗服能被外界更多的人认可和尊重而产生。

图2-1　身穿西江苗族女子盛装的苗族姑娘穆春（西江千户苗寨，穆春提供，2011年，彩图见文前插页）

就这一问题，笔者在西江千户苗寨访谈了唐守成。唐守成的苗语名字是"wǔ"，是贵州省雷山县西江镇的"鼓藏头"②，总理全寨祭祀、娱乐等活动。唐守成于1994年成为苗王，现在是西江民族小学的数学老师，生

---

① 受访者：穆春，女，1987年生人，贵州省雷山县西江镇民族工艺古街"木春绣坊"的店主；访谈时间：2011年4月16日；访谈地点：西江千户苗寨"木春绣纺"；访谈者：笔者。

② "鼓藏头"是苗族对管理祭祀及过年、过节等民俗事务的人的称谓，苗语叫"ghab niel"（干略），外地的游客常将西江千户苗寨的鼓藏头称为"苗王"。

有一子，正读小学。在访谈中，笔者同样拿出了在中华人民共和国成立60周年庆典上"爱我中华"游行方队中的苗服照片给他看，针对西江苗服的审美等问题和他进行了互动：

> **笔者：** 您看照片上的服饰是哪里的服饰？
>
> **唐：** 是西江这一带台江县、雷山县的苗服。下面的部分叫花带裙，照片上面的这种绣就少得多，表演用的服装一般绣得就很少。
>
> **笔者：** 您知道在中华人民共和国成立60周年庆典"爱我中华"群众游行方队中，选用的是哪里的苗族服饰吗？
>
> **唐：** 在访谈之前，我并不知道在2009年中华人民共和国成立60周年庆典的"爱我中华"群众游行方队中的苗族服饰，是以我们的西江式苗服为代表的。
>
> **笔者：** 尽管苗族有众多支系，但在国庆游行中偏偏选择西江式样苗服。
>
> **唐：** 因为当时没看到，现在看到了，有几点感受：一是说明咱们国家很重视少数民族；二是从审美的观点看，还是认为我们这边的苗服好看；三是在游行表演中展示的苗服，不仅给国内人看，还给外国人看，这说明苗族是很强大的，可以为我们国家增光添彩的。比如2008年奥运会升旗时，其中有一个就是穿苗服的苗族姑娘，说明苗族在整个中华民族中还是有一定地位的。
>
> **笔者：** 您如何看待其他式样的苗族盛装？您觉得为什么没有选用其他支系的苗服？您觉得西江苗服特色是什么？
>
> **唐：** 根据所居住的不同地区和服饰的不同式样，苗族被分成了很多不同的支系，有长裙苗、短裙苗、长角苗、高山苗等。但独有西江式长裙苗，不论从外观还是内在美来讲都具有华丽、高贵之意。这与西江是最大苗寨，古老文化保存完好，且充分体现了西江苗族古老的贵族血统是不可分割的。选定西江式苗服用于国庆游行那是很有慧眼的，其是具有苗族代表意义的。①

也许是"谁不说俺家乡好"的心理在发生作用，笔者在西江调查中发现：在对自身所在支系或地域的苗服审美中，当地人似乎都表达出相似的

---

① 受访者：唐守成，男，1967年生人，西江镇千户苗寨鼓藏头；访谈时间：2011年4月14日；访谈地点：唐守成家；访谈者：笔者。

观点，即西江苗族盛装大气、华丽，堪称苗族盛装的典范。如果单从服饰艺术的审美角度来看，西江苗族盛装的确很美，无论是服饰的造型设计，还是工艺、材料的运用都能传递出华丽的美感。也许正是因为西江苗族盛装的华贵美给人以强烈的视觉冲击力，所以更容易被外界认同并加以识别。

除却西江苗族服饰所具有的美感，西江本地学者张晓认为，西江人口众多以及历史悠久，同为西江苗族服饰得以众所周知的重要因素。在文章中，她写道：

> ［……］但是因为西江人多，妇女们见的世面广，切磋技艺的机会多，高手也格外的多，常常率领了服装的潮流，所以西江苗族妇女的服饰也就成了代表中的代表。
>
> 对于服装的款式是这样，对于服装的修饰更是这样。西江苗族妇女也以一种人多势众的群体力量在影响着苗族刺绣的走向。西江妇女手巧是出了名的。西江苗寨内部可以分为八个自然村，村村都有刺绣手。但是其中刺绣技术最集中和影响最大的是东引村。即使就是现在很多人外出打工，很多人不穿或少穿苗族自己的服装，她们也仍然有很好的手艺和很好的产品，在赶集的时候拿到集市上去卖，以满足那些不再会绣或者没有时间绣花的人们的需要。
>
> ［……］
>
> 从隐性的角度讲，西江苗寨具有上千年的历史，传说都是一个祖宗（两兄弟或三兄弟）的后代，具有血缘文化和地缘文化的双重性；西江苗族在历史上被封建王朝称为"化外生苗"，到了清朝雍正七年才开始设置，作为苗族的腹心地带，西江遗存着大量自成体系的传统文化；作为世袭的宗族领袖"鼓藏头"和生产领袖"活路头"在即使已经成为一片地方的政治、经济、文化中心的镇政府所在地的西江，也仍然得以传承；即便日渐受现代化、城市化的影响，西江苗族对祖宗的崇拜，对神灵的敬畏依然如故；尽管人口流动也很频繁，但是西江苗寨还是聚族而居，家族之内会绝对禁止通婚，等等。①

但是，西江千户苗寨里的苗族盛装仅仅因为上述观点而得以名扬吗？答案恐怕不完全是这样。众所周知，苗族是一个历史悠久的民族，这其中

---

① 张晓：《关于西江苗寨文化传承保护和旅游开发的思考——兼论文化保护与旅游开发的关系》，《贵州民族研究》2007年第3期，第48～49页。

包括西江苗族，但又不唯独指的是西江的苗族。从服饰的风格看，苗族妇女擅长刺绣、蜡染和制作银饰等装饰手段，绚烂多彩、雍容大方也不只是西江这里的苗族服饰风格，台江施洞的苗族服饰、黄平的苗族服饰、榕江摆贝的苗族服饰，还有同为雷山县的桃江苗族服饰等，又有哪个不是装饰繁缛华丽、工艺精湛细致、色彩绚丽璀璨、款式大方得体呢？此外，尽管西江是目前国内最大的苗寨，寨子里的苗族人口也的确众多，笔者也承认"人多力量大"的道理，但是仅仅因为人口多，妇女们见多识广，就会使得西江苗族服饰为众人所识吗？

西江当地人对自己民族服饰美的认同是一种对自我的确认与表达。民族服饰是族群内部文化传承的主要方式，其背后蕴含着族群的文化规则与文化逻辑，在与外界互动交流的过程中成为表现自我、凸显自我的途径。可以说，张晓这样的西江当地知识分子，在推动西江发展过程中功不可没，而苗族服饰的"西江化"在某一侧面亦反映出苗族族群内部的权力话语问题。除此之外，这里恐怕还存在着旅游开发、学者关注、当地苗族"名人"效应等这些因素的综合作用。

（二）旅游开发与民族服饰形象塑造

如今的西江是一个蜚声海内外的著名苗寨，然而在西江苗寨乡村旅游未曾兴起的20世纪80年代以前，西江只是一个"藏在深闺人未识"的普通苗族村寨。因本书讨论的对象——展演类西江苗族服饰设计是民族题材的艺术设计，而且是基于以传统西江苗族生活为背景的艺术，所以按照艺术人类学的要求，要恰当地解读西江苗族服饰，有必要了解其存活的"语境"，即贵州省雷山县西江镇。

西江是贵州省黔东南苗族侗族自治州雷山县的一个规模较大的苗族聚居村寨，因居住有千余户苗族，所以又被称为"千户苗寨"。西江千户苗寨地处西江镇，位于雷山县的东北部，海拔833米，地跨东经108°9′3″～108°4′4″，北纬26°26′25″～26°33′3″；东北毗邻台江县，东南毗邻雷山县方祥乡，西北接凯里市，西南接雷山县丹江镇，距雷山县城37公里，距黔东南苗族侗族自治州州府凯里35公里，是西江镇镇政府所在地。《贵州通志》载："雷公山深在苗疆，为台拱、清江、丹江、麻哈、凯里、古州、八寨交界之地，绵亘二三百里，曰冷竹山、曰乌东山、曰野鸡山、曰黄阳山、曰尖山，叠嶂重峦［……］人迹罕至，即昔称牛皮箐也。"[1]可见，在民国时期雷公山还包括今凯里、丹寨、麻江的部分地

① 刘显世、谷正伦：《贵州通志》卷一百四十六《古迹志七》，任可澄、杨恩元纂，贵阳：贵阳书局，1948年版。

界。苗岭主峰雷公山的白水河穿寨而过，将西江千户苗寨的八个自然村一分为二，河东为平寨、东引、也东、羊排，河西为也薅、水寨、南贵、乌嘎，如今的西江千户苗寨已经将这些村寨合为一个大的村落。自古苗人住高山，西江苗寨的民居大多是用枫木搭成的木制吊脚楼建筑，层层叠叠、鳞次栉比的苗族干栏民居，依山势修建在70多度的陡坡上并向两边展开，景色雄奇，气势恢弘（见图2-2）。唐守成认为，西江千户苗寨之所以有名，在于依山来建房子，省出平地为农田，山下面的表演场以前是农田，屋檐上的水滴到农田里，人与自然和谐相处。

图2-2　鳞次栉比的西江千户苗寨建筑（西江千户苗寨，2009年，彩图见文前插页）

　　"西江"，苗语为"Dlib Jangl"，西江千户苗寨的苗族是以"西"氏为主的多个支系苗族，经多次迁徙融合后形成的统一体。关于西江的得名有着不同的声音，例如，王唯惟和王良范在《雷公山苗族——西江千家苗寨图像民族志》中与潘年英在《雷公山下的苗家》中表达了相似的观点，认为"Dlib"是苗族古代"西"氏族，迁徙至黔东南后分散而居，以"Dlib"命名地方，"Jangl"是对本宗族祖先曾居住的地方的纪念，故此得名，印证了苗族祖先与自然做斗争，开辟了西江这一生存空间。西江本土学者侯兴华认为，"赏"（Dliangx）氏族开辟了西江并安家落户，"西"（Dlib）氏族后到西江，曾跟"赏"氏族讨地方，"Dlib Jangl"就是讨来的地方。清王朝用汉语谐音"鸡讲"来记录"Dlib Jangl"这一地名，但是"鸡讲"在发音上与"鸡颈"相近，苗族人难以接受这一称呼。1942年，侯兴华、侯教之等当地绅士与鼓藏头、寨老一致讨论决定将"Dlib Jangl"

的汉名更为"西江"。一是因为"西江"的发音与苗语"Dlib Jangl"的发音较为接近，另一原因是寨中有条白水河蜿蜒而过。

在当地还流传着一个古老的说法，在西江苗语方言中，"Dlib"为"鬼"，"Jangl"为"讨"，"Dlib Jangl"就是"跟鬼讨得的地方"或"鬼讨饭的"，反映了苗族先民在艰苦的生活环境下被迫"讨饭"的情景；也有传说称西江曾有神仙下凡为西江人开山辟土，西江得名于"仙降"。在调查中，穆春给了笔者这样的解释："我，我的祖祖辈辈们一直生活在西江，听老人讲，西江的发音系苗语音译，苗语称'仙祥'，汉朝时称'鸡江'。清朝雍正建置后称'鸡讲'。乾隆三年（1738）设置了鸡讲司，为丹江厅所管辖的三个土司之一。民国时又以此地有白水河流过，改称'西江'。"① 而作为掌管苗寨风俗的鼓藏头唐守成告诉笔者："西江是鬼神之地。以前常有鬼神出没，就是现在所说的神仙、美女下凡洗澡的地方。"② 这些种种关于西江名称来历的故事，折射出不同的意图，而这些不单纯是当地苗族人的目的，也是历史制造者的用意。

直至清初，贵州均为苗族内部自理，称"自然地方"（苗语称讲方）。清代康熙《贵州通志》对于贵州建置有着较为仔细的记载："宋至道三年分隶荆湖与剑南之东西三路。元丰间改隶湖北夔州……十九年并宣慰司都元帅府。明洪武初分隶云南、湖广、四川三布政，设都司于贵州……康熙三年平水西设平远、大定、黔西、威宁四府。"③

通过文献的记载可以得知，自秦汉至元、明、清初，郡县制、羁縻州对雷公山大山区的统治薄弱，甚至并没有直接治理，在历史上该地区曾被称为"蛮荒之地""生苗""生界"等。清道光《黔南职方纪略》载："由八寨而东北去府一百六十里则丹江通判，驻焉八寨，于明为夭坝土司地，生苗戕，害土司致成'化外生苗'。"④ 乾隆《黔南识略》亦有载："丹江通判在府治东二百二十里，省城东南三百四十里，明以前皆'化外生苗'。国朝雍正六年十月，八寨既平，巡抚张广泗以十一月率兵进剿，十二月讨平之，七年平余党，设通判驻其地……苗唯黑苗一种，性本顽悍，今渐驯良，略通汉语，其俗与各处同。"⑤ 乾隆《贵州通志》载："雍正八年

---

① 受访者：穆春；访谈时间：2011年4月16日；访谈地点：西江千户苗寨"木春绣纺"；访谈者：笔者。

② 受访者：唐守成；访谈时间：2011年4月14日；访谈地点：唐守成家；访谈者：笔者。

③ （清）卫既齐：《贵州通志》卷三《建置沿革》，（清）薛载德纂，（清）阎兴邦补修，清康熙三十六年刻本。

④ （清）罗绕典：《黔南职方纪略》卷五《都匀府》，清道光二十七年刻本。

⑤ （清）爱必达：《黔南识略》卷九《丹江通判》，清光绪三十三年刻本。

开八寨，丹江、都江各苗疆设同知一员，通判二员分驻其地。"① 由文献可知，当时西江属于丹江厅辖丹江卫和凯里卫中的前者，至清代中期才被划入中原政权的治理范围。1914年，丹江改厅称县，西江属其辖内。1941年，丹江撤县，西江改归台江县管辖。1944年，置雷山设治局，西江复归雷山管辖，改为西江镇。1950年，雷山设立县人民政府，西江属于第二区公所。1954年，建立雷山县苗族自治区，西江千户苗寨所在地属西江区。1959年，雷山、炉山、丹寨、麻江并入凯里大县，西江属于凯里县的雷山片。1961年，恢复雷山县。1962年，恢复丹江、西江、大塘、永乐四区，千户苗寨当时属于西江区西江镇。② 鼓藏头唐守成向笔者介绍："苗族祖先蚩尤战败后，往湖南、贵州等山区里躲避，就像毛主席的游击战，使得我们苗寨保护得特别好。苗寨内有1300多户，加上周边的10个苗寨，共为一个2000多户的大集体，统称为'鼓社族'，我们所说苗语的音调是一样的。西江千户苗寨是全国最大的苗寨，一般以宗族和支系聚居。西江是一个大宗族，尽管姓氏不同，苗族以前没有姓氏、文字，现在的姓是根据以前的苗名直接音译过来的，例如我的唐姓，以前苗语叫'dèng'，就是很长的凳子，后来音译为'唐'。"③ 西江苗族语言属于汉藏语系苗瑶语族苗语支中部方言的北部次方言，虽然现在使用通用的汉语，但苗族人内部之间的交流仍然使用苗语。清代雍正开辟"新疆六厅"之前，西江基本处于化外之地，与汉族地区有着显著的差别，地方事务多由苗族内部的"方老""寨老""族老""理老""榔头""鼓藏头""活路头"等自然领袖来实行自主管理。唐守成形象地比喻自己在苗寨中的地位与作用："好似一棵大树，我就是树根，等同于国外的酋长，外面人习惯称我们为'苗王'。现在我主要管理苗族的民风民俗，决定苗族宗族里面过年、过节的日期。在过节时，主持苗民的节日活动和一些重大的祭祀活动。苗族大的风俗要改变，需要通过我们来制定和安排。"

尽管西江千户苗寨有着这样悠久的历史和独特的自主管理制度，然而，与其他众多的苗族村寨一样，由于历史加上所处地域的封闭等，西江直到20世纪90年代初期仍然不是知名的旅游胜地。1992年，因撤区并乡，西江镇由原来的黄里乡、白莲乡、大沟乡和西江镇三乡一镇合并而成，辖24个行政村，58个自然寨，222个村民小组及1个居委会，千户苗寨属于

---

① （清）鄂尔泰、（清）张广泗：《贵州通志》卷三《建置》，（清）靖道谟、（清）杜诠纂，清乾隆六年刻本。

② 雷山县县志编纂委员会：《雷山县志》，贵阳：贵州人民出版社，1992年版，第44～48页。

③ 受访者：唐守成；访谈时间：2011年4月14日；访谈地点：唐守成家；访谈者：笔者。

西江镇管辖。不过，自20世纪90年代开始，西江苗寨居民就依托当地的资源优势，自发地从事旅游接待与经营活动。1992年，西江被列为省级文物保护单位。1995年，西江镇被列为省级历史文化名镇，但是由于苗民个人资金不足、当地交通基础设施落后等众多因素的综合作用，进入起步期的西江旅游业成绩并不突出，旅游资源的优势也未能给西江带来多高的知名度。

进入21世纪后，雷山县政府将西江千户苗寨作为重点发展对象。2002年，雷山县将每年都举办的"苗年文化周"搬至西江，各类媒体用文字、图片、音频、视频等方式对西江千户苗寨进行了"轰炸式"的集中报道和展示。随后的几年里，西江千户苗寨游客量大幅度增长。2004年，西江千户苗寨被列为全省首期村镇保护和建设项目五个重点民族村镇之一。2005年，西江千户苗寨吊脚楼被列入首批国家级非物质文化遗产名录，同年11月，"中国民族博物馆西江千户苗寨馆"在此挂牌。2007年以来，政府在深化县情认识、找准地区优势的基础上，包办了旅游规划、建设出资、资源开发、宣传推介、人员培训、管理监督等方面的诸多事项。在当地政府主导下，在旅游业的带动下，西江的知名度和影响力得到前所未有的提升，游客数量呈现出"井喷式"增长态势，旅游市场结构也出现了由省内向省外及国际、散客向团队的转变。2007年贵州省第三届旅游产业发展大会以及2008年凯里至西江公路的开通，更为其旅游产业的快速发展提供了有利契机。"西江彻底火了，而伴随着西江蒸蒸日上势头的却是朗德上寨萧条的身影。出于种种原因，朗德上寨已经渐渐失去了竞争力，退出了这个它曾称霸许久的市场。"①朗德上寨是全国第一个民俗风情村寨，20世纪80年代曾引领贵州最早一批民族村寨旅游热潮。然而，2008年，雷山县西江千户苗寨成为贵州省第三届旅游发展大会主会场选址地，加上省政府帮扶大批资金完善了西江整体建设，使得这个全国最大的古老千户苗寨发生了翻天覆地的变化，也逐渐取代了朗德上寨的地位成为吸引游客纷至沓来的民俗旅游目的地。经过多年的打造，西江千户苗寨将发展民族文化事业与繁荣群众文化生活有机结合起来，获得了2017年"中国优秀国际十佳乡村旅游目的地"的荣誉称号，是贵州唯一入选的景区。2018年，西江千户苗寨在全国文化之旅前十中位列第二，仅次于北京故宫博物院。②国庆黄金周期间截至10月3日，西江苗寨入园人数达到三万人，导

---

① 李杨：《朗德上寨：一个民族村寨的"起起落落"》，《贵州民族报》2012年5月25日，第B01版。

② 西江千户苗寨：《国庆出游——游客聚焦西江千户苗寨》，微信公众号"西江千户苗寨"，2018年9月27日。

致人流、车流量大，停车场及各类服务项目已处于饱和状态，西江高速及景区环线路段也出现了缓行现象。景区特发出建议游客前往景区周边观光的公告，足见西江旅游的热度。[①]

"在旅游开始的那一刻，农民就经历着社会化的过程，并将文化作为商品出卖，文化被认作以物易物的手段。"[②] 早在20世纪80年代，路易莎（Louisa Schein）在西江调查时就了解到，在有外来艺术家来采风时，当地文化站会挑选年轻的苗族女子，让她们穿上西江苗族节日盛装，按照外来摄影人的拍照要求摆好姿势，这样的形象是城里消费者渴望看到的，当然这些拍照的人需要支付一定的费用。作为主人方的苗寨为适应游客的需求和愿望，采用了文化借用的手段。西江苗族服饰的形象在某种程度上成为游客"假期"（或其他旅行名目）期望的反映。路易莎指出："西江人创造的这种苗族形象逐渐成为典型，成为苗族形象的模板，经常反复出现在大众媒体当中，于是标准化的流行形象从根本上代替了真正的、多样的苗族形象。"[③] 而在近年，西江苗族服饰的推广活动也随着旅游开发的成熟而日渐升温（见表2-4）。

表2-4　近年西江苗族服饰文化宣传活动大事记

时　间	事　件	主　办　方
2003年10月	中华民族服饰表演卢浮宫主场演出、《中国民族服饰文化展》	国家民委、中国民族博物馆
2004年1月	雷山苗族服饰艺术展（新加坡）	中国民族博物馆、雷山县人民政府
2005年11月	苗族服饰研讨会（雷山）	中国民族博物馆、中共雷山县委及雷山县人民政府
2006年3月	首届西江赛装会（西江）	中国民族博物馆、雷山县人民政府
2006年6月	"西江千户苗寨图片展"（北京）	中国民族博物馆、雷山县人民政府
2008年	法国"中国文化月"	中国民族博物馆
2011年	中国贵州苗族服饰展及系列文化交流活动（法国、意大利）	贵州省政府办公厅、省文化厅、省文物局
2013年11月	多彩中华——苗族、瑶族服饰展（北京）	国家民委

---

① 西江千户苗寨：《特别公告》，微信公众号"西江千户苗寨"，2018年10月3日。

② Louisa Schein: *Minority Rules: The Miao and the Feminine in China's Cultural Politics*, Durham & London: Duke University Press, 2000, p.122.

③ Louisa Schein: *Minority Rules: The Miao and the Feminine in China's Cultural Politics*, Durham & London: Duke University Press, 2000, p.117.

续表

时　间	事　件	主　办　方
2013年4月、7月和2014年9月	绚彩中华——中国苗族服饰展（广西、上海、深圳）	贵州省民族博物馆、广西民族博物馆、云南民族博物馆
2015年11月	中国贵州少数民族服饰展"霓裳银装"（俄罗斯）	贵州省文化厅、莫斯科中国文化中心
2016年重编	大型苗族文化艺术展演剧目《美丽西江》（西江）	贵州省西江千户苗寨文化旅游发展有限公司
2017年11月	"蝴蝶妈妈"雷山苗族服装创意设计征集大赛（西江）	中国人类学民族学研究会博物馆文化专业委员会、雷山县人民政府
2017年11月	蝴蝶妈妈的世界——2017雷山苗族服饰高级定制专场秀	中国人类学民族学研究会博物馆文化专业委员会
2018年3月	苗疆华彩——中国苗族织绣服饰文化展（北京）	中国民族博物馆、中国妇女儿童博物馆
2002—2011年、2014—2017年	"多彩中华"民族服饰表演（世界巡演）	国家民委、中国民族博物馆
近年三八妇女节	"世界由你们而美丽，生命由你们而完美"主题活动（西江）	贵州省西江千户苗寨文化旅游发展有限公司、西江村委妇女联合会
历届雷山苗年节	苗族服饰表演及比赛等活动（西江）	雷山县人民政府

在众多的旅游开发与民族服饰形象推广活动中，笔者也从参与者的角度展开观察。在2017年11月雷山县人民政府和中国人类学民族学研究会博物馆文化专业委员会联合举办的"蝴蝶妈妈"雷山苗族服装创意设计征集大赛中，笔者以设计师的身份参与了此项服装推广活动，试图以局内人的身份，通过自身人类学视域下的设计行为和设计作品，参与观察西江作为苗族文化旅游目的地，如何采用文化借用的手段来推广自身的服饰形象，并通过对自身设计的考察，分析笔者设计师身份的概念系统、意义体系和情感模式，从而认识意义转换的原因（详见本书"后记"）。

（三）学者关注与多元视角争辩

西江千户苗寨的规模之大、建筑风格之别致、保存之完好，不仅吸引了众多游客，同时也得到了国内外众多专家、学者的广泛关注。尽管在这些研究中，专家学者的研究对象并非直接指向西江苗族的传统服饰，但却都从不同视角和程度对其进行了现象分析和理论关怀。

"从20世纪80年代到90年代，西江的村寨成为贵州境内最负盛名的地方……大批艺术家、摄影家、记者、民族学者、官员和旅行者络绎不绝地涌入这里，想要从此地的苗族身上找到他们需要的东西，或是拍摄或是记录下来带回城去……他们基本上都是男性，而被再现出来的西江形象则大多是女性。"①上述一番话出自路易莎在她以西江田野调查为基础而写作的专著《少数的法则：中国文化政治里的苗族和女性》（主书名又被译称《少数民族准则》或《少数人说了算》，书名下简称《少数的法则》或《少数民族准则》或《少数人说了算》），一部非常有分量的关于西江千户苗寨的学术研究著作。路易莎是美国路特杰尔斯大学（Rutgers University）人类学副教授，1993年在加州大学伯克利分校获得人类学博士学位。路易莎是首位在中美关系正常化后被批准进入中国做长期研究的西方学者，也是在西江旅游开发建设初期开展她的研究的。她在1988～1993年深入苗岭腹地，在她看作"第二故乡"的地方——西江苗寨，完成了既是观察者又是参与者的为期一年的人类学田野调查。2000年杜克大学出版了《少数的法则》，在书中有着关于民族/失落/斗争，女性的关键位置和国家现代化方面的观点表述，路易莎将苗族、其他少数民族、汉族精英和国家组织都放入一个相互交织的、具同一性和差异性的整体系统：

在某种程度上，苗族是由这一民族范畴的越界和对这一范畴的政治操作形成的……苗族形成的过程是一个范围广泛的文化生产过程，涉及不断持续的文化活动、发明、即兴创造、同化，还有斗争。（Louisa 2000：283）

被女性化的少数民族却需要另一种象征机制的秩序。少数民族被置于不平等地位的二分结构中的从属角色，成为一个标识（signifier）。它指向那个以性别归属为中心的不对等的差异，经常露出潜藏的色欲力量。反复被召唤的女性——此间少数民族农民得到关注——仅仅起到强调妇女处于纵向社会秩序中绝对劣势地位的作用。（Louisa 2000：285）

作为女性，我的地位从属性很自然地与少数民族及农民身份牵连在一起。我（女性）在外表上的越界，既可以产生令人愉悦的效果，并且这种形象又明显地在国家秩序中是可以修补的——它既展现了女性喻指的含义，同时又体现了国家秩序当中的不平等。（Louisa 2000：287）

实际上，进取、失落和渴望并存的文化机制作用于中国的国家、

① Louisa Schein: *Minority Rules: The Miao and the Feminine in China's Cultural Politics*, Durham& London: Duke University Press, 2000, p.116.

非政府精英以及黎民百姓……从而显示了某种国家和城市文化生产者间联合的集团。历史上，这种集团作为行动者，不仅是建立社会秩序中的游戏者，同时也是物质上的以及名誉方面最大的受益者。然而，在全球步入现代化秩序的进程中，国家地位与身份也在接受考验，谁能摆脱得了强烈的失落感呢？（Louisa 2000：288）

在这本书的照片中，既有穿传统民族服饰的苗族女性，也有身着西装的苗族男性。在她看来，西江苗族服饰不是民族界限的反映，而是年龄和性别差异的反映，以及因场景变换而发生转变的族群认同意识。路易莎认为西江苗族人积极参与了为旅游者和学者的消费而出现的形象生产和文化改造，他们的行为为政府的现代化进程以及官方的进化论观念提供了支持。

路易莎的专著引发了同为苗学研究者的关注。澳大利亚国立大学的人类学家王富文（Nicholas Tapp）在《评路易莎的〈少数民族准则〉》一文中认为："路易莎想要说明的是，有些苗族展演者是在一个'中国民族博物馆'里'扮演'（playing）苗族，只要观众喜欢，他们就可以通过模仿落后来自我嘲弄，由此以一种奇怪的方式再生产落后的形象，反衬大家都需要的现代化感受；同时进行一场完全现代的、汉族的演出。这真是莫大的讽刺，但是指出这点是有理论价值的：身份认同的征引并不需要详细讨论种种身份认同的已知事实，尤其是对于所有不是以这种方式从事文化生产的人来讲，充当'仫人'的那份情感几乎不复存在。"[1]尽管王富文在文中提到了路易莎敏锐的观察力使得《少数民族准则》通篇充满了真知灼见，在"中国场景的研究"、少数民族精英在精心制造权威性话语中扮演的角色、"极其含糊的中国意识"的本质，以及民族志事业本身的性质等方面都提出了一些重要的、精彩的、雄辩的见解，并具有独到的贡献，但是他同时也犀利地指出：

该书提及的种种张力中有两点尤为突出。第一点是，通过不断重复制造自己的"落后"形象来复述"苗族"参与到现代性之中，而同时又把自己落后的形象移植到其他更加遥远的、土气的"苗族"身上。作者认为，"乡民尽力把传统性引向更加乡气的人以及妇女身上"，以此来对照"苗族都市精英把从属性移植到苗族乡下人身上"

---

① 〔澳〕王富文：《评路易莎的〈少数民族准则〉》，胡鸿保译，《世界民族》2003年第3期，第79页。王富文的书评原载 The China Journal, 2001 (1): 197-200.

（第239页）。这样说当真公平吗？显然这不仅仅是一个"非难传统性与渴望现代性之间的界面"（第245页）的问题，尽管在这里它确实是个问题，不过问题恰恰是现代化过程本身（有些人比别人先富起来）。人们不禁要问，是否有像苗族那样被归类的民族，他们超越了国家的现代化影响，极不喜欢汉人，憎恨汉人的统治，不愿意变得像汉人一样；他们可能（像其他民族一样）高度评价自己的文化实践，而认为别的民族的文化不如自己、滑稽可笑。难道没有"苗族"愿意以不参与制造自己的形象为代价来保持他们的文化自治吗？有一种观点（尤其在中国）认为，现在还可能存在未被现代性殖民化的文化空间。不过，路易莎并不接受这种看法。西方人必然是令人向往的客体，而汉人则是令人嫉妒的现代性的站点（sites）。

另外一个问题牵涉到审慎地谈论凯里的建构方式，因为凯里是被地方精英作为展示"苗族"认同的一个公共站点来建构的。诚然，文化生产是被设置于社会之中的，而且应该结合社会背景来文本化。在这一"地方文化造就的、费解的政治"中（第284页），路易莎理当详细地描述被工具化了的地方政治人物，这涉及到学术会议、出版物、"苗人"历史的重新书写，等等。本书里有一段流露情感的表白，假设那些宣传的创造者个人与"政府一方……及广大群众的品位"（第207页）都不一致。但这是缺乏调查研究的。这里暴露出在中国从事田野调查的一些问题：人们只能适可而止，否则就会使自己在当地的事业受损，甚至危及前程。

在该书的第2章，作者列出了5种史学界关于苗族起源地望的不同说法，并对它们进行了比较，路易莎把"历史形成的冲突技巧"作为一个要点来评论（第49页）。但是我渴望了解在几种有关苗族族源的论述中，哪些是确有可能的，哪些又是不值得讨论的。批评"长期抵抗外来统治的历史的浪漫形象"和与此相关的苗族形象（第59页），固然很好，但是同时也应该告诉读者，这样一种形象是有真实的史实支持的，而上列某些起源地的说法却是根本站不住脚的。[①]

赵玉中在《西方视野下的少数民族研究与文化——路易莎·谢恩和〈少数人说了算〉》"一文中，也对路易莎关于苗族精英在文化展演的政治舞台中处于从属与支配的观点提出了质疑：

---

① 〔澳〕王富文：《评路易莎的〈少数民族准则〉》，胡鸿保译，《世界民族》2003年第3期，第80页。

与其他研究中国族群问题的西方学者一样，在探讨国家与社会的关系时，多看到国家的问题、国家对社会的渗透和塑造过程，将国家与社会对立，将中心和边缘的关系化约为一种简单的支配与被支配的关系，并进而将国家妖魔化。他们忽视了作为一个有悠久历史传承的中国与移民国家的美国之间的根本差别。换句话说，中国的国家与社会之间的关系并不全然等同于美国国家与社会之间的那种对立关系，而这一事实却在她的研究中没有得到关注与讨论。另外，她的研究主要集中于中国1950年代以来的族群关系，这种以民族国家为中心的族群关系叙述模式完全忽视了近代以前边缘人群与中华帝国之间互动关系的探讨，从而忽视了中国历史的延续性。这种缺少历史深度的族群研究难以说明中国族群关系的复杂性。同时，她关于内部东方主义的叙述，由于缺少对中国历史的关怀，因而内、外的边界依然难以界定，作者关于从属地位置换的论述仍值得进一步的讨论。[1]

除此之外，胡鸿保和陆煜在《从林耀华到路易莎——贵州苗民人类学研究视角的变换》中，通过对比20世纪40年代和90年代研究中国苗族的人类学家的不同身份，介绍并分析了人类学视野下关于"民族史"（ethnohistory）界定的一些不同见解，探讨人类学观念和研究方法的变化。[2]潘璐璐的《三个女人看西江——对两部西江女性民族志撰写方式的解读与评析》，以本土苗族人和人类学研究者的"第三方"视角，对两位国籍、文化学术背景不同的女性人类学学者的两部贵州西江苗寨田野民族志（路易莎的《少数的法则》和张晓的《西江苗族妇女口述史研究》）进行解读和分析，得出"文化是书写出来的。民族志撰写过程中，研究者的文化背景、理论旨趣、身份地位等因素会影响其观察角度和研究结论，田野材料的文化解释无法达到超然的客观性"[3]的研究结论。

这样一部外国学者的苗学专著引发了众多学者的热议，一方面体现了路易莎的影响力，例如在侯天江的专著《中国的千户苗寨——西江》（贵州

---

① 赵玉中：《西方视野下的少数民族研究与文化——路易莎·谢恩和〈少数人说了算〉》，《云南民族大学学报（哲学社会科学版）》2008年第3期，第67页。

② 胡鸿保、陆煜：《从林耀华到路易莎——贵州苗民人类学研究视角的变换》，《中国民族报》2010年4月16日，第006版。

③ 潘璐璐：《三个女人看西江——对两部西江女性民族志撰写方式的解读与评析》，《原生态民族文化学刊》2011年第1期，第102页。

民族出版社，2006年）中，路易莎作为曾在西江工作的部分外地同志被他纳入西江的"今昔人物"一栏，被隆重介绍。另一方面，学者们的学术对话也反映了当下人类学的学术热点所在。此外，这部专著及其引发的学者间的对话与争辩，也从某种程度上提升了人们对西江的关注度。

来自西江的苗族学者张晓将自己研究的田野点建立在自己的家乡，她的专题著作《西江苗族妇女口述史研究》是关于妇女研究的，是我国少数民族妇女口述史研究的开创性作品之一。这部专著运用人类学的参与观察、深入访谈等方法，以妇女口述史为切入点，在特定的背景下展开针对西江苗族妇女群体及其文化体系间互动关系的研究，展示了人创造文化和文化塑造人的双向运动过程。既是西江人又不是西江人，既是访谈者又是受访者，既是研究者又是被研究者的张晓，发现了西江传统社会的一种奇特现象："社会制度与文化习俗互补，男人和女人互补。正是这种互补构成了西江传统社会的平衡，形成了人与人之间的安宁与和平。"①

也许是出于对故乡的热爱，张晓对西江的研究并没有止于此，而将研究触角伸向亲属制度、旅游开发以及西江苗族妇女服饰。她在《西江苗族亲属制度的性别分析》中指出："亲属关系因不断联姻而扩展，联姻的前提是有性别的存在。但是任何一种性别（男人或者女人）都面对两种异性：可以与之婚配和不可以与之婚配，并衍生出两个相对的亲属体系。性别的分类是亲属分类的基础，不同民族可能有不同的分类原则和表现形式。既然有两性之分，两性之间也必然存在着特定的权力关系，不同的民族也可能表现为不同的性别权力结构。西江苗族亲属制度理论上将人群分为两个对应的血缘集团，两个集团的男性以交换他们的姐妹实现联姻，其性别关系中男人占主导地位，同时也给妇女留下一定的发展空间。"②《贵州民族研究》刊载的《关于西江苗寨文化传承保护和旅游开发的思考——兼论文化保护与旅游开发的关系》一文，通过贵州省著名西江千户苗寨的具体研究案例，指出旅游开发的前提是保护好传统文化，旅游开发应该以当地村民的利益和意见为出发点，像西江这样传统文化底蕴丰厚的地方，为确保旅游开发和文化保护的良性互动，旅游的模式应该是参与式的、体验型的、学习性的。文章就西江苗寨的文化传承保护与旅游开发提出诸如游客按层次参与、专题参与等具体的建议方案，指明了传统文化的保护传承和再生

---

① 张晓：《西江苗族妇女口述史研究》，贵阳：贵州人民出版社，1997年版，导言第5页。

② 张晓：《西江苗族亲属制度的性别分析》，《西南民族大学学报（人文社科版）》2008年第10期，第22页。

发展途径。① 在《妇女小群体与服饰文化传承——以贵州西江苗族为例》一文中，张晓揭示了妇女以小群体为活动单位的生活方式和妇女小群体对文化的创造和传承功能，描述了苗族的服饰文化在妇女小群体中的创造和传承过程，以及妇女和文化之间的互动关系，为研究者提供了一个了解贵州苗族服饰文化的新视角和新层面。②

除了上述学者对西江展开研究以外，还有一些个人和机构也围绕西江的历史与文化、文化遗产传承与保护、旅游开发与政策管理、民族服饰等问题以各种形式的研究文本，抒发各自的见解。

国家民委"民族问题五种丛书"之《苗族社会历史调查》（民族出版社，2009年），对西江千户苗寨进行了简要描述。余未人的《苗疆圣地》（青岛出版社，2007年）以图文并茂的形式介绍了西江的地貌、建筑、民艺和民俗，并分析其背后的历史源流与文化成因。韦荣慧、侯天江编著的《西江千户苗寨历史与文化》（中央民族大学出版社，2006年）对苗寨的历史背景、地理环境、人文理念及民族文化介绍得较为全面和详细。刘德昌的文章《对西江苗族文化现象的思考》（《贵州民族研究》1989年第2期）探究了西江苗族自身文化与现代文明的冲突，以及由此而产生的西江人面临的抉择。侯天庆的《承载民族精神的方舟——解读贵州西江苗族民间文学审美取向》（《黄冈师范学院学报》2008年第6期）则侧重从美学视角研究贵州西江苗族民间文学的审美取向。

高明锦、龙拥军的《西江千户苗寨旅游资源特点与开发构想》[《贵州教育学院学报（自然科学版）》2004年第4期]、粮丽萍的《民族文化与民族旅游业的发展——以西江苗寨为例》（《怀化学院学报》2007年第3期）、黎莹的《贵州雷山西江镇"千户苗寨"和谐社会管窥》（《凯里学院学报》2007第4期）、廖远涛等人的《贵州西江镇千户苗寨旅游发展策略研究》（《小城镇建设》2010年第1期）、杨柳的《民族旅游发展中的展演机制研究——以贵州西江千户苗寨为例》[《湖北民族学院学报（哲学社会科学版）》2010年第4期]、杜成材的《地域文化视野下的资源类型研究——以西江千户苗寨为例》（《青岛职业技术学院学报》2011年第1期）、陈志永等人的《少数民族村寨社区居民对旅游增权感知的空间分异研究——以贵州西江千户苗寨为例》（《热带地理》2011年第2期）等，是

① 张晓：《关于西江苗寨文化传承保护和旅游开发的思考——兼论文化保护与旅游开发的关系》，《贵州民族研究》2007年第3期，第47～52页。
② 张晓：《妇女小群体与服饰文化传承——以贵州西江苗族为例》，《贵州大学学报（艺术版）》2000年第4期，第41～47页。

学者们针对旅游带来的资源利用、项目管理、发展规划等方面进行分析的文章，印证了随着西江旅游热度的提升，指向西江旅游开发及管理策略方面的研究如同雨后春笋般涌现的事实。

近几年来在前人研究基础上，西江苗寨这一热点的研究视角更为宽广，研究方法更为多样，研究成果也更为深入。从西江苗寨旅游开发研究（张翔，2015；周真刚，2017；孙小龙等，2017），到民族文化保护（刘轩宇，2016；董佳艳，2018；李胜杰，2018），从西江苗寨旅游扶贫及贫富差异研究（何景明，2010；董法尧，2016），到西江苗寨"文化品牌"研究（杨艳霞，2014；姚长宏等，2011），再到"西江模式"以及西江开发管理制度研究等（李天翼，2018；张洪昌等，2018；胡莹，2018），研究范围涉及人们衣（万翠等，2015；周莹，2013、2014）、食（张馨凌，2015）、住（付强，2017；肖佑兴，2018）、行（李佳，2014）的方方面面。

如果仅就西江苗族服饰这一主题而言，除了上面已经提到过的张晓以外，仍有着多位学者多维视角的关注与分析。苟菊兰、陈立生在《贵州西江苗族服饰的发展和时尚化研究》中指出，近年来在市场经济中，在功利因素驱使下，苗装工艺技术衰微，苗族服饰文化的变迁引发了种种问题，应及时保护西江服饰文化精华，探求将苗族服饰要素应用于时装设计的方法，将传统文化价值转化为经济价值，使西江苗族服饰文化艺术在时装中永存。[1] 陈雪英的文章《贵州雷山西江苗族服饰文化传承与教育功能》认为，整合家庭教育、社会教育和学校教育，形成合力并实现功能互补，使民众从观念、知识和实践层面意识到民族服饰的价值及其传承之重要性、紧迫性并践行之，将有助于苗族服饰文化的有效传承。[2] 她的博士论文《西江苗族"换装"礼仪的教育诠释》，将人生关键转折点上的三次"换装"礼仪纳入个体从生到死的整个生命历程中进行考察，并结合西江的文化语境诠释了其在传承民族文化和促进民族成员生命生成与发展方面所具有的重要教育内涵及意义。[3] 陈婷的文章《贵州郎德上寨、西江苗族刺绣中鱼纹样浅析》（《大舞台》2011年第3期）、黄玉冰的《西江苗族刺绣的色彩特征》（2009年第2期）、《西江苗族刺绣在服饰中的运用特点》（《丝绸》2010年第7期）、《西江苗族刺绣的技法研究》（《丝绸》2011年第2期），

---

[1]　苟菊兰、陈立生：《贵州西江苗族服饰的发展和时尚化研究》，《贵州民族研究》2004年第2期，第64～68页。

[2]　陈雪英：《贵州雷山西江苗族服饰文化传承与教育功能》，《民族教育研究》2009年第1期，第60～62页。

[3]　陈雪英：《西江苗族"换装"礼仪的教育诠释》，博士学位论文，成都：西南民族大学，2009年。

则将对西江苗族服饰的研究指向更为具体的刺绣工艺，从刺绣的纹样、色彩、布局及技法方面展开描述。

值得一提的是，2007年7月20日，著名学者余秋雨来到西江，受到了苗家最高礼仪——12道拦门酒的款待。西江之行后，余秋雨写下了《以美丽回答一切》这一考察手记。极具感染力的手记随后被各相关媒体发表和转载，吸引了众多读者的眼球。他的一句"西江千户苗寨，以美丽回答一切"，引发了众人对西江苗寨的神往，更发挥了广告宣传中的形象代言作用。随后，黔东南州委、州政府适时地开设名为"余秋雨线路"的旅游线路，吸引了大量游客。"看西江知天下苗寨"的宣传语更是吸引了无数的游客前往这一"典型"苗寨，领略"典型"的苗族风俗与文化。来到西江的游客，纷纷在余秋雨的题词前拍照留念。

在众多学者对西江的研究呈现出视角多样、主题多元、见解多层面的"见多"之后，西江及其民族文化自然为广大读者所"广识"。如果说，我们承认西江及其苗族文化是被学者们通过各自的文本建构的，那么从某种程度上讲，学者们的研究的确起到塑造了"经典"西江苗族服饰形象的功能，从而"混淆"了不明真相的观众的视线。

（四）当地"名人"的品牌效应

如果说今日的西江已名声大噪，那么让我们将目光转向二三十年前的西江，它恐怕并没有存留在多少人的记忆当中，但这对于当地人的意义就不同了。土生土长的西江人不仅在脑海里深深地刻下对故土的回忆，在吸吮了雷山大地的乳汁之后，还会用自己的特殊方式，给予雷山大地以丰硕的回报。从雷山走出来的艺术界名人，则用自己的作品来呈现出对家乡故土的热爱与眷恋之情，而这些作品也恰恰成了西江的"广告"，让人们将目光投射到这片土地上。

1. 美术家的刻画

西江苗家人在山美水美的环境中，从各个领域创造生活、生产美。虽然技艺精湛的绣师、银匠、起屋造房的师傅等都可以称为民族民间艺术家，但对西江苗族服饰的推广起到直接推动作用的，当属美术界的西江名人。

西江虽小，但依旧阻挡不了其作为美术之乡的名气，它培育出了众多的艺术人才。拥有悠久丰厚的历史、浓郁的民族风情、美丽的自然风光的雷山，在1949年新中国成立后逐渐形成一支成果卓著的美术家队伍，涌现出大批艺术人才。若从时间的纵向发展来看，大体可以分为三代：第一代为20世纪70年代，这一时期的美术专才主要有张文健（素描）、莫维贤

（版画）、毛克翕（工艺美术）、胡志鸿（剪纸）、张友群（油画）、赵德芳（书法）等人；第二代是80年代，以侯勇（水粉）、吴玉贵（国画）、杨睿鹏（书法）、张希成（摄影）、李玉仪（摄影）、杨少辉（摄影）等人为代表；第三代即90年代，则有杨志勇（水彩、油画）、李卫忠（国画）、余娟（油画）、莫勇（版画）、侯晓忠（装饰画）、余国伟（书法）、杨建国（摄影）、陈沛亮（摄影）等。

在这些艺术家们的笔下、刀下、镜头里，西江的俊山丽水、浓郁的民族风情都是他们的创作主题和灵感源泉，一个个鲜活的身着西江苗族服饰的形象就这样"跃然纸上"，让人们直观地领略到西江苗族的风情和服饰的华美。

2. 服饰专家的精心设计

如果说上述提到的艺术家只是在部分主题的"纸面"上刻画了西江苗族服饰，并没有直接涉及具体服饰设计和制作的话，那么出生于雷山县达地水族乡一个偏僻小山村的苗族女性——韦荣慧①，对西江苗族服饰的声名鹊起则起到了直接的推动作用。就连西江千户苗寨的村支书提到韦荣慧时，也连连向笔者夸赞："她是我们雷山县的人，对西江的贡献太大了，中国民族博物馆西江千户苗寨馆就是她提出来的。"②唐守成也说："因为她在外面，比较了解外面的需求，多做了一些宣传。原来搞过赛装会和苗族服饰展，因为经费问题，现在不搞了。"③

知道韦荣慧这个名字是很早以前的事了，笔者早在北京服装学院读书时就已听闻她的大名，她可是老师们嘴里常提的人物之一。传说中的她并非设计专业出身，却搞了几场服装秀。记得当时老师们的评价更多的是倾向批评"不专业""那不是设计""不是什么人都能搞设计"之类的看法。但是无论对她的评价是褒是贬，"韦荣慧"这个名字却深深地印在笔者的脑海里，毫不夸张地说，她在业内还是很有"名气"的。

学哲学专业出身的她，1979年毕业于中央民族大学政治系哲学专业，阿娜是她的苗名。也许是女性对服饰具有天生的敏感性，以及她对家乡服饰热爱的综合作用，她投身于贵州少数民族服饰文化的保存与展示工作，

---

① 韦荣慧，中国著名民族服装设计师，曾任中央民族大学博物馆副馆长、民族服饰研究所所长，现为中国民族博物馆副馆长、国际职业设计师学会顾问委员、中国世界民族文化交流促进艺术委员会副秘书长、中国服装传媒网顾问。著有《从蛮荒到现代》（中国民族摄影艺术出版社，2006年版）、《云想衣裳：中国民族服饰的风神》（北京大学出版社，2006年版）等多部著作。

② 受访者：李光忠，男，1947年生人，苗族，西江千户苗寨村支书；访谈时间：2012年8月2日；访谈地点：西江千户苗寨村委会；访谈者：笔者。

③ 受访者：唐守成；访谈时间：2012年8月3日；访谈地点：唐守成家；访谈者：笔者。

为此付出了颇多精力，并组织策划了多场次的民族服饰展演。

早在1995年9月，北京世界妇女大会期间，韦荣慧就策划和设计了少数民族服装表演。1996年4月，中国国际服装博览会组委会、中国世界民族文化交流促进会艺术委员会，在北京饭店西大厅联合举办了一台名为"从蛮荒到现代"①的少数民族时装表演会，展示了中国50多个民族100多套服装，在优美的民族音乐声中，震撼了到场的中外观众和服装界的专家们。2000年中国国际服装节上，韦荣慧的秀被北京青年报评为"最不像秀的发布会"，原因是她用的是非职业模特、非职业舞蹈演员，整场发布会被认为像是某学校组织的一场表现民族大团结的文艺演出。

如果说前面几场秀是韦荣慧"小打小闹"的热身，那么真正让她获得

认可和赞许的则是"多彩中华"②及其品牌下的系列活动。2003年，中国民族博物馆举办了"中国少数民族传统服饰摄影大赛"，而这一年里的重头戏是"中法文化年"，作为设计总监的韦荣慧将民族服饰秀搬到了法国。2003年10月14日，"多彩中华"在巴黎卢浮宫勒诺特大厅成功演出，并得到法国时装大师莫克里哀、法国时装界的杰出代表皮尔·卡丹、法国服装协会主席格巴克等专业人士的高度评价。

在韦荣慧看来，西江是苗族人心目中的巴黎，是时尚的时装之都。在"多彩中华"的演出中，以雷山西江苗族服饰作为开头（见图2-3），以各民族服饰作为结尾是韦荣慧的精心构思，而这种构思是与她的实际民族服饰征集工作有关的。在接受电视节目《中华民族》的记者采访时，她说做方案是与征集同时

图2-3 "多彩中华"在巴黎卢浮宫展演中的西江苗族服饰（《衣舞卢浮宫：中国民族服饰在法国》，2004年，彩图见文前插页）

① "从蛮荒到现代"服饰表演分为"民风宫韵""永不脱下的内衣""星光灿烂""锦上添花""亢龙无悔""彩叠飞檐""东巴东巴""后视世界"八个系列。

② 中国民族博物馆主持的"多彩中华"，是由国家民委直接领导，在文化部、外交部鼎力支持下打造的一个对外文化交流品牌项目。"多彩中华"的足迹遍及德、法、美、日等国家和地区，已在国际社会产生较为广泛的影响并受到好评。"多彩中华"的展演内容是以舞台展演为主，以实物和图片现场展览为辅，演出内容包括服装模特表演、民族舞蹈和民族音乐等。

进行的，并讲述了这中间的原委："在征集的时候，7月份，我去了贵州，在黔东南州博物馆参观，看到一幅画（摄影作品），我眼前一亮。我是苗族，我也土生土长，我知道（画面上的是什么）。但是在参观过程中，我抬头一看，一幅巨大的画面，上面是很多个苗族（人）穿着民族盛装，戴着银角，穿的是西江的苗族服饰，然后排着长队来赶集，前边有个老者挑着一挑的大银角，前面后面都是大银角。我突然间被震撼了，所以当时就马上决定了，我觉得这个肯定要震撼卢浮宫。"就这样，韦荣慧带着她的"多彩中华"，带着她的西江苗服走上了国际舞台，让更多的人对苗族服饰的"代表"有了深刻的印象。

2005年3月9日～10日，经国家民委批准，中国民族博物馆于北京保利剧院举办了"多彩中华——大型中国民族服饰表演"。这是"多彩中华"在国内的首次专场汇报演出。2010年，应美国世界艺术家体验组织（WAE）主席邀请，经我国文化部、国家民委批准，"多彩中华"中国民族服饰于10月25日～11月6日赴美展演。

与此同时，韦荣慧还不忘在家乡鼓励西江苗族同胞保护好自己的民族服饰，不要让它们"流失"。2006年3月，韦荣慧在西江千户苗寨与当地政府一道举办了首次"苗族赛装会"。各家各户拿出自己家的苗族服饰来"选美"，评委会评出奖项后会发奖金，而且还对服饰做出价格评估。会后，依照评委会评定的等级，还向苗族家庭发放保存服装的费用，只要衣服不卖，苗族家庭每年都能得到一笔补贴。韦荣慧认为，这样的活动可以使苗族人认识到服装的价值，让他们懂得不能随意将它们贱卖。而这种做法也的确起到了一些作用，这在西江鼓藏头唐守成的访谈中得到证实："前些年，外国人在旅游热未兴起的时候，就来看苗族妇女的衣服，好的就买回去。外国人看重这些老东西，买这些衣服，而苗寨人不知道这些衣服的珍贵，就卖掉了。就在十年前左右，苗寨人并不知道自己的东西哪些珍贵哪些不珍贵，接受省文联等相关单位到苗寨相关的培训后才知道自己用过的东西是很珍贵的，是不能卖的。"①

尽管多年来，韦荣慧设计的民族服饰曾经遭到过质疑、批评，甚至还被否定过，但是她对民族服饰的执着和对事业的坚守，使得她的"多彩中华"事业如火如荼。而她作为当地的"名人"，的确在打响家乡服饰知名度方面功不可没，她和她的"多彩中华"让西江苗服迈出国门、走向国际，为世界各地的人所熟悉。不难看出，在上述这些因素的综合作用下，

① 受访者：唐守成；访谈时间：2011年4月15日；访谈地点：唐守成家；访谈者：笔者。

西江苗服盛装被塑造为苗族妇女的"经典"服饰形象，展演类的苗族服饰也多以西江苗族服饰为蓝本，这也是历史选择出来的"最有代表性的"民族服饰作品。"经典"往往能吸引到更多人的关注，同时也形成了互赢互惠的良性循环。

第二节　隐在幕后的西江苗女及传统服饰：西江苗族形象的"女性化"

服饰作为个人身体的延伸、族群审美心理的对应物、族群外显的文化符码，被多数学者视为一种"社会认同与区分体系"。自弗雷德里克·巴特（Fredrik Barth）等人的族群研究之后，人类学者很少会再以服饰等客观文化特征来定义所研究的族群。在20世纪70～80年代族群"工具论"（instrumentalist approach）与"原生论"（primordialist approach）的论战中，以及80年代末以来，结合历史人类学或社会记忆的族群研究之中，物质文化特征所占的地位都是微乎其微的。因为，一个以客观文化特征定义的民族，带来的或许只是一个刻板的民族意象。尽管如此，族性理论各流派从不同角度对族群进行定义和解释时，都不会忽视文化要素在族性中的作用。[1] 服饰作为文化要素之一，"有作为个人身体延伸的意义，因此最需被'特殊化'来表达一个民族的特色"[2]。而且，"服饰如同语言、建筑和生活方式一样，是一种明显的标志和区别符号，它被用来区别群体的特征"[3]。在巴特看来，族群界线两边的人们可以通过区别于其他群体的标志如服饰，来表示自己对各自族群的认同，而个体则可以根据不同的场景和需要采用不同的身份，从而避免造成认同危机。

与被推到台前的展演类西江苗族盛装一样，作为民族文化载体之一的西江苗族妇女及其传统服饰，原本是羞涩地、默默无闻地隐藏在幕后的，如今因其所体现的民族文化而被推到台面上，作为族群文化的资源和资本来展演，并提供给他人消费。

[1] 周莹：《僮家服饰蜡染艺术的族群认同研究——贵州黄平重兴乡望坝村的研究案例》,《原生态民族文化学刊》2011年第6期，第60页。
[2] 王明珂：《羌族妇女服饰：一个"民族化"过程的例子》,《"中央研究院"历史语言研究所集刊》1998年第69本第4分册，第857页。
[3] Fredrik Barth: "Introduction", Fredrik Barth (ed.): *Ethnic Groups and Boundaries*, Boston: Little, Brown & Co., 1969, pp.1-38.

一、女性的关键位置：作为维系民族身份的西江苗族女性

（一）"时尚善变"的男人：男性客位化的动态性

如同我国民族地区的许多民族一样，若从服饰上来判断西江苗族人时尚与否，被严重汉化的男人是时尚的，因为他们的服饰与代表着先进与现代的汉族人的穿着是一致的，多为汉装或西装。他们在经历了两种不同文化差异而引起的文化震撼（culture shock）后，与汉人们一道享受着人类物质文明发展带来的各种成果，这样的穿着可以使他们消除因服饰差异而同外界产生的隔阂。而与现代社会接触较少的女人则是不时尚的、因循守旧的，因为在她们身上更多地保留并呈现出苗族服饰的传统与习俗，尽管随着时代的进步，她们的服饰也在发生变化。当西江苗族男人们在社会文化变迁中，逐渐失去了特有的民族文化特性时，他们的族群身份也因文化特性的消失而被掩盖，随之走向客位。

路易莎在《中国的社会性别与内部东方主义》这篇文章中，通过对我国少数民族妇女形象的观察，审视了民间文化与政治权力的关系。她所研究的西江苗族社会性别关系，是当代中国族群认同实践中的一个案例。在她的调查中，"苗族的上层人士不仅把由他们的女人所体现的民族文化提供给汉人消费，而且还把一些仪式客体化，而他们本人也参与，以便具体体现他们的'传统'"[①]。路易莎认为，西江苗族男人参与了这一商品化和客体化的过程，甚至以文化掮客的角色完成了"自我客体化"。沈梅梅在《族群认同：男性客位化与女性主位化——关于当代中国族群认同的社会性别思考》一文中指出："'时髦'的男人与'守旧'的女人作为当代中国族群认同实践中普遍存在的现象和经验，反映出当代族群认同中存在的性别差异以及男性客位化与女性主位化的倾向。这一现象是男女两性权力不对等的体现。"[②]

在对西江千户苗寨的"精神领袖"唐守成进行采访时，他向笔者介绍道，如今的苗寨妇女日常生活中还穿苗族便装，这主要是出于她们自己的生活习惯，并不是因为旅游而被强制执行的。笔者和一位当地穿苗服的早点摊摊主（见图2-4）闲谈，也得到了类似的信息，即她们是自己想穿什么就穿什么，没有硬性规定。虽无规定，但在苗寨里面做生意的苗族女性

---

① 〔美〕路易莎·沙因：《中国的社会性别与内部东方主义》，康宏锦译，载于马元曦：《社会性别与发展译文集》，北京：生活·读书·新知三联书店，2000年版，第115页。

② 沈海梅：《族群认同：男性客位化与女性主位化——关于当代中国族群认同的社会性别思考》，《民族研究》2004年第5期，第27页。

图2-4 穿不同于西江苗族便装的女摊主（西江千户苗寨，2009年）

多半会穿本民族便装，外来的游客可以从服饰来辨别她们是否是本地人。而作为西江苗寨的旅游从业人员就没那么随意了，旅游公司要求他们要在日常工作中穿苗族便装，环卫人员也要穿上统一为橙色的苗族便装，梳便装发型。东引村刺绣工作坊的阿婆说："景区有要求，要求穿新一点的苗族服装，不要脏兮兮的，乱的。"[①] 即便不是当地人，旅游公司也会对旗下的服务人员提出着装要求。来自黄平的嘎歌古道非遗体验店店员告诉笔者，"夏天可以穿自己的衣服，只要是民族风一点就可以了，不是一定要穿西江这边的，但头发必须要挽成西江式样"[②]。景区对外地来投资的商户则没有服饰上的要求，自然也没有人会去穿苗族服饰。

按照唐守成的想法，他认为，景区的环卫人员都要穿苗族便装。唐守成说："现在苗寨里面搞旅游主要是政府来抓，如果是我来搞，我就让当地苗民们都穿苗服，并且返一些钱给他们。这样的话，老百姓自己本来就穿苗服，如果再受到一些鼓励而被强化些，那么外面的人来了，就一眼能够看出是苗族村寨。如果农户们一年里都穿苗服，就奖励三四千元给他们，不穿的就不返。"[③] 在唐守成看来，穿苗服是好事，而并不是用什么政策来压你。他认为，政府在这一方面想得还比较欠缺。上述一番话既体现了唐守成对苗族的传统服饰有着更多的主动思考，同时也折射出身为该民族男性精英的族群意识。

的确，路易莎等人在研究时看到了少数民族男性在族群认同中身份的客位化倾向，然而这种客位化并不是绝对的、时时的。如果说在与外界交流的初期，西江的男人们换上"汉装"是为了与主流步调保持一致，使他们在族群认同中的身份走向客位化的话，那么当交往到一定程度，他们突然发现自己被外人格外注视的正是其民族服饰所体现出来的与众不同时，他们会在特定的场合又重新披挂起本民族的服饰，供外人消费，所以说他

---

① 受访者：刺绣技艺展示者；访谈时间：2018年4月29日；访谈地点：西江千户苗寨东引村刺绣工作坊；访谈者：笔者。

② 受访者：店员；访谈时间：2018年4月28日；访谈地点：西江千户苗寨嘎歌古道非遗体验店；访谈者：笔者。

③ 受访者：唐守成；访谈时间：2011年4月15日；访谈地点：唐守成家；访谈者：笔者。

们是"善变"的。这时的西江苗族男性，在族群认同中的身份客体化也随之发生了变化，因为服饰作为族群认同的文化符号并不是被牢牢地固定到女人身上的。与女性不同的是，男性的民族服饰只有在一些特殊的场合下才会出现，比如在接待客人、舞台表演、重大仪式和节日等场合下。而女性的民族服饰则随处可见，即便是非重大仪式、节日等隆重的场合，女性也会穿苗族便装。

笔者在2011年4月深入西江苗寨调查时，住在鼓藏头唐守成的家里。他的家坐落在山顶上，可以俯瞰山下的建筑、道路。他说老祖宗喜欢坐北朝南的地理位置。他的家也是一个家庭旅馆，和西江苗寨里的其他旅馆一样，可以提供给来自国内外的游人租住。在他的家中，笔者对其进行了深入访谈。起初我们是26位来访者坐在一起吃长桌宴，唐守成在席间才坐到"美人靠"上与我们攀谈。笔者一行人是服装设计专业的师生，也许是出于对我们的尊重，也许是因为他觉得服装专业的人会对服饰格外重视，总之他选择了穿着立领、对襟的黑色褂子来与大家交流。这件黑色褂子的再次出现，是在他送笔者离开的那天，而平日在家里他穿的是汉装（西服）。笔者就他的穿衣选择也询问了他，问他为什么在特定的场合下会特意换上了立领、对襟的黑褂，是单纯觉得它好看还是其他什么原因，他的回答简明而有力——"民族的象征"。[①]而在他看来是民族象征的服饰，其实不过是我们现代社会里的中式便装而已，也有人称其为"唐装"，并没有什么苗族尤其是西江苗族的民族特点。的确，贵州少数民族男子服饰汉化程度较高，已经很难识别他原本是哪个民族的了，早在清代文献中就常有"男子衣服与汉人同"[②]这样的描述。就连笔者在西江对村支书进行访谈时，村支书言谈中也流露出男人不能穿得花里胡哨的，那是女人的特权的看法。而在现代性话语的塑造中，少数民族的各种"奇风异俗"与塑造者生活之间存在着文明落差。在推动民族地区旅游等民族文化的发展过程中，"强调少数民族的地域神秘性，以激发接受者的好奇心和崇拜感，进而期望接收者从意识上达到神秘故事背后的导向作用"[③]。在类似观点的表述过程中，没有民族特点的男性及其服饰自然要被忽视，自然要让位于彰显民族特色的女性及女性服饰。这也许就是为什么一提及少数民族，我们看到的都是美女及其服饰，而鲜有男人。

① 受访者：唐守成；访谈时间：2011年7月18日；访谈地点：北京/西江千户苗寨（邮件访谈）；访谈者：笔者。
② 清代《百苗图》以及李宗昉的《黔记》等文献中曾出现过"男子衣服与汉人同"的相似记载。
③ 朱和双：《中国西南少数民族妇女形象的现代建构》，《贵州民族研究》2005年第3期，第74页。

　　面对民族文化商品化生产和销售的情势，男人们也会做出相应的调整。穆春的爱人是汉族，之前也是朝九晚五的上班族，后来觉得自家的银饰技艺应该有人来传承，便辞掉工作跟随穆春的父亲学做苗族银饰，同时也经营着一家银饰店。穆春说："我觉得银饰和刺绣是不可分家的。我爱好刺绣，他开银饰店，我觉得这样挺好的。"①

　　再说说展演类民族服饰设计，如果以男性的服饰作为民族或族群的标识，恐怕只有设计师本人能说得清楚。男性民族服饰的民族特征不够鲜明，这一点在南方少数民族的男子服饰当中表现得尤为鲜明。其中的原因并没有太多跟族群认同的客位与主位有关，而更多的是从款式造型方面看，男性服饰与女性服饰相比更程式化，从而缺乏民族特点，不过这也与观众在民族服饰方面的知识面有关。中华人民共和国成立60周年庆典"爱我中华"方队的民族服饰，就很好地证实了这一点。笔者采访了参与此次活动的一个学生——李美涛，她是学服装设计的。当时参加游行时，她虽正在读大二，但是也算是半个专业人士了，在问到她关于活动中的少数民族男装时，她说："（大家在）这方面的知识太少了，好多衣服是不知道怎么穿的，好多讲究也不了解。我们学这个的，还好一点，还能告诉其他同学。有些学民族学的同学会了解一些。其他专业的男生们也都知道自己穿的是哪个民族的，但是具体代表哪个地区哪个支系，很少有人知道。南方的男子少数民族服装是很难区分的。但是在男孩的衣服上会标出来，这是哪个地区的哪个民族的服饰。"② 由于西江男性苗族服饰在形制、款式、材质、色彩、装饰等方面的民族特征并不十分鲜明，并不能作为民族文化的代表，从而使得他们不得不将西江女性及其传统服饰推到众人面前展演，这虽然不能算是决定性的原因，但也能勉强说得上是其中客观存在的一个原因。

　　（二）"因循执着"的女人：由被动变主动的女性主位化

　　在对中国少数民族社会性别的研究中，女性最能体现自己的民族文化，在维系民族身份方面，女性也起着比男性更重要的作用，这样的观点似乎已经得到了众多研究者的认可。不仅中国如此，其他许多亚洲国家，如印度、越南、朝鲜等，也存在着类似的现象。"孟加拉男子在外面物质

① 受访者：穆春；访谈时间：2018年3月1日；访谈地点：北京／西江千户苗寨（微信语音访谈）；访谈者：笔者。

② 受访者：李美涛，女，1988年生人，中央民族大学美术学院2007级服装设计专业学生；访谈时间：2011年7月1日；访谈地点：中央民族大学美术学院；访谈者：笔者。李美涛参与了中华人民共和国成立60周年庆典"爱我中华"方队的游行，因为她是汉族，所以游行时她穿的是汉族服装。

世界的商业和政治活动中，除了选择穿欧式服装外别无选择，而越来越多的男性鼓励孟加拉女性通过穿'传统'服装，如纱丽，来保留和呈现地方文化。于是，孟加拉妇女便拒绝采纳欧洲式样和风格的服饰，如衬衫、衬裙、皮鞋，以承担维持传统的重任。"①

的确，妇女们常常是传统的承载者，其通过照顾孩子的社会角色来成为民族传统文化的教诲者，也因此与家庭空间有着更加紧密的关联。在西江，一方面母语保留的载体主要是妇女，因男人与外界交往多，说汉语方便交流，这样讲母语的场合就相对减少。另一方面，妇女也承担着主要的保留本民族服饰着装的任务。承载西江苗家服饰文化的女性，在历史和现实中充当了西江苗族外显的一种族群符号，对内认同、对外存异。"这就意味着，女性自我族群认同与自己的主位身份往往是一致的，至少二者的分离倾向并不明显。这些都显示出女性在族群认同中保持着主位身份的特点，[……]"②

路易莎在对西江苗族的研究中发现，"文化大革命"后女性多代表着中国少数民族的"他者"形象，将落后乡土特色与青春盎然融为一体是其惯常表现，从而成为体现民族特色的一部分。在《少数的法则》中她写道：

> 如今，苗族妇女常会因为长得漂亮而受到赞美，她们的着装也不再被认为鄙俗而不得体。正如我们看到的，如今身着民族服装的苗族妇女已成为流行的民族他者的标志。她们是可供消费的、不具威胁的，甚至是令人着迷的。在毛泽东的领导下，她们满面微笑地穿着各自特有的服装，作为差异中体现统一的再现，行进在社会主义道路上，开始她们值得投入的旅程。当消费"民族色彩"的快乐与市场规律相遇时，特别是受到80年代经济开放政策的引导，各种各样的人都积极行动起来，将苗族和其他少数民族妇女的服饰和手工艺品做成商品推给国内消费者，也推给国外旅游者。商品化已经使她们的手工艺品以及讨论民族服饰出版物的数量急剧增长。苗族妇女不仅以她们五光十色的服饰，而且还以她们丰富多彩的风俗闻名于世。③

---

① Sandra Niessen, Leshkowich Ann Marie & Jones Carla (eds.): *Re-Orienting Fashion: The Globalization of Asian Dress*, Oxford: Berg, 2003, p.11.

② 沈海梅：《族群认同：男性客位化与女性主位化——关于当代中国族群认同的社会性别思考》，《民族研究》2004年第5期，第33页。

③ Louisa Schein: *Minority Rules: The Miao and the Feminine in China's Cultural Politics*, Durham& London: Duke University Press, 2000, p.61.

路易莎认为少数民族是被女性化（feminization）了的，成为与西方现代性相对的象征中国传统的标志，是一个可以区分族群的符号。

> 在汉族内部的东方主义者的实践活动中，西江苗族社区被人为选择构造成少数民族他者的模范，在此过程中，不相宜的西江的"现代性"形象被抹去，虚构的典型特征经过再生产，表现在被经典化了的形象——身着多彩服饰面带微笑的年轻妇女，准确地说是代表落后的、与"现代"有"差异"的年轻妇女。①

的确，在现当代中国，身着民族传统服饰的少数民族妇女，是各种艺术、文学主题的座上宾，并借各种媒体得以广泛传播。在国家重要会议场合，身着民族传统服饰的少数民族妇女代表，更是众人瞩目的焦点。②甚至推选人大代表竟有着约定俗成的"无知少女"③推介规则。而在一些重大活动的开幕式或是颁奖典礼上，更是可见身着少数民族服饰的年轻汉族女性来扮演司仪、领位等角色。而这种种现象即便是起到了将少数民族女性推到台前的作用，其反映出的实质也仍旧难逃与强势文化、男性立场和商业目的的异化的关联。出于商业的考虑，民族文化展演总是在表征实践中把女性符号塑造成"他者"和"被看"的人，从而承载更多的商业信息。在这样的大背景下，西江苗族妇女成为被看的对象，她们的个性、思想都被整齐划一地表述为美丽淳朴、回归自然的刻板印象，被能歌善舞的一派喜庆场景掩盖。她们身上的民族服饰也一样，既不是披在身上可蔽体御寒的外在物质，也不是作为社会意义上的个人身体的延伸，其视觉影像足以促使大众形成对于西江苗族乃至贵州苗族的某种刻板印象。

然而，在这个过程中，起初她们并不是出于个人主观意愿的，被推到台面上来的西江苗族女性是羞涩的、被动的，是循序渐进地走向"习以为常"、走向"懒怠"，甚至开始学会反抗。她们并非主动地承载起族群文化传承的重任，以成为主位。当她们逐渐知道自己有"一技傍身"的本领时，如果没有经济方面的支持，她们中的多数人就不愿再被动地听人摆布，也不再积极配合。以致还没上学的穿着苗族服饰的小姑娘，在不知

---

① Louisa Schein: *Minority Rules: The Miao and the Feminine in China's Cultural Politics*, Durham& London: Duke University Press, 2000, p.129.

② 沈海梅：《族群认同：男性客位化与女性主位化——关于当代中国族群认同的社会性别思考》，《民族研究》2004年第5期，第27～35页。

③ 无党派、知识分子、少数民族、女性，四项集一就是"无知少女"所指代的人大代表推选标准。

是祖母还是外祖母，抑或是太祖母之类的老年女性的怂恿下，向对着她拍照的游人伸手要钱要物。类似的这种情况在经历或正经历旅游开发的少数民族地区是十分常见的，笔者不仅在西江，也在岜沙、丽江、大理，在去香格里拉的高速公路边遇到过。这些穿着民族服装的"移动"着的民族标记，已经使她们将民族形象作为自己谋生的重要手段之一。

如果说过去西江苗族女性在刺绣技巧方面的探索，诸如色彩怎样搭配、用什么样的材料、绣什么样的形象等，是女性在自觉将传统服饰技艺进行传承中创造性和主体性的表现。即便在父权制度下，女性也有出自其意愿的行动能力，对刺绣有着男性无可比拟的掌握程度。她们用自己的刺绣实践和审美，生产并塑造着地方性的文化，并逐渐生成族群内部的服饰潮流。在刺绣艺术的审美方面，西江苗族妇女们也有着自己的品味，跟随时代不断变化的审美观有选择地挑选布料、纹样和款式，将原有的刺绣进行改进。例如，在访谈中，笔者观察并了解到近年"流行平绣、突显手工的针法"[1]。穆春对绣法的流行趋势有着自己的认知："我觉得每个时代流行的东西还不一样，就像以前可能会流行像皱绣啊，我们西江这边甚至破线啊，还有双针绕线啊这些，但是现在我感觉会倾向于流行做那个便装就是那种平绣，直接一根针，穿上两根线，就是一直绣。绣一片叶子，然后就绣得满满的，鼓鼓的。她们也不会去把那个线破开来绣，也不会说去讲究绣出来其他那种什么插针啦什么来。就想绣快点，饱满一点，做成了总比机绣的强。现在的人都是这种心情和这种心态了。广场上展示的皱绣、双针锁绣和平绣，属于之前老的那一代的，贴花绣以前也有，但是最近这几年，像我妈她们这个年龄四五十岁的人，她们喜欢贴花之后，在外面包一层那个黄色的那种金纸，又简单又比较快，而且比机绣的显好。但是我觉得贴花绣、皱绣、双针锁绣和平绣来比，贴花绣相对要逊色一些，简单一些，也没那么容易拿出来展示。广场上的这种刺绣活动就是做一个展示吧，我觉得是这样子。"[2] 如图2-5，即为2017年国庆节期间，景区为游客提供的传统服饰刺绣技艺展示，几位苗族阿婆边展示边相互切磋绣法。

而在传统刺绣商品化的背景下，苗族妇女们不仅主动承担着家庭的经济重任，在对传统刺绣的技艺、材料及审美方面也彰显着自己的主体性和话语权（详见第四章第一节"二、绚丽多彩的刺绣"中对刺绣的分析）。

---

① 受访者：杨女士；访谈时间：2017年10月1日；访谈地点：西江千户苗寨盘发店；访谈者：笔者。

② 受访者：穆春；访谈时间：2018年2月23日；访谈地点：北京／西江千户苗寨（微信语音访谈）；访谈者：笔者。

图2-5　向游客展示传统刺绣技艺（西江千户苗寨，2017年）

穆春告诉笔者："在刺绣的审美方面，我觉得男生提的意见的话会比较少，就像我身边的像我父亲啊，我弟弟他们，他们对刺绣的评价多是这个绣得不错嘛，颜色配得不错，或者说这个鸟挺形象的，或者说这个颜色上面没那么逼真啊什么的，给的意见不是特别多。还是就是平时一起说话的姐妹啊，或者说一些女性亲戚给的意见会比较多一些。"①

　　女性不仅承担了刺绣技艺的传承，也为全家致富做出了贡献，家庭地位随之上升，改变了父权制结构下女性的性别角色。②"白水河人家"的龙绍先谈到妻子的刺绣手艺好，曾到北京接受聘任一事时，自豪之情溢于言表。而像穆春一样的商户，普遍存在着女性改变过去传统家庭内部"男耕女织"性别分工的现象，她们不仅拓宽了刺绣技艺由过去"自家用"到如今的"在外卖"的自主空间，而且借助着施展自身能动性的刺绣技艺，重塑着传统的社会性别角色规范。"一般来说，不管是在我的小家庭里面还是说在我们苗族的这种大的环境里面，男人起到的主导作用会比女人要更大一些。男人做的是一些比较重大的事情，然后我们女人会是做一些帮忙收拾啊，打杂，或者说去做一些比较细的东西。我爱人有时间也会经常做家务啊，然后带小孩儿这些都会大家一起做。在家中孩子的教育方式方面的话，也都是共同的。我的绣片搜集和饰品制作，他也会给些意见，比如说我觉得这个绣片挺不错的，挺漂亮的，你可以多收一点。或者说，哎

① 受访者：穆春；访谈时间：2018年2月23日；访谈地点：北京／西江千户苗寨（微信语音访谈）；访谈者：笔者。

② 叶荫茵：《苗绣商品化视域下苗族女性社会性别角色的重塑——基于贵州省台江县施洞镇的个案研究》，《民俗研究》2017年第3期，第90～91页.

呀，这个很漂亮，你可以把它留起来自己欣赏啊，（在这些方面）都会给一些意见。"①

西江当地的许多年轻苗女，自己虽不会绣，但却主动展开着两类交叉并行的实践，一是参与苗绣市场经济的族群外部活动，一是在重要活动中进行面向西江苗族族群内部的刺绣行为。无论是像宋美芬一样的刺绣者，还是像穆春一样的经营者，她们作为女性，都是其家庭经济来源的重要承担者，而她们身后的男性们或分担家务或甘当助手，女性性别角色的定位和家庭性别分工呈现出双向变化。

女性作为家庭经济的重要承担者，其性别角色从藏在深闺的主妇向经济行为人转变，所对应的女性气质也与传统刺绣实践不同，由内在安宁转变为外在活跃等在性别研究中被归为"男性气概"范畴的气质。女性在族群和家庭内部有了更多的话语权，通过表现自身的族群认同和对刺绣艺术的价值肯定，承担起在刺绣商品生产和销售中的主体性角色。②而西江苗族男性在刺绣商品化实践中，一改单纯通过制造女性落后形象而在苗族文化商业生产中扮演的支配性角色，除上面提到的支持、辅助和配合外，也积极地参与其中，例如男性刺绣画稿画师的出现和被认可。男性的性别权力亦在发生着改变，但这并不说明已构成"女性压倒男性"的性别权力关系。西江苗族女性和男性在刺绣文化建设中都有着不同程度的参与和决策，一方面是男女携手谋求共同发展的需要，一方面则反映出两性文化的动态性。

二、资源和资本：作为民族文化标志的西江苗族女子传统服饰

（一）苗族文化特征的显性呈现

诚然，文化特征可以作为重要的族群边界，也是维持族群边界的重要因素。而在民族文化特征中，"差异的精华部分被划入地区，归入习俗，被特别地归属给当地的少数民族妇女"③。西江妇女不仅是传统的消费者和现代的生产者，而且是这二者的混合体。而在少数民族妇女形象商品化的过程中，其外在的观赏价值被放大，除了年轻的身体之外，继

---

① 受访者：穆春；访谈时间：2018年3月1日；访谈地点：北京／西江千户苗寨（微信语音访谈）；访谈者：笔者。
② 叶荫茵：《苗绣商品化视域下苗族女性社会性别角色的重塑——基于贵州省台江县施洞镇的个案研究》，《民俗研究》2017年第3期，第86～92页。
③ Louisa Schein: *Minority Rules: The Miao and the Feminine in China's Cultural Politics*, Durham& London: Duke University Press, 2000, p.120.

承了原文化的民族服饰是她们被观赏的资本和资源。尽管在族群互动中，西江苗族妇女们的某些文化特征会发生改变，甚至被重塑，比如在旅游表演中的西江苗服，虽然是重新设计制作的，但仍然是原文化的继承。被推到台前来展示苗族文化的西江苗族女子传统服饰，随着时代的发展也发生了变化。

贵州省雷山县西江千户苗寨的苗族男女过去都穿长裙，头上包有黑色的头巾头帕，为旧称"黑苗"之一，也叫"长裙苗"①。明成化年间的《明实录》是记载"黑苗"的最早文献，因当时"黑苗"属"化外"的"生苗"，并无翔实的服饰记录。清代有关"黑苗"服饰的简要描绘可在一些汉语文献中见到。清乾隆《贵州通志》中这样记载"黑苗"服饰："黑苗在都匀之八寨、丹江，镇远之清江，黎平之古州［……］有土司者为熟苗，无管者为生苗。衣服皆尚黑，故曰'黑苗'。妇人绾长簪，耳垂大环，银项圈，衣短以色锦缘袖。男女皆跣足［……］以腊月辰日为过年，每十三年畜牯牛祭天地祖先，名曰'吃牯藏'。"②《镇远府志》中记载"黑苗""衣服尚黑，故曰'黑苗'。妇人绾长簪，耳垂大环，银项圈，衣短，以色锦缘袖。男女皆跣足"③。《黔南识略》载，镇远府黑苗"男女皆挽髻向前，绾簪戴梳，衣服以青为色。男勤耕作，种糯谷。女子银花饰首，耳垂大环，项戴银圈，以多者为富，其所绣布曰苗锦"④。《黔南职方纪略》中亦有黑苗的记载："黑苗黄平、镇远、台拱、清江、镇远县、施秉、胜秉、天柱、平越、都匀、八寨、都江、丹江、独山、麻哈、都匀县、清平、黎平、永从皆有之。衣短尚黑。妇人绾长簪，耳垂大环，挂银圈于项，以五色锦缘袖。男女跣足。"⑤日本早稻田大学收藏的《蛮苗图说》中记载："黑苗在都匀、八寨、丹江、镇远、黎平、清江、古州各州府属，族类甚众，习俗各异，衣服皆尚黑，男女俱跣足。"（见图2-6）文献中所描绘的一些服饰特征，比如妇女挽髻戴长簪、戴银饰等，在现在西江苗族传统服饰中仍有留存。

《贵州苗族代表性服饰》结合当地老人的口述史详细地描述了民国前西江苗族男女服饰的形制：

---

① "长裙苗"是相对于"中裙苗"和"短裙苗"的称呼，专指黔东南清水江、巴拉河流域穿长裙的部分苗族，因其裙长长至脚踝而得名，为他称。

② （清）鄂尔泰、（清）张广泗：《贵州通志》卷七《苗蛮》，（清）靖道谟、（清）杜诠纂，清乾隆六年刻本。

③ （清）蔡宗建：《镇远府志》卷九《风俗》，（清）龚传坤纂，清乾隆五十六年刻本。

④ （清）爱必达：《黔南识略》卷十二《镇远府》，清光绪三十三年刻本。

⑤ （清）罗绕典：《黔南职方纪略》卷九《苗蛮》，清道光二十七年刻本。

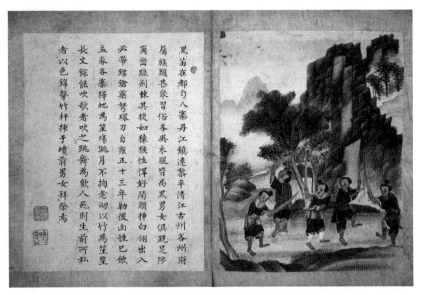

图2-6　日本早稻田大学收藏的《蛮苗图说》中的黑苗形象

　　据老人们的回忆，在民国以前，男性穿对襟或左襟右衽短服，下着大管裤子，以带束腰，头围青帕，布料均为家织藏青染布。脚着草鞋或布鞋，膝下绑有裹脚帕，布鞋及裹脚帕为家织布。这种着装沿袭至20世纪50年代。[……]

　　女装方面，民国前上装为交襟衣或大襟衣，下装为百褶裙。交襟衣是一种古装，其袖腰、领、肩、襟边均以图案纹样的绣片作饰，无扣，用花带系于身后；大襟衣为常服，有扣，素布做成，少有绣花作饰，女性从小开始穿土布黑裙。鞋为草鞋或布鞋，布鞋线、布自制自织，面料及饰物均自绣自作。老年妇女头包露发髻包角帕。家庭富裕年轻女性在节日跳芦笙时要围银箍，钉银衣，系银压领，套银项圈，插银梳，戴耳环。老年下着黑裙，围裙帕，穿绣花布鞋，除围裙帕中幅为绸布外，边幅均为家织青布。便装中，老年着大襟衣，托肩、袖腰有两指宽素色简单条纹花，戴腕筒，包裹腿，而料也为家织自染青布。①

民国初期，西江苗族服饰发生了较大变化：

　　民国初期，以雷山县西江为中心出现了服饰改革，交襟衣和大

① 张晓、张寒梅、潘璐璐：《贵州苗族代表性服饰》，北京：知识产权出版社，2017年版，第27～28页。

襟衣的功能分化。传统的交襟衣和百褶裙搭配单独作为节日、婚庆等的盛装，一直沿用原来的命名称为"乌贝"（直译为"雄衣"）；大襟衣则改良为紧袖右衽短衣，配贴身长裤为新式服装款式，作为日常生活、劳动穿着的便衣。这种便衣又相对分为两种，一种没有任何装饰；另一种则围绕着大襟边、肩膀、脖子一圈，以及袖口，镶嵌一条绣花栏杆，称为"乌更"（意译为"绣花衣"）。这种便衣通常还要拴上一张从领口到衣摆同样长度的胸巾似的围腰，围腰的胸口部位镶有一张绣花片。围腰上端辫结系于领扣，以银质锁链或小布条从后腰横连围腰两边，将围腰束于胸、腹，使衣服贴体，更显苗条腰身。这种便装很快就流传到当时的丹江（雷山县）、台拱（台江县）、挂丁（凯里市）等邻近地区，成为目前整个巴拉河流域服饰流行的服装式样，甚至汉族女孩也会穿上这种衣服。①

当代的西江苗族传统服饰亦有便装和盛装之分。便装是日常生活中穿用的，简洁大方且制作简便，主要用于遮羞御寒。"如果说盛装的形象代表了民族，那么便装则代表了她们自己。"② 与在节日等重大礼仪场合中穿用的西江苗族盛装相比，传统便装不仅在日常生活中相对被穿用得更为频繁，而且可以使我们从日常生活的一个侧面，更为全面地了解西江苗族人的日常生活美学和民族文化。

西江苗族男子便装的上装以青色和藏青色对襟上衣最为普遍，下装通常为家织布③大裤脚筒裤，裤脚几与裤腿同宽，头部则用家织黑布裹住。因为是黑色的，所以在访谈中有当地男性表示不愿意穿。

西江苗族女子便装由头饰、上衣、胸兜和下装组成。女子传统便装是不绣花、不嵌花边的，现在我们在西江看到的，是西江寨人梁聚五和侯教之两位先生设计的一种便装式样：上衣沿肩托、衣襟及袖口边缘绣有约3厘米宽的花草、蝴蝶、鸟、鱼等图案的绣花带，并包有两条宽度相等的布条，外束与上衣等长的绣花围腰，下装为长裤。笔者在访谈中得知："（不会刺

---

① 张晓、张寒梅、潘璐璐：《贵州苗族代表性服饰》，北京：知识产权出版社，2017年版，第28页。

② 张晓：《西江苗族妇女口述史研究》，贵阳：贵州人民出版社，1997年版，第34页。

③ "过去不管哪种款式，都是家织布。现在盛装除衣服里层为家织布外，外层均以绸布为主。便装主要以工厂机制宽幅布料的灯芯绒、平绒、莴绒为冬季布料，阴丹布及市场其他薄料为夏季布料。苗族社区传统的性别分工是"男耕女织"，妇女们要承担一家人的穿衣任务，就得从种棉花做起，包括纺纱、织布、剪裁、装饰等。现在已经不种棉花和纺纱了，织布只有上了年纪的妇女还会，难以传承给年轻女孩，家织布就越来越少了。"引自张晓、张寒梅、潘璐璐：《贵州苗族代表性服饰》，北京：知识产权出版社，2017年版，第29页。

绣的人）购买便装刺绣绣片价格要1000多元，衣服通常叫人家加工。夏天有夏天的衣服，没那么好看。夏天我们家不过节，都是冬天过。"① 在较为隆重的场合，比如家里来客人需要苗族女性迎宾或是结婚新娘敬酒时，下装也会选择百褶裙，百褶裙外还要系与裙同长的绣花围腰。头发往上梳成苗族独特的发髻，并插上木梳、发簪和塑料花等饰物（见图2-7）。老年女性的上衣比较素雅，一般不绣花，右衽衣襟以盘扣作为系搭和装饰方式，有的会在领口和衣襟边以绲边为饰。过去西江女子便装的衣料多为黑色手工家织土布，现在多为灯芯绒或其他机织面料。与传统

图2-7 穿西江女子便装的旅游接待人员（西江千户苗寨，2011年）

盛装相异的一点是，改良的便装是右衽的，是在与汉族交往中吸收了汉族"尚右"的习俗。这种便装式样的变化与西江苗寨文化教育和经济贸易的发展有着密切的关联，而在黔东南地区，有识之士参与服饰改制也是颇为鲜见的。

严格说来，走亲串友也是西江人日常生活的一部分。但是笔者在这里强调的不是寻常意义上的亲戚邻里之间的串门，而是诸如盖房起屋、贵客临门、参加婚礼、"姑妈聚"等这些更加隆重的场合。通常此时的苗族人会刻意梳洗打扮一番，穿上比较新的或是自己比较满意的便装迎接客人或是去赴宴。

"姑妈"是苗语中对已婚妇女称呼的汉译，"姑妈聚"是嫁到各村寨地方的苗族妇女们较大规模的聚会，不是定期举行，通常是因过节回娘家大家族里面人比较齐。

"'姑妈'聚会的时候都要统一穿着苗族的便装，然后梳着苗族的这

---

① 受访者：李桂芳；访谈时间：2018年4月27日；访谈地点：西江千户苗寨"南粉北面"；访谈者：笔者。

图2-8 用自己头发制成的"假发"发髻（西江千户苗寨，2009年，彩图见文前插页）

种（高发髻）发饰去。因为这样的话服装比较统一，合影的话比较好看，而且就是有那种感觉一点吧，因为大家都是苗族的嘛，都是一个寨子的，而且大家都有这样的衣服。"[①] 2018年招龙节后，穆春所属的穆氏家族32位"姑妈"相聚凯里市某KTV，因"姑妈"们各自出生年代不同，所以聚在一起有手持话筒清唱苗歌的，也有跟着伴奏唱现代歌曲的，以歌联络感情。无论聚会的形式由原来的聚餐换作K歌，还是由原来聚会地她们控拜村某位"姑妈"家换作大家都方便的凯里市，"姑妈"们身上的苗族便装和发髻都没有换。[②]

与其他苗族支系相比，西江苗族的便装头饰非常具有特色，虽没有盛装头饰珠玑满头的华丽，但在质朴之中流淌着些许盛唐高髻遗风（见图2-8）。

　　无论是盛装"乌贝"（雄衣）或者是便装，一定要配以发型，如果没有特定发型相配，服饰就显得别扭了。从古至今，巴拉河流域的妇女都是在头顶正中梳着发髻的。着便装时，头挽发髻，插木梳于髻后，髻侧插银簪。老年妇女素髻，最多插上一两只小银花。[……] 当地苗族妇女都是留着长发，以便于梳发髻，而且她们的发质很好，因为一直使用天然的洗涤物质。不过仅仅使用自己头发来挽成一个和自己的脸盘相配的发髻是不够的，还需要掺进一些假发。传统上妇女们使用的假发是自己的，在平常梳头的时候就积攒下来做成假发。但是现在的年轻人使用的主要是市场上买来的化纤假发，甚至是直接就用开司米毛线。[③]

① 受访者：穆春；访谈时间：2018年3月29日；访谈地点：北京／西江千户苗寨（微信语音访谈）；访谈者：笔者。

② 在访谈中笔者了解到，以前穆氏"姑妈聚"会在控拜老家里聚，但是要麻烦老妈妈或者嫂嫂们做饭，现在为图方便大家聚到市里面来。"姑妈"们在外聚会的时候，男人们则会在家带小孩、做饭。穆春告诉笔者："其实的话，这种聚会主要就是大家聚聚吃一餐饭，吃饭的时候会唱苗歌啊，然后互相吆喝着喝酒啊这样。KTV的话也是跟着现在这种现代的步伐嘛，大家也想去那里。用话筒可以唱一下老歌，或者说可以唱苗歌啊，这样来怀怀旧。以前在家里的小聚一般也会边绣花边聊天，然后互相叫去家里吃饭。"

③ 张晓、张寒梅、潘璐璐：《贵州苗族代表性服饰》，北京：知识产权出版社，2017年版，第29页。

西江千户苗寨的鼓藏头唐守成告诉笔者："西江妇女的头饰保留得比较完整，像中国古代的头饰——兵马俑的发饰。一般年轻的妇女是不包头帕的，中年妇女常包机织印花枕巾头帕，不露发髻，老年妇女喜用自制的黑色家织布做头帕，包时露出发髻。"[①]龙绍先也向笔者突出介绍了女子的发髻："男的跳芦笙的时候也是简简单单的，以前包的那些帕子这些现在我们不包了。妇女们穿自己的盛装跳芦笙。但是像咱们地方的女人保持那个苗鬏鬏保持得比较完整，不管什么时候，女的上面还是扎那个苗鬏鬏，上面还是戴花。"[②]

这种高发髻上的插花在固定日期的集市上有售卖，在街上也可以看到，有些游人也会买来戴。"现在青年女子随着不同时代的审美情趣在发髻上加上装饰，在银簪上悬挂小饰物，或者在髻侧扎红头绳，更多的是把红色塑料花插在髻。目前的女孩们发髻越梳越大，塑料插花也越来越大。"[③]插花主要分为两种材质，一种是人造绢花，一种是真丝插花。即便是人造绢花也需要手工再加工，将买来现成的绢花一片一片剪下来，再用胶枪按照需要一片片摆好黏合（见图2-9），而并非市面上的普通人造绢花。真丝插花也是苗族妇女们自己制作的，用真丝包缠细金属丝加以造型，制作起来更加耗时，但在外观上更富光泽也更加逼真，价格也更贵（见图2-10）。

图2-9　人造绢花制作插花流程示意（西江千户苗寨，2017年）

图2-10　真丝插花（西江千户苗寨，2017年）

从便装所配头饰装饰种类、形式之丰富，便可看出西江人的"重饰"习俗。尽管装饰的工具无外乎头花、梳子、发钗和耳饰，但每个西江苗族女性在选择佩戴的形式、材料、色彩和数量等方面会形成因人而异的多样性，从而体现出她们对美的追求和审美心理。然而无论怎样装饰，在整体的头部装饰中，鲜艳的簪花位于发髻正面的顶端，醒目且颇具装饰性，发

① 受访者：唐守成；访谈时间：2011年4月14日；访谈地点：唐守成家；访谈者：笔者。
② 受访者：龙绍先；访谈时间：2018年4月27日；访谈地点：再建中的白水河人家；访谈者：笔者。
③ 张晓、张寒梅、潘璐璐：《贵州苗族代表性服饰》，北京：知识产权出版社，2017年版，第29页。

鬐后面和侧面装饰的银饰则遵循着上轻下重、上简下繁、上少下多的装饰美原则。这种个性与共性的统一体现出西江人善于驾驭统一与变化的服饰美学法则。

西江苗族女子便装时佩戴的耳饰较为俭朴，传统式样主要有银圈耳环和银耳柱两种。老年人多戴银耳柱，耳柱将耳洞撑得很大，耳柱的重量也使得耳垂下坠，人走动时耳柱连带着耳垂一起摇摆。中年人多佩戴银圈式样的耳环，而年轻人则与城里的姑娘们一样更喜欢戴现代时尚的各式耳环，因年轻人与外界族群的交往较多。

旅游开发带来了与外界交往的日益频繁，一些西江苗族年轻人生活的环境发生了改变，也有觉得盘发麻烦的，所以也不再每天盘。"南粉北面"老板娘有两个孩子，大女儿8岁，因为在外面长大、上学，普通话很好，把3岁的小儿子带得也是普通话好，不愿意讲、学苗语。老板娘20多岁出去工作，没有学习刺绣，但她的母亲会绣，给她和她的女儿都绣有盛装并配有银饰。女儿平时不盘头，只有搞活动的时候才盘头穿苗装。她说："年轻人不爱盘头还有一个原因是掉头发，头发掉了就不好看了。"[1]盘发店老板杨女士告诉笔者："我的小孩18岁，在凯里上高中，平时不盘，过年过节的时候喜欢盘。"她店里的主要客源是游客和外来人员，"游客因为新鲜而喜欢尝试，今早就有两个游客来。现在十一国庆节游人多，忙不过来，许多店家会请临时工，临时工不会盘，会到我店里来盘。"[2]如图2-11，梳着苗族发鬐的蒙古族小姑娘是陪妈妈调研的笔者女儿，盘发店杨女士帮她盘了头发。可见，在游人初来西江一眼可以明辨的、梳着被视为民族服饰特点之一的高发鬐的，既有可能是游客，也可能是外来人员，她们身上的苗族服饰也会是这样，皆因旅游而为。

传统盛装是在节日、庆典、祭祀、婚嫁等礼仪场合中穿着的服装，相当于西方的礼服，对苗族人来说有着非同一般的意义。西江男子盛装一般为青、蓝、紫、褐色的长衫，外套丝绸

图2-11 盘苗族发鬐的外来游客（西江千户苗寨，2017年，彩图见文前插页）

---

① 受访者：杨女士；访谈时间：2017年10月1日；访谈地点：西江千户苗寨盘发店；访谈者：笔者。

② 受访者：李桂芳；访谈时间：2018年4月27日；访谈地点：西江千户苗寨"南粉北面"；访谈者：笔者。

马褂。与男子便装一样，西江男子盛装服饰上可以显现的苗族标记也依旧不清晰。西江苗族女子盛装苗语称为"乌贝"（Ubbaid）（见图2-12）。盛装由银衣上装、百褶裙和飘带裙构成，其穿着顺序依次为百褶裙、飘带裙和银衣上装。就西江苗族女子盛装而言，其鲜明的服饰特点可以清晰地展现出苗族的文化特征，有着"辨族别异"的功用。而身着盛装的西江苗族妇女形象更是在"艺术家、摄影师、记者、民族学者、官员和旅行者们"的集体塑造下，俨然成为苗族妇女的代表。

图2-12　流传至今的西江苗族女子盛装（宋美芬女儿龙玲燕的盛装，西江千户苗寨，2012年，彩图见文前插页）

由前文文献可知，西江苗族女子传统盛装也并非我们现在所见的样式，今日之盛装也是不断变化的结果。就飘带裙来说，在文献中并无记载，可见其必定是近代的产物。西江苗族学者张晓在她的书中是这样介绍飘带裙的由来的："大约在50年前，西江妇女还创制了一种带子裙，即用一条条刺绣好的长条绣片组成的裙。（作者的母亲是第一个制作并穿着这种裙子的人。）"[①]余未人的《苗疆圣地》记录了20世纪40年代左右，花带裙由西江苗族妇女酿（龙秀珍）、妮（龙秀吉）、欧（龙世英）三姐妹首创。[②]"'酿'已经去世；'妮'2007年被评为'中国民间文化杰出传承人'，90余岁高龄去世；'欧'从教学岗位上退休，现年89岁。"[③]"欧"就是张晓的母亲。《贵州苗族代表性服饰》一书中记录了三姐妹发明"花带裙"的情形：

　　这种"花裙带"的历史不长，也就创始于1938年西江鼓藏节，创始人就是西江苗寨"中国民间文化杰出传承人"龙秀吉（她的苗名字叫作"妮"，汉语拟音）三姐妹。她三姐妹都是刺绣能手，大姐

①　张晓：《西江苗族妇女口述史研究》，贵阳：贵州人民出版社，1997年版，第32页。

②　余未人：《苗疆圣地》，青岛：青岛出版社，1997年版，第131页。

③　张晓、张寒梅、潘璐璐：《贵州苗族代表性服饰》，北京：知识产权出版社，2017年版，第28页。

"酿"（汉语拟音）是以速度取胜，二姐"妮"精于工艺，质量上乘，三妹"欧"（汉语拟音，"水"的意思）则善于创新。据她们说，她们有一个舅舅在贵州的毕节地区当专员，回家探亲给她们的外婆带来了一条手工织花带，外婆用它做成一条裙带。她们看见灵机一动，便把它改造成多节的夹布壳（用魔芋捣成糨糊，把不穿了的旧衣服或者烂了的垫单被里等展平在一块木板上一层一层地糊上，糊到四五层就拿去晒干，就是布壳。因为它硬而不涩，起到撑布的作用）的彩色手工刺绣。飘带裙做成以后，"妮"在十二年一届的大型祭祖节穿出去"跳芦笙"引起了轰动。此后这种飘带裙也就流传开来。这种裙子初创的时候是一条条直直的，由于布壳的硬度，每条花带就像一把剑，所以她们就改进成三节，进而再改进为五节，裙子就好穿了。据说，"欧"年纪小，提出创意，"酿"和"妮"动手制作。这个故事后来重新提起，来源并不是她们的家人，而是余未人和杨忠等文人学者。这些老师各自先后听到侯昌德等寨老讲述以后，才知道了这个历史。这个故事得到了当事人的确认。①

　　这一说法在笔者对西江千户苗寨村民宋美芬的访谈中得到了证实。宋美芬是中国民族博物馆民族民间传统工艺师，2007年作为贵州仅有的两名民族艺人代表前往北京接受聘任。她是苗寨中数一数二的刺绣能手，因为手艺好，她的作品供不应求。她不仅毫无保留地将自己的手艺教给村里的其他妇女，每周五还要给当地40多名中小学生上刺绣课。她告诉笔者："是张晓的妈妈教我们怎么制作飘带裙的，她绣得好，经常会教我们。"②由此可以推断，飘带裙成为西江苗族女子盛装的一部分，不过是在20世纪40年代的事情。如今的西江，包括飘带裙在内的苗族女子传统盛装相对被保留得更为完整，也从某一侧面印证了"妇女小群体有促使文化流变的一面，但同时有保持文化稳定的一面。在文化不断创新和流失的间隙之中，妇女小群体相应地对她们所继承和创造的文化，都会维持一个漫长的过程"③这一说法。

　　民族服饰艺术作为与民族文化有牵连的生活项目，丰富了我们对"他

---

① 张晓、张寒梅、潘璐璐：《贵州苗族代表性服饰》，北京：知识产权出版社，2017年版，第93～94页。

② 受访者：宋美芬，女，西江千户苗寨原东引村村民，当地的刺绣能手，苗族；访谈时间：2012年7月31日；访谈地点：西江千户苗寨白水河人家；访谈者：笔者。

③ 张晓：《妇女小群体与服饰文化传承——以贵州西江苗族为例》，《贵州大学学报（艺术版）》2000年第4期，第47页。

者"民族跨文化的理解。且从显性的民族文化特征来看，西江苗族风格独特的民族服饰表现得最为鲜明，民族服饰不但成为西江苗族的鲜明标志，成为凝聚这一族群的荣誉象征，更是被外界看作是苗族的象征。

（二）民俗旅游展演中的民族文化元素

正如路易莎所说的："旅游业的开发成为了质询'什么才是民族（文化）'的契机。突然之间，作为传统文化的守护者的苗族和其他乡下群体——他们的正在迅速消失的文化，正是这种跨国旅行活动本身所渴望的对象，被再造成为宝贵的资源而不是拖累的包袱。他们的文化开始被看成了让世界重视贵州的重要桥梁。"[①]在旅游开发的过程中，西江千户苗寨的民族文化得到了重视，甚至被特殊地"凝视"，这样就使得许多文化特质被作为旅游发展中重要的展演元素而被凸显，西江苗服盛装就是其中的文化特质之一。

且不论西江苗族妇女的盛装在当代社会究竟因何而被凸显，正如上述已经讨论过的，西江苗寨的苗族妇女创造和传承了民族服饰文化，而且常常是以妇女小群体为单位来开展各种服饰文化活动的。不可否认，苗族女性在诸如刺绣一类女红传承中的重要地位是男性所无法轻易替代的。唐守成说："盛装即便不停地做，也得需要几个月时间。制作时，拿不定主意，妇女们会在一起互相讨论花样。她们没有绘画的基础，就得问大家，互相讨论。妇女们的盛装都有不同，但又有相同的，别人用得好的，自己也会拿来用。以前的苗服都是女同志用手工绣出来，整个盛装需要一到两年才能做完，小孩妈妈做不完还会请姥姥帮忙。姑娘结婚的盛装主要由母亲来主做，弄好花纹后，女儿帮忙。"[②]就这样，在一边玩乐，一边工作中，苗族妇女们完成了服饰的创造。"姑娘们从姐姐或嫂嫂那里学得技术，传授给她们的同伴们；母亲们彼此切磋技艺，又各自教她们的女儿们；孙女们往往从小就在奶奶那里接受文艺的熏陶，而每位奶奶的知识宝库都汇集着她们那一代人的集体智慧。"[③]正是在这样一种传承模式下，西江苗族妇女们自少年时代就开始训练，习得了自己民族共有的技法、图案构成、用色技巧等，这些充满了鲜明群体风格和神韵的要素，呈现着民族共同的审美心理特征，并逐渐成为民族内相互认同的纽带以及民族的徽记。

[①] Louisa Schein: *Minority Rules: The Miao and the Feminine in China's Cultural Politics*, Durham& London: Duke University Press, 2000, p.79.

[②] 受访者：唐守成；访谈时间：2011年4月15日；访谈地点：唐守成家；访谈者：笔者。

[③] 张晓：《妇女小群体与服饰文化传承——以贵州西江苗族为例》，《贵州大学学报（艺术版）》2000年第4期，第45页。

对于可以呈现民族文化"他者"形象的西江苗族女子盛装来说，它不仅是整体苗族服饰文化现象中具民族性的部分，同时也有其鲜明的个性特质，因此也可以看作是苗族服饰文化中的异质。作为一种不可多得的旅游资源，西江苗族的异质服饰文化以其独特的魅力吸引了外界的广泛关注，并成为旅游动机的来源之一。而对于非西江苗族人来说，被标记为苗族代表的西江苗族女子盛装既熟悉又陌生，熟悉是因为媒体的宣传使得人们对这一形象有着深刻的视觉印象，陌生是因为与自身民族文化有着巨大的差异。

西江苗族的传统盛装是一种围绕着人生的重大礼仪（即诞生礼、婚礼和葬礼）以及其他习惯所规范的服饰制度。唐守成讲述了西江苗族迎接新生儿诞生的方式："小孩出生前，家人会为他准备手镯、项圈、帽子（上面有菩萨人像、福禄寿喜的图案）。苗族女孩五六岁时，便会穿简单的绣花衣服，八九岁时就会有盛装，银饰、压领这些都会配备齐全。"他告诉笔者，西江苗族人没有成年礼的服饰，但是在婚礼和葬礼中是要穿着盛装的。唐守成说："盛装对女性来说，至关重要，是在重大礼仪中穿着的，比如跳芦笙。外面来的小伙子和亲戚通过跳芦笙来看人、看家庭。如果女孩子的盛装不够完整或不够华丽，可以看出她的家人对她并不重视，或者是家庭经济条件有限。女孩子要出嫁时，要从自家穿盛装到男方家。出嫁后，重大礼仪也要穿，跳芦笙就不说了，还有老人过世，在老人灵堂边陪伴、哭，老人下葬时，要穿盛装将老人安葬。"[①]西江苗族女子在葬礼中的盛装与平时的略有不同，唐守成跟笔者介绍道："葬礼的盛装和婚礼的盛装是一样的，葬礼盛装的特别之处是女性没有飘带裙，并且多了一个胸围腰，绣有龙、凤、花、鱼。一般是自己给自己准备葬服，老了就让女儿准备，寿鞋一般自己早就准备好了。"

谈到盛装的继承，唐守成说："盛装通常是母亲传给女儿的。苗女要做百年以后的寿衣，以前苗女手工好，也有兴趣，一生可以绣制八九套盛装，第一的（做得最好的）她拿走（作寿服）了，第二的才传给后人。银饰在苗族里是比较珍贵的，整套就需要几万块钱，一般也不作为寿服来陪葬，怕被盗。因为在安葬时，寨子里面的人都在看，不过一般也不给人家看死者的服饰。如果兄弟少、家里财力有限，会将小时候戴的手镯再加些银子打成大的，一直可以戴到40多岁都有。兄弟多的，就会有很好的。我们苗族银饰是传给女孩的，如果不够分就送得少，银角、压领等分送给

---

① 受访者：唐守成；访谈时间：2011年4月15日；访谈地点：唐守成家；访谈者：笔者。

不同的女儿，待女儿成家后自己再添置。"①

现代西江苗族女子的盛装已不及以往，无论是数量还是质量，因为在客观上，她们所处的时代发生了很大变化，农村城镇化使得她们的交际方式和消费行为也随之发生改变，对服饰的要求亦是如此。29岁的穆春告诉笔者，她自己只有一套盛装，也是嫁妆。而更为严峻的事实是，年轻人会做传统盛装的已不多见，其服饰文化流失现象严重。唐守成说："现在苗寨里商户妇女都穿苗族便装，男人和小孩已经基本（穿）汉装了。苗寨里年轻女孩穿汉装的多，但在家里面做旅游接待的工作时多穿苗装。苗寨服饰现在比较简单，大家还是为了方便。现在女孩子学做传统手工服饰的不多，手工服饰需要一定的社会背景，得有时间，而且是一种单调的时间。如今女孩要读书，初三毕业后要出去打工。以前走不出去，只能在家里，打猪菜喂猪，农忙空闲在家时就绣花，比如给自己的朋友绣胸襟。"② 盘发店杨女士说："绣一条裙子得一年半，不会绣的买得一万八，全身两万多，加上银饰得七万。我们家姐妹多，一套不够穿，妈妈绣不来，姐妹轮着穿，（因为）人家有我们没有不好。小孩的盛装也往下传。（每）跳芦笙一次，（就）晒一下收起来。小孩的盛装有两套，三五岁一套，七八岁一套，10岁11岁就做18岁以后成人能穿的。也有10岁左右买机绣的，3000多块钱。"③

上述这些关于盛装的使用和继承等方面的古老"地方知识"，对于当地人来说是民族文化的一部分，然而对于外来的普通游客来说，这些也是盛装被看重的原因之一。吸引游客的，除去迥异于自身服饰形象的、古朴靓丽的西江苗族妇女盛装本身外，服饰所负载的悠久历史以及其日见稀少的现状也是引人关注的焦点之一。

"在博物馆里，特别是民族的博物馆里，那种器物的展示实际上对一种民族社区的想象更具有直观的意义。各种器物武断地按照一定的秩序排列在一起，并暗示这就是历史。"④ 笔者2012年在西江调研时住在白水河人家，同住的还有来自陕西的一家三口。当笔者在看宋美芬刺绣的盛装时，女游客兴奋地告诉我说，在"唐兴发家庭博物馆"里，她看到了一套有着200年历史的西江苗服盛装，她立马掏钱试穿并拍照留念。如前面所述，

① 受访者：唐守成；访谈时间：2011年4月15日；访谈地点：唐守成家；访谈者：笔者。
② 受访者：唐守成；访谈时间：2011年4月15日；访谈地点：唐守成家；访谈者：笔者。
③ 受访者：杨女士；访谈时间：2017年10月1日；访谈地点：西江千户苗寨盘发店；访谈者：笔者。
④ 赵旭东：《本土异域间：人类学研究中的自我、文化与他者》，北京：北京大学出版社，2011年版，第43页。

西江飘带裙不过七八十年的历史，所谓的"200年历史"虽不过是当地人吸引游客的夸张说法，但却达到了引发游客消费的目的，对古老苗族形象的"想象"真实地支配着游客们的思维与行动。

2017年笔者第四次深入西江考察时发现，当地出现了几家以扎染服饰为主要经营内容的商铺，这些商铺以具有民族感的现代服饰吸引了外来的游客，当地人对此风格的服饰也十分喜爱。笔者在调查时便看到商铺的常客来问是否有新货到店。在"榜留民间工艺"这家店铺外，有两位穿着打扮与西江苗族不同的榕江苗族妇女当街画蜡（制作蜡染），笔者问她们为什么来西江，她们回答"老板请我们过来的，我们那里没有发展"。隔壁老板娘告诉笔者："这家店的老板是贵州铜仁的，不是西江这里的。她们那些花花绿绿的全部都是机器搞的。"①2018年4月笔者再次来到西江调研时发现，不只在"榜留民间工艺"，在苗寨内几家经营民族风服饰、工艺品的店铺中，也还能看到榕江苗族妇女现场画蜡的展示。从民族文化元素的族属问题来看，扎染和蜡染都不是西江苗族的传统服饰技艺，但在旅游经济的推动下被拿来当作卖点吸引消费者。而"不求甚解"的游客则因其出现在西江，将其看作是西江的民族特色，是当地特产。

发展旅游业的基础是资源，非物质文化遗产因独特性、不可再生性、唯一性而显得尤为珍贵，引起了世界性的广泛关注，成为具有吸引力的旅游资源。被列入名录的非遗项目给遗产所在地带来的，不仅是知名度上的提高，还有旅游热度的提升。"那些异域他族的、无时间的、与部落历史联系在一起的、口传的、仪式的、集体的、非理性的、封闭的生活方式和文化图式，使人们寤寐思服，哪怕只是借助部分象征符号，也会在浮想联翩中获得相当满足。而在'猎奇'、'新鲜'的旅游心态的背后，则蕴涵着人们对'实际参与'与体验乡土情怀的追求，构成了民俗旅游活动中更为深沉的动力。"②毋庸置疑，人们对"他者"文化现象的猎奇心理，推动了所猎对象——旅游目的地的发展。非物质文化遗产不仅满足了旅游者的好奇和探究心理，并且带来一系列旅游效应和经济效益。作为非物质文化遗产的西江苗族传统服饰，西江苗族女性服饰资源具有极强的地域特征，是民俗旅游景观中颇为重要的元素。其有别于汉装的色彩搭配、纹饰造型、裁剪式样等服饰要素，不仅给予普通游客以欣赏"他者"服饰形象所产生的愉悦的审美感受，亦满足了诸如艺术工作者采

---

① 受访者：李桂芳；访谈时间：2018年4月27日；访谈地点：西江千户苗寨"南粉北面"；访谈者：笔者。

② 李松等：《民俗旅游与社会发展》，《山东社会科学》2011年第7期，第55页。

风的需要——从盛装服饰中汲取灵感。近年西江千户苗寨为应对旅游市场的需求，推出了传统技艺自己动手体验工作坊项目，例如刺绣、蜡染、手工造纸等。如图2-13，是工作人员在教授游客如何制作蜡染，尽管蜡染并不是西江的传统服饰工艺。

图2-13　游客体验蜡染（西江千户苗寨，2017年）

如果说旅游者出行的目的是收获文化吸引物的体验，那么负载悠久民族历史，具有极强观赏性和艺术性，并兼具多样性和异质性的西江苗族女子盛装服饰，无疑是颇具旅游价值的民族传统文化资源。传统民族文化通过传统服饰的展演变得无比鲜活，令暂时脱离现实、"生活在别处"的游客将亲眼所见与对历史场景和原始风情的想象勾连在一起。为了迎合外来游客的口味，西江千户苗寨的苗族民众对原本的民族文化元素（包括西江苗族女子盛装在内）进行了一定程度的修整，增加了一些游客喜欢的外来元素，使其成为一种被场景化和舞台化了的旅游展演仪式。

第三节　场景聚焦：三个田野点概况

"在一定意义上，人类学也喜欢有一个柔和的聚焦。唯恐太过深刻地洞悉唯一的对象而错过其所处的背景，人类学家会广泛地注视，设法同时瞥见前景和背景，甚至将他们自身也包括进图景中。意识到任何对象、任何行动都是无数力量的融合，他们竭力去捕捉整体，必要时甚至会牺牲聚焦的精确度而关注视觉的广度。"[1] 从文化意义的研究而言，只有将所研究对象放置到其存在的背景当中才真正有意义。因此，本书研究对象的时空范围限定在近十年的展演类西江苗服设计作品中，以2009年中华人民共和国成立60周年庆典的中央民族大学"爱我中华"游行方队的西江苗族服饰设计，民族博物馆"多彩中华"中国民族服饰展演中的西江苗族服饰为个案，同时为更清楚地探讨研究对象，本研究还从比较分析的视野，辅以同样是展演类民族服饰设计个案——西江千户苗寨中苗族歌舞表演的苗服，以及供游人拍纪念照的苗服，尽可能整体地把握展演类西江苗服设计作品的背景和前景，来展开讨论。

一、中华人民共和国成立60周年庆典展演中的西江苗服

2009年10月1日上午，在盛大阅兵式之后，北京天安门广场上举行了以"我与祖国共奋进"为主题，由"奋斗创业""改革开放""世纪跨越""科学发展""辉煌成就""锦绣中华""美好未来"七部分组成的群众游行。2009年庆祝新中国成立60周年的群众游行，由近20万群众和60辆彩车组成，而"爱我中华"是群众游行中第五节行进式文艺表演的一个方队，是由来自中央民族大学的900名师生表演的大型民族舞蹈。

在这次特别的展演中，900位演员身穿民族服饰以载歌载舞的方式，成为群众游行中的一个亮点（见图2-14）。接到这一政治任务的校团委书记马国伟介绍说："群众游行方阵中，大多数都是走过天安门的，唯有我们这个900人的'爱我中华'方阵，代表着全国56个民族，全是跳着、舞着、唱着、乐着通过天安门的。这套舞蹈融合了多民族的元素，比如有

图2-14 "爱我中华"游行方队中阿拉善地区蒙古族服饰（图左）与西江苗族服饰（图右）（中央民族大学，李美涛提供，2009年）

---

① 〔美〕詹姆斯·皮科克：《人类学透镜》，汪丽华译，北京：北京大学出版社，2011年版，第145页。

藏族、苗族、彝族等民族舞蹈中的动作。"①

如果依照服饰应用场合的不同类别②来看，"爱我中华"方队中的民族服饰属于应用在国家和政府组织的大型场合性活动这一类别。这类展演民族服饰通常是用在带有一定政治性的群众活动中，例如奥运会开闭幕式、国庆群众游行等，需要突出喜庆欢乐的气氛，在服饰上可以不像民族题材的舞剧、歌剧那样有极强的整体感，对服饰的细节要求也不太严格。因为此时的观众同演员有一定的距离，观众可以通过自己的"主观蒙太奇"来调节舞台的画面。

据笔者调查得知，"爱我中华"方阵中的民族服饰设计是由内蒙古呼和浩特明松影视剧服装制作中心完成的。对于设计者和制作者来说，这次的民族服饰设计及制作任务无疑也是一项国家和政府交给他们的政治任务。明松影视剧服装制作中心总经理刘景梅女士对笔者说："能为国庆亲手制作礼物，是我们一直以来的愿望。2004年我们为雅典奥运会闭幕式制作了56个民族的服饰，2008年北京奥运会我们为开闭幕式上国歌合唱团成员制作56个民族服装，今年又承担了部分国庆游行服装的制作任务。一方面是因为我们有为这种大型演出制作服装的经验，另一方面也是出于对我们的信任与认可。和其他的演出服装不同，一件民族服饰有可能要用到数十种面料，特别是'爱我中华'方阵的盛装，要考虑款式和色彩的搭配。在面料的采购方面，从北京、内蒙古到云南、福建，尽可能地为每一件服装找到最适合的材料。"③

若从设计的角度看，"爱我中华"方队中的民族服饰当属变化型④的

---

① 受访者：马国伟，男，1979年生人，曾任中央民族大学团委书记，现任中央民族大学校长办公室主任；访谈时间：2012年1月3日；访谈地点：中央民族大学团委书记办公室；访谈者：笔者。

② 依照展演类少数民族服饰应用场合的不同类别，可以分为地域性的少数民族原生态文艺活动、综艺性的晚会、国家和政府组织的大型活动、少数民族题材的影视剧等。

③ 受访者：刘景梅，女，1953年生人，呼和浩特明松影视服装设计中心总经理；访谈时间：2011年6月28日；访谈地点：中央民族大学6号楼；访谈者：笔者。刘景梅是呼和浩特明松影视服装设计中心创始人明松峰的妻子，设计师明宇的母亲。"明松"品牌命名源自公司的创始人——明松峰，以他名字的前两个字命名了这家私营公司。

④ 单纯从设计上分，可以将展演类少数民族服装分为变化型和创新型。变化型是设计师以原生态的少数民族传统服装为基型，运用现代的服装材料、色彩、空间、工艺等各种手段，对少数民族传统服装加以重塑和再造的少数民族服装设计作品。创新型则是在变化型的基础上，变化的程度有所加深，核心价值在于其原创性和创新性。

展演类民族服饰。设计师以原生态^①的民族传统服装为基型，运用现代的服装材料、色彩、空间、工艺等各种手段，对民族传统服装加以重塑和再造。刘景梅说："'爱我中华'方队的全部民族服装，以各民族传统服饰为基础框架，将传统服饰中的色彩加以提炼，并用现代面料和现代的制作工艺手法制作完成。"^②

在"爱我中华"方队中，苗族的服饰采用了西江苗服盛装的式样。至于为什么会选择这一支系的服装，笔者在内蒙古呼和浩特采访了明松影视剧服装制作中心的副总经理兼设计师明宇，他告诉笔者："西江苗族服饰被运用得特别多，他们服饰中的银饰特别华丽，这一支系的民族地位特别高，给人感觉富贵感比较强一点。蒙古族的我们多用鄂尔多斯的支系也是这个原因，头饰富贵感特别好。不用别的支系的款式，也有宣传的问题。人们的认识是来自电视啊、书籍啊的宣传。宣传靠记者、靠写书的人、靠那些探索的人，这些人的能力到什么程度，他们致力于或者最早探索到哪里，与这些因素都有关系。我们可以从历史的角度来了解，撰写历史的人怎么来写东西呢？他得亲身去体验吧。如果他只在城中容易体验的地方去体验，那就只能写出这点东西。包括在《中国少数民族服饰》这本书中，为啥把西江式苗族服饰放到前面呢？因为认识它的人比较多，就是这么简单的道理。为什么认识它的人最多呢？因为考察者可以不断地给它拍照嘛。我们蒙古族拍鄂尔多斯的东西拍得最多，从建国（中华人民共和国成立）初期的电影《鄂尔多斯风暴》^③啊，人们满脑子里都是内蒙古鄂尔多斯蒙古族的服饰形象，一想到蒙古族就会想到这个形象：男孩穿马甲，穿袍子；女孩戴个大头饰，抓着珠子。其实蒙古族巴尔虎的服装也很好看，布里亚特的服装也很有风格，但为啥不常见（用）？因为太远，我们当时的年代——民国后期到新中国成立，不允许去调研它，只允许在鄂尔多斯

---

① 人类学家翁乃群教授认为："近年来被主流媒体、文化掮客和官员等广泛使用的'原生态'标签则是基于'客位'视角，即以主流（强势）话语对非主流事物的评判。换言之，从非主流事物社会主体来看，他们所实践的事物是'被'贴上'原生态'标签，被归为'原始'的、'落后'的、'野蛮'的、'与世隔绝'的、'不变'的文化。"（翁乃群：《被"原生态"文化的人类学思考》，《原生态民族文化学刊》2010年第3期，第5～6页）而本书中的"原生态"，并不是"大众想象的非物质文化的代名词"，也不是掌握主流话语权、自认为具有文明地位的媒体和文化掮客对民族文化下的"原始""淳朴"等类似的定义，而是与本书中"传统"一词一样，用来描述少数民族日常生活语境下所穿用的服饰，以区别于"展演类民族服饰"而已。

② 受访者：刘景梅；访谈时间：2011年6月28日；访谈地点：中央民族大学6号楼；访谈者笔者。

③ 《鄂尔多斯风暴》是一部民族题材的老电影，1962年八一电影制片厂出品。该片由郝光导演，温锡莹、杨威、王晓棠主演，讲述了内蒙古革命的人民武装，在党的坚强领导下，驰骋草原，与封建王公贵族、军阀队伍展开不屈不挠的斗争的故事。1994年该片获得国家民委少数民族"腾龙奖"纪念奖。

考察，这个地方很方便，内蒙古地区，距离北京也近，人们收集素材也好掌握。现在经济条件好了，别说鄂尔多斯、布里亚特、巴尔虎，我们连三少民族也调（查）出来了，鄂温克、达斡尔、鄂伦春都有资料，就像今年鄂伦春建旗50周年嘛，人们也会去宣传它，因为现在条件有了，允许了。还有你要写藏族的时候，也有这种情况，最牛的是康巴汉子、香格里拉，为什么？因为宣传得多，对吧！其实像鄂尔多斯、香格里拉、西江这些地方，好就好在本身就有特点，值得人们去报道它，去关注、学习、宣传它。它要是没有特点，也就没有多少人去搞它。像一些小的民族，越是跟汉族融合的少数民族，就越不容易去挖掘它的东西，没法儿去挖掘。"①

在探讨"爱我中华"方队中西江苗服设计模式时，明宇并不忌讳地告诉笔者说："是照搬做的，照着图片，一点一点地看。书上的都是实物图片，照着图片来做。"②关于这种设计模式，笔者访问过一些这方面的专家，他们中的许多人是高校里研究少数民族服饰和从事服装设计教学的人员。这其中也有一些批评的声音，例如有学者认为"国庆游行中西江苗服的选择，是根据主办方找到的专家选择后提供的图片来复制设计的，且工厂在呼（和浩特）市，材料不可能找得全，比如苗族、哈尼族等他们的材料和装饰只有在地方才能找得到"。也有搞时装设计的学者表示："这类服装与原生态的民族服饰差异不大，设计起来没有意思。"尽管是这样，但由于设计师的参与，呈现在观者面前的"爱我中华"群众游行方队的民族服饰，不再是对现实服饰生活的原本再现，而多少会潜藏着设计者的观察角度及意识形态观念，并预设着一个理想的消费群体。

二、中国民族博物馆对外演出中的西江苗服

在笔者采访中央民族大学博物馆副馆长刘军教授时，他告诉笔者："中国民族博物馆'多彩中华'的民族服饰表演实际上是从中央民族大学民族博物馆开始的。在1992～1993年，身为副馆长的韦荣慧开始做民族服饰的表演。她是雷山的苗族人，是一个思维很活跃的女性。当时是定做或买一些民族服装，在校内各个院系选拔身材好的学生做模特，从校内开

① 受访者：明宇，男，1975年生人，蒙古族，呼和浩特明松影视服装设计中心副总经理兼设计师；访谈时间：2011年7月26日；访谈地点：呼和浩特明松影视服装设计中心；访谈者：笔者。明宇是呼和浩特明松影视服装设计中心创始人明松峰的大儿子，毕业于内蒙古工学院服装设计专业，目前在公司主要负责设计及业务外联方面的工作。
② 受访者：明宇；访谈时间：2011年7月26日；访谈地点：呼和浩特明松影视服装设计中心；访谈者：笔者。

始表演。1995年妇女大会时曾经组织过多场演出。"①在谈到"多彩中华"服饰表演是如何声名鹊起时，刘教授说："真正打响是在1998年她调到中国民博后，赶上中法文化年，当时的韦荣慧受到中国民博（中国民族博物馆）馆长的赏识，专门拨款给她400万经费来组织表演。当时想参加她组织的表演的模特是要交费的，交8000到10000。就这一个项目，她就有了很多积累，做了很多民族服装。这些服装当中，有些是请设计师重新设计过的，有些是（从民族地区）定做现成的。因为当时民博没有馆舍，文物征集都做不了。她正好另辟蹊径，组织民族服饰表演，就一下子打响了，所以就成了品牌。后来她又组织了很多由国家民委、国经办、文化部等处支持的民族服饰表演，在中央民族大学开办了民族服饰表演模特班。"②

刘教授所说的让韦荣慧一炮打响并且成为品牌的，就是"多彩中华"中国民族服饰展演。2003年10月14日这天晚上，在不到一小时的演出中，在60多次掌声中，"多彩中华"中国民族服饰展演在法国卢浮宫获得了成功。

韦荣慧说："14号这天晚上，无论是对个人还是国家，尤其是对国家来说，我觉得这是个里程碑，中国第一次56个民族的服装到法国去亮相、展示，我想可能会留下非常美好的记忆。"

"多彩中华"的顾问谭安说："法国人不仅对这台节目伸出大拇指来，而且看到'多彩中华'的标志时，评价说很现代，包括这个（logo）都印在袋子上，舞台的设计上也都有'多彩中华'标志的统一设计。就是我感觉到法国朋友他们不完全是大而化之的标准，他们是从一个整体来看你。如果是纯理解方面的这些就是鼓鼓掌、挺好、再见这样。他们就是从一些很细节的地方来看你的文化水准，这样他们把我们'多彩中华'的标志和整个这台节目连起来看，就说他们的细致让我感觉到，就是从细节上来感受中华服饰文化，从细节上来找认同。这个工作的意义是非常深远的，是非常重大的。如果说能够以此为契机，如果能够连续做下去，一个国家一个国家地，一个地区一个地区地，通过一定的形式，来展示我们民族服饰文化的形象，我想这个意义远远地超越了展示本身。"

"多彩中华"组委会主任郝文明在接受采访的时候也谈道："通过这次到国外的少数民族服饰展演，也看到了中华民族文化的底蕴是很深的，而且有好多的优秀文化传统还有待于挖掘出来，推广出去。那么这样的话，

---

① 受访者：刘军，男，1965年生人，蒙古族，曾任中央民族大学民族博物馆副馆长，现任北京雍和宫管委会副主任；访谈时间：2011年6月30日；访谈地点：中协宾馆；访谈者：笔者。

② 受访者：刘军；访谈时间：2011年6月30日；访谈地点：中协宾馆；访谈者：笔者。

对全国我们56个民族来说，要重视自己优秀的文化传统。因为你自己的，你不觉得很特殊，但实际上民族的就是国际的，就是世界的。"

时至今日，中国民族博物馆的"多彩中华"作为民族文化对外交流的大型平台，已经成为一个品牌，一个对外文化交流的品牌项目。在近年来"长流水、不断线"的对外访问演出中，"多彩中华"的主题选择、内容创意、产品形式等方面，做到兼顾本土化与国际化，其演出内容和形式不断进行创新，运用现代技术和理念进行包装，更具国际范。例如，2011年11月7日～20日，"多彩中华"中国民族服饰展演团再次访美，推动中美文化间的交流，展演的主题是"中国少数民族节日文化"。展演不仅包括动态的中国少数民族节日服装的舞台展示，还有介绍中国56个民族各自的节日文化特点的静态展览。在演员的组成上，涵盖了四川、贵州、新疆、内蒙古等地的15个民族，其中既有中央民族大学舞蹈学院等文艺院团的专业演员，也有保持着原生态唱腔，来自贵州、四川、内蒙古的农民演员。侗族大歌、萨满祭祀、朝鲜族长鼓舞、满族摔跤、蒙古族长调等一批被列入国家级非物质文化遗产名录的项目，在舞台上以原汁原味的面貌精彩亮相，向美国民众展示中国源远流长的少数民族文化。"走进家庭"是此次"多彩中华"赴美展演交流的重要组成部分。"多彩中华"的48名演职人员被安排进入不同的美国家庭，与美国人同吃同住，共度5天。这种"零距离"的接触，有利于彼此进行深入的文化交流和情感交流，帮助美国人了解真实的中国国情和当今中国少数民族的发展现状，也有利于中国少数民族同胞对外展示健康、自信、向上的良好形象，从而推动中美两国人民的友谊更进一步。2014年"多彩中华"走进澳大利亚、新西兰，2015年再次走进美国，2016年再次走进新加坡，2017年再次走进新西兰，2018年带着唐卡、羌绣、口弦琴等富有中国西南少数民族特色的展品走进柬埔寨……近20年来，"多彩中华"足迹遍布全球近20个国家和地区，向世界观众展示中国少数民族文化的魅力，向世界分享中国民族文化，促进中外文化交流。

在2003年10月14日轰动法国卢浮宫的"多彩中华"中国民族服饰展演中，苗族的服饰为西江苗服盛装、短裙苗服盛装以及台江的苗服盛装。在整台演出中既有设计师设计过的展演类民族服饰，也有原生态的民族服饰。而其中西江苗服则为在贵州采集定制上来的原生态西江苗族妇女服饰。在这种展演中的民族服饰到底是用原生态的服装好，还是用现代一点的好，这是个有争议的问题。

在接受《中华民族》电视栏目的采访时，"多彩中华"艺术总监韦荣慧对这一问题做出了回应："到底怎么做？到底是拿原汁原味的东西呢，还是拿设计师创作过的东西？这个又是一个矛盾。如果说，我们都拿原汁原味的东西，感觉就像博物馆，人家在舞台上看到的跟博物馆里面静态展出的差不多，是相雷同的。所以，这个是一个矛盾。如果全是设计师创作的服装，那就成了舞台化的服装，我觉得人家法国人他也不稀罕，人家舞台的东西比你做得好。然后我们对色彩的把握，包括亮片啊、珠子啊，你可以做得花里胡哨，做得非常花哨，但是细看下来，没有什么东西可看，不值得推敲。所以最后方案决定下来就是，首先以原汁原味的为主，但是因为在舞台上表演，总得还有视觉方面的问题，比如色彩的把握、灯光的把握等等。"

而笔者针对这个问题也询问了韦荣慧，她说："（20）03年去巴黎的时候，我们除了展示原生态的服饰外，还有一个民族时尚板块，里面有藏族的、苗族的、蓝印花布等一些民族元素的时装设计，这个时尚板块的选择不是因为是哪个民族的问题。以西江苗族原生态的服饰作为开场，也是出于我自己（家乡）的一个情结。而且，苗族的传统服饰的市场是特别好的，我指的市场是收藏界的市场。因为它的工艺、色彩、图案，综合起来，特别好。进巴黎，那个时候甚至是现在，我认为我们的民族时尚设计品牌有些不足，所以我考虑先用传统文化去展示。苗族服饰的文化内涵、工艺、色彩、图案、款式这几个元素，综合起来比较好。比如朝鲜族的服饰，色彩非常漂亮，但是工艺就比较单一，藏族配饰很漂亮，但图案就不像苗族这么丰富。这些因素综合起来，我觉得苗族开头是没有问题的。后来皮尔·卡丹看过演出后说，原以为中国没有高级时装，但其实中国不仅有，而且历史悠久。"[1]在韦荣慧看来，最能打动国际时尚人士的东西是中国的传统民族服饰及文化，所以在"多彩中华"的演出中，她重用了包括西江在内的苗族原生态服饰。她对其民族服饰情有独钟的个人情结，也是考虑到苗族服饰本身所具有的特色和实力。而她所在支系的"百鸟衣"没能在卢浮宫露面，也是因为她要顾全演出整体效果的大局。就这个问题，刘军教授也有他自己的想法："（展演民族服饰）它的民族元素把握到一个什么程度？比如说面料，如果用传统的，它的颜色就是个问题，黑色、深蓝色的传统土布在舞台上表演的效果不是很好，因为它的质地没有光泽，不反光，比较暗，黑乎乎的，氛围就起不来。"在访谈中，刘教授更

---

[1] 受访者：韦荣慧，女，1965年生人，中国民族博物馆馆长；访谈时间：2012年10月22日；访谈地点：中国民族博物馆；访谈者：笔者。

多地谈到了关于民族服饰材料的问题："有些传统的东西穿在身上也不舒服，比如掉色问题。穿着衬衣、衬裙都会被染色，而且还没法洗，这都是麻烦事。但是，你说要是用太过于现代的化纤面料，虽然它们好洗、颜色也鲜亮，可是民族底蕴的东西往往就体现不出来了。所以就是怎样结合，是一个需要衡量的问题。如果仅仅是在舞台上表演，走完了就走完了，也无所谓，但是有时国外人士对服装感兴趣，会仔细研究，这样就不行了，在舞台上表演行，拿下来看就不行了。"而笔者问究竟该用怎样的作品来展演时，刘教授说："我个人觉得要把它结合好。可以把民族的一些图案啊，面料啊，这些最能体现该民族服饰特点的东西保留，如果要是都没有了，就不对了。"[1]可以说，"观者与表征的关系一方面表现为一种权力支配关系，另一方面也表现为一种文化认同关系"[2]。"多彩中华"是国家一项向世界展示中华文化的交流活动，展演的西江服饰是在当地收集上来的原生态服饰，华贵的西江服饰被作为苗族服饰的代表之一表征着地方文化，展演策划者通过服饰表演的编排来促进观者对地方民族服饰及其文化的主动观看及在进行表征观看中对文化身份的认同。

三、西江千户苗寨的展演苗服

西江千户苗寨的居民在民族旅游开发的社会大背景下，自觉不自觉地成为旅游中的重要元素，他们自身及其文化成了外部世界观赏的对象。正如人类学家马林诺夫斯基（Bronislaw Kaspar Malinowski，另译称马凌诺斯基）所言："人类用文化的手段满足他们的基本需要。"[3]在当地政府的积极引导下，当地民众作为旅游活动的东道主，逐渐成为旅游展演的主体。外来的游客对当地的参观开阔了当地民众的视野，并带来了一定的经济效益，同时也在促使当地民众进一步改善自身的旅游接待方式。为了更好地得到游客的认同，他们把流传下来的文化元素，以各种各样的方式展示给游客。

到西江千户苗寨，看苗族歌舞表演是必不可少的游览内容。西江拥有一支吸引了无数中外来客，令人流连忘返的专业歌舞表演团队[4]。这支表演团队的演出是西江旅游的亮点之一。这支演出团队有60多名苗族演员，

---

① 受访者：刘军；访谈时间：2011年6月30日；访谈地点：中协宾馆；访谈者：笔者。
② 曾军：《视觉文化与观看的政治学》，《文艺理论研究》2007年第1期，第45页。
③ 〔英〕马凌诺斯基：《文化论》，费孝通译，北京：华夏出版社，2002年版，第49页。
④ 笔者在对西江千户苗寨歌舞表演负责人鄢洪的访谈中得知，这支表演团队经历了雷山西江苗族歌舞团、黔东南州民族歌舞团、西江苗寨艺术团三次人员及名称的变更，后更名为西江苗寨艺术团。

通常每天早上10：30～11：30，下午4：00～5：00，他们会在西江老北门表演盛大的拦门迎宾酒活动。12道拦门酒约有50位老年妇女身穿盛装，脚穿白袜绿鞋，24位中年妇女穿盛装，配白袜玫红色鞋，显得颇为整齐。上午11：30和下午5：00①会在苗寨的铜鼓表演场里为游客进行苗族风情表演。演出的节目内容丰富，有民族歌舞（见图2-15），如祝福歌、祝酒歌、情歌、飞歌、踩鼓舞、锦鸡舞、芦笙舞等，也有民族器乐，如芦笙吹奏、木叶演奏等。整场演出历时约40分钟，以美妙的歌声和多姿的舞蹈，向往来的游客展示着当地的民俗文化。

2015年西江千户苗寨文化旅游发展有限公司将节目重新编排后，每天白天演出为免费的，于3月8日起取消了下午5：00的原生态民族歌舞表演，晚上8：30～10：00正式增加了收费演出——大型苗族风情晚会《美丽西江》。表演场于2017年由原露天场地升级为有灯光、电子屏等的现代化演出舞台，观众席也由原来的木制条凳升级为可分区域，并有遮阳棚的席位。演出内容也是迎合观众需求的商业演出，展现了苗族诞生、迁徙、定居和生活的过程，全剧分为四场：枫木化蝶、迁徙、西江风情、苗乡锦绣（见图2-16）。"（晚上的）演出还是原来的团队在做，越搞越提升了，好多老演员年纪大了，已经退出了，请了新演员，今年有河南的学生也到这里来。一波一波地过去，留下的呢只有一些有特长的，演艺好一点的。女儿玲艳和女婿还在歌舞团，女婿当编导当老师，玲艳专门负责那个演员的一些服装啊这些，到外面定做一些服装。"②为配合灯效舞美的升级商演，演员也进行了"升级"，由原本为西江当地苗族民众的演员，"升级"为各地专业院校毕业的舞蹈演员。

而演出人员所穿着的西江苗服，有的是为演出而设计的西江苗服，也有的是原生态的当地服饰。令人动容的演出节目是寨子里40多位苗族前辈的原生态合唱。在这些白发苍苍、须髯飘飘的寨老当中，年龄最小的也超过60岁，长者有八九十高龄。他们的唱词是苗家方言，悠长浑厚的声音是未经修饰的原生态声调，就连他们身上的服饰也是自己缝制的西江传统苗服。这个节目是在整场商演中比较脱俗的，除了歌声动人以外，给人以深刻印象的当属他们的服饰（见图2-17）。而其他的节目都是比较年轻的演员，他们的服饰则为展演类西江苗服。笔者在调查中得知，青年演员

---

① 为丰富西江景区夜间文化生活，增添景区夜间亮点，西江管理部门自2011年3月1日起，将景区原定为每日上午11：30～12：10，下午5：00～5：40的定时表演调整为每日上午11：30～12：10，夜间7：30～8：30。

② 受访者：龙绍先；访谈时间：2018年4月27日；访谈地点：再建中的白水河人家；访谈者：笔者。

图2-15　西江千户苗寨歌舞表演（西江千户苗寨，2011年，彩图见文前插页）

图2-16　西江千户苗寨歌舞表演《美丽西江》（西江千户苗寨，2017年，彩图见文前插页）

图2-17　西江千户苗寨歌舞表演中寨老的服装（西江千户苗寨，2011年，彩图见文前插页）

是隶属西江艺术团的，所以他们的服装是由团里提供的演出服，而寨老们是由景区来管理的，类似于早些年农民赚取工分一样，需要每天签到，所以他们是穿自己的衣服来表演的。

　　在提到广场上每天两次的苗族歌舞表演中的苗服时，唐守成说："那些寨老的服饰都是他们自己制作、绣制的，他们自己有很多件，选出一件不大好的来穿，下雨、大太阳时可以打伞。他们不喜欢穿现代机绣的衣服，机绣的要买还要增加经济负担，每天工资十几块钱，而且也不经常表演。而年轻人每天表演两次，都穿机绣的表演服，因为演出频繁，穿传统服饰怕雨、怕太阳晒。"[1]当笔者询问参加演出的老者时，她们微笑着说："年轻人的衣服好看。"唐守成在谈到年轻人穿的展演短裙苗服时说："表演的苗服做得比较短，真正的短裙苗服也没有那么短，是被时装化了的。这些表演苗服短短的、露腰的，可以吸引外面的客人，同时也是一种美。"笔者问他这些表演中的苗服是否受到汉族的影响时，他这样回答："这是受到社会进步、开放的影响，她们平时在家里面是不会穿得短短的，会不好意思，也不方便，只是在表演场合穿。"在他的潜意识里，苗族作为一个强大的族群，具有较强的独立意识。

　　就西江当地的苗族歌舞展演中的服饰，笔者也采访了西江当地的苗民穆春。

_____

① 受访者：唐守成；访谈时间：2011年4月15日；访谈地点：唐守成家；访谈者：笔者。

笔者：广场那边每天都有两次歌舞等民俗表演，姑娘们穿的盛装好像既不同于传统服装也不同于提供给游客拍照的苗服，那她们的衣服从何而来呢？是演出公司提供呢还是她们自己做？是当地苗族人自己设计的吗？您是否认同她们的衣服？您觉得她们为什么要这样穿？

穆：广场那边姑娘们穿的盛装是她们团里的老师自己根据苗族传统服饰改的，是公司提供的，老师是外地来的。我不太认同她们的衣服，她们是西江的形象和脸面，这样的穿着容易使游客错误地认为这是我们的传统服饰，而真正的传统服饰远远比这些好。她们这样穿可能是舞蹈的需要。传统的服饰确实有点笨重，不易活动。[1]

快餐店"南粉北面"的老板娘李桂芳是西江本地人，嫁到外面后，四五年前回来与家人合伙做生意，做银饰、做餐饮、做酒吧。她说："（苗服）我们只穿蓝色、黑色，其他颜色的不穿，你们拍照的那些花花绿绿的衣服都是假的。真正的苗家衣服、银饰好看，不一样，她们拍照的都是亮片的、假的。晚上演出的那些都是商演，里面老板承包的，演员以我们当地人为主，有几个漂亮的专业的是湖南的。"[2]

对于以穆春为代表的当地普通苗族民众来说，自己漂亮的民族服饰是作为一种地域性文化的展示，那些在舞台上展演的西江苗族服饰与她们节日当中的盛装有着颇多不同。盛装中表述着制作者个人、民族的心路历程，有着重要含义的刺绣及华贵的银饰，在舞台的展示中被展演服饰遮蔽了，展演的服饰只是表面上华贵，而非货真价实。除了在这支专业的演出队伍中，演员们会身穿展演类西江苗服外，在当地的一些重大活动中，也会有此类服饰的出现。如图2-18、2-19，是2011年贵州省雷山县西江千户苗寨千名苗族同胞唱苗歌献给党的活动照片。图中记录了百余名苗族群众背靠西江千户苗寨依山而建的吊脚楼，在神圣的鼓前放声高歌的场面。站在高台上表演的合唱伴唱演员，身穿的就是当地苗族的传统便装式样，尽管女演员们胸兜前的刺绣图案、脖颈上佩戴的项圈和脚上穿的鞋子在细节上各有不同，但是她们的服饰装饰色彩，包括头上的花饰色彩，都统一在玫红色的色调中，在黑色上衣和裤子的背景下显得尤为醒目，很显然这

---

① 受访者：穆春；访谈时间：2011年4月16日；访谈地点：西江千户苗寨"木春绣纺"；访谈者：笔者。
② 受访者：李桂芳；访谈时间：2018年4月28日；访谈地点：西江千户苗寨"南粉北面"；访谈者：笔者。

图2-18 贵州省雷山县西江千户苗寨千名苗族同胞唱苗歌献给党的活动照片一（西江千户苗寨，穆春提供，2011年，彩图见文前插页）

图2-19 贵州省雷山县西江千户苗寨千名苗族同胞唱苗歌献给党的活动照片二（西江千户苗寨，穆春提供，2011年）

是经过精心编排的结果。这种现象在舞台演出中是颇为常见的，就连小学生的文艺汇演或是广播体操比赛，对于服饰的要求也都有着相对统一的标准。而站在前面的女领唱的服饰则为展演类西江苗服，她上身穿黑色七分袖收腰上衣，下身穿玫红色百褶长裙，裙摆处镶有一条条的彩色花带作为装饰。单纯看衣服，它属于时装化的苗族服装设计作品，而头上和项上佩戴的银头饰则是当地传统式样。可见在遇到一些重大活动，尤其是政府官方主办的活动时，西江苗族女性是要穿民族便装或盛装的，不过多半是被要求穿的。如果是遇到需要对外演出的场合，还会对服装有着更加具体的要求。

在地方仪式中穿用的传统服饰勾连着民族的历史、祖先的迁徙故事等文化内涵，而在舞台上展演的则是穿给游客观看的，一个是向内展示，一个是向外展示。具有民族支系内部区分以及象征地位、等级、财富等符号功能的传统服饰是向内展示的。而展演的服饰是专门设计制作用来向外展示的，供外面游客观看的，是民族即苗族的象征，是一种民族文化符号的生产。对于参加演出的当地苗族民众来说，展演的苗族服饰是她们身份扮演的"道具"，也是她们在被观看中被认同的资本。

"我用'认同'意指一种交汇点、一种缝合点，它的一边是尝试进行质询的话语与实践，对我们进入一种特殊话语的社会主体位置进行责备或者欢呼；它的另一边是主体性生产的过程，使我们成为可被'言说'的主体。"[1]在访谈中穿着原生态民族服饰的老者对年轻人穿着的展演服饰的认同，实则也是对处于主体位置的外来文化的认同，地方性的、文化性的、族群性的审美观被设计师的所谓的艺术审美观吸引。不可否认的是，"作为一种全球性的经验，旅游已经等同于过去的宗教虔诚，作为一种全球性的后果，也等同于殖民主义"[2]。也许对于到西江旅游的人来说，从四面八方遥远的地方来感受异域、异族的风情是他们的初衷，然而到达目的地后会发现，那里已经被改造得与自己的家乡没有太大差别，这其中也包括民族展演服饰。

---

① Stuart Hall: "The Question of Cultural Identity", Tony McGrew, Stuart Hall & David Held (eds.): *Modernity and Its Futures*, Cambridge: Polity Press in Association with the Open University, 1996, pp. 273-316.

② 〔英〕奈杰尔·拉波特、〔英〕乔安娜·奥弗林：《社会文化人类学的关键概念》，鲍雯妍、张亚辉译，北京：华夏出版社，2009年版，第340页。

第三章 意义体系与元素：
设计师对意义和象征的理解与创新

如果将苗族文化看作庞大且复杂的意义体系，那么服饰文化只是其中的一个子系统。苗族传统服饰作为具有表征性的艺术，以建立视觉交流体系中所内含的意义，勾勒出苗族传统文化。笔者在这一章中通过关注主要体现在其传统盛装图案之中的苗族服饰意义系统，探讨展演类西江苗服设计师如何以设计作品来传达这些意义，以及如何理解其所内含的象征意义并加以创新应用。笔者试图依据这些新的结构形式（设计作品）来分析不同社会文化意义体系的差异，从而认识意义转换的原因。

第一节 意义系统：
作为意义体系的传统西江苗服图案

在任何地方，民族服饰对于民族的身份，都是最为重要的，对于西江千户苗寨的苗族来说，亦是如此。路易莎认为："苗族还有其他许多特色作为他们的标记，可以归类如下：他们自己的语言、传说和故事，自己的习惯法，各种仪式独有的特征，他们崇拜祖先、树、石、桥、山等等。但这些特色中没有一个具有（像服饰一样）在公开场合能够象征他们的影响力……"①

对于没有通用的自己民族文字的西江苗族人来说，民族盛装不仅具有护体和装饰功能，还是将民族历史与信仰的抽象象征符号直观呈现给民族成员的载体，并世代承袭，从而成为独特的教育文本。借用英国著名艺术理论家贡布里希（Ernst H. Gombrich）的话："所有的纹样原先设想出来都是作为象征符号的——尽管它们的意义在历史发展的过程中已

---

① Louisa Schein: *Minority Rules: The Miao and the Feminine in China's Cultural Politics*, Durham& London: Duke University Press, 2000, p.65.

经消失。"①西江式苗族服饰图案的象征功能已超出审美范畴。苗族民众将服饰图案作为一种象征，作为体现文化精神或社会需要的种种人文观念的载体。有时创作者完全是为了借助服饰图案来达到某种象征、指意的目的。而在传统西江苗服的意义系统之中，这些"有意味"的服饰图案恰恰成为展演类西江苗服设计中的结构性制约因素。

一、"有意味的形式"：西江传统苗服盛装图案中的意义体系

（一）传统盛装图案的符号性

如若从符号学的视角来分析西江苗族传统盛装中的图案，其造型、色彩、材质等外在的物态形式可视为符号中的"能指"，在这些物态形式中所蕴含的丰富民族文化内涵即图案的意义本身即"所指"。图案物质属性的"能指"与意义层面的"所指"之间的意指过程，既是规则建立的过程，同时也成为符号意义的建构过程。②如同杨鹍国所讲："苗族服饰，作为一种存在于其文化传统和生活模式中的重要构成部分，是其历史来源与文化因子在传递、衍化过程中绽开的物质和精神花朵。同时，作为一种强有力的文化传统，苗族服饰是通过本身的系统将象征符号与意义结合起来并使意义符号化的。"③西江苗族盛装服饰上的图案作为一种非语言符号，穿越时空，传递着时代、民族传统、文化背景等各种信息，同时也是西江苗家女人的身份、情趣、品味、性情等方面的表征，如同邓启耀所言："服饰，遮得住人体，遮不住人心，遮不住那深处的灵与欲的世界——那是一方幻化着千古之梦的秘密之境；衣装下遮藏着的民族传统文化心理的'秘境'，也正通过象征性'秘语'悄悄透露出来。"④西江苗家人将服饰图案文化变成界定自身存在的符号，以服饰图案外显的物态形式，反映隐藏在其中的社会文化和精神思想，因而其盛装中指征图腾崇拜、祖先崇拜、生殖崇拜、族群历史、神话传说的服饰图案，可作为一种文化符号来理解。

在西江苗女传统盛装中，图案是按照一定的普遍语法来制造和使用的，它标示着西江苗族特有的文化范畴和这些范畴之间复杂的关系模式。然而，西江苗服盛装当中图案符号的构建与使用，有其特定的社会、历

---

① 〔英〕贡布里希：《秩序论》，杨思梁译，杭州：浙江摄影出版社，1987年版，第376页。
② 陈雪英：《苗族服饰符号的教育价值诠释——基于西江的教育人类学考察》，《贵州民族研究》2010年第10期，第59页。
③ 杨鹍国：《苗族服饰：符号与象征》，贵阳：贵州人民出版社，1997年版，第11页。
④ 邓启耀：《衣装秘语——中国民族服饰文化象征》，成都：四川人民出版社，2005年版，第2页。

史原因。美国人类学家克利福德•吉尔兹（Clifford Geertz）从符号象征的角度来分析艺术，将艺术看作文化系统。在他看来，对地方性文化知识的深入理解和描绘，是以这种手段阐释艺术展演的符号意义的途径。"为了能动地研究艺术，符号学必须超越仅把符号认为是交际、待解的符码的观念，而应把它们作为思想的范式，当作文化语言的代码来阐释。"①因此，对西江苗家人将自己的思想、观念和情感等意识形态转化为线条、色彩、构图等形式的符号加以条分缕析及分层讨论，要以重视特定化、情境化、具体化的描写和观察方式为前提，并按照当地人共同的解码规则，解读和还原其文化符号系统的意义。因为，西江苗服图案符号只有置于特定的系统中才能产生具体的意义，即便是同一个符号因所处"场"的不同，其意义也不尽相同。

（二）同主题不同符号形式

"对于许多没有文字的民族来说，服饰是一种无字的天书，象形的史记，随身携带的百科全书。荒古的神话、始祖的业绩、家族的宗谱、民族的历史、习俗、宗教信仰及道德规范，都在衣装上一针一线'写'得清清楚楚。"②而"恒常趋同的民间美术主题以求生、趋利、避害三种功利趋向，显示了老百姓用文化方式表达自然需要的一般状况"③。在这些主题下的西江式苗族盛装中的图案，其象征的内容范畴十分广泛，包括祖先、历史、氏族标识……每一个图案都具有一定的象征意义，或可称其为象征符号，然而相同主题往往有着不同的符号形式。以西江苗族服饰图案中所反映出来的神话故事为例，许多图案成为西江苗族民间信仰的共同"遗产"，成为民族信仰这一象征主题的不同符号形式。

"神话底功能乃在将传统溯到荒古发源事件更高、更美、更超自然的实体而使它更有力量，更有价值，更有声望。所以神话是一切文化底必要成分之一。"④神话传说不但影响人们的信仰、习俗，影响绘画、建筑、音乐、诗歌等艺术，而且也折射到服饰世界中。神话传说是民族文化及社会心理的一种象征化的投射。通过人们的不断重复的服饰"神话实践"（mythopraxis），神与人的关系得到强化，神话的意义也得以呈现。苗族的民间神话传说故事为其服饰图案创作提供了取之不尽的素材，人们以此为

① 〔美〕吉尔兹：《地方性知识：阐释人类学论文集》，王海龙、张家瑄译，北京：中央编译出版社，2000年版，第156页。
② 邓启耀：《衣装秘语——中国民族服饰文化象征》，成都：四川人民出版社，2005年版，第5页。
③ 吕品田：《中国民间美术观念》，长沙：湖南美术出版社，2007年版，第4页。
④ 〔英〕马林诺夫斯基：《巫术科学宗教与神话》，李安宅译，北京：中国民间文艺出版社，1986年版，第127页。

底本以待未来可以梦想成真。"这些随身穿戴的'神话'，经过千百年的神秘传承，渗透了民族集体意识的'原始心象'，同时也凝固化、形式化在民族传统文化—心理约定俗成的服饰形制、图案和色彩中，成为一方美丽的'密码'，一件象征的艺术作品。"①

《"吃牯脏"由来》讲述了这样一个传说故事：相传西江苗族先祖辗转迁徙来到西江地界，当他们在西江原始森林休息时，发现从山下回来的猎狗身上粘着几粒谷子，先民们认为是吉兆，就暂居下来开荒种植，当年秋天果然丰收，他们把谷子储存在铜鼓里，一年装一铜鼓，连续十年，年年大丰收，最后决定永居此地，并举行吹芦笙，跳铜鼓，杀牛祭祖的庆典活动。这一习俗沿袭至今，每隔十二年的虎年，西江苗族人民都要以"吃牯脏"进行祭祀活动，怀念祖先、尊老爱幼、和睦相处、勤劳俭朴、富裕安康等是祭祀活动祷告的主题。②鼓藏头唐守成告诉笔者："铜鼓是苗族的神圣东西，收藏在山洞或地下，具有凝聚力，是权力的象征，打仗的时候会击鼓出征。以前放在家里不安全，现在为满足游人的需要对外展示了。摆在我家里的小鼓也是后来添置的，可以祭拜，留下烧香纸钱。苗族相信世间有鬼神，人百年后能进入另外的世界里面去，铜鼓里有祖宗的灵魂。在鼓藏节时，男女老少围成一圈，就是铜鼓的形状。在鼓藏节时，人们穿着盛装，期望能够进入到另外的世界里面，也就是铜鼓，那里是没有忧愁没有烦恼的地方。特别是七八十岁的老人，他们有种精神上的寄托，穿着盛装来参加这样的活动是想在百年后灵魂进入到这个世界里面，即苗族所说的天堂，不像汉族人的天上仙境啊什么的。"③而这样一个富有深刻文化内涵的祭祀活动，如今当地苗族人中却没有几个能说清楚，笔者在西江访谈的时候，村支书和开农家乐的苗民给了笔者相似的答案："这些老人家知道，我也说不清楚。"

不可否认，民族宗教信仰作为一种古老的文化体系，体现了人、自然和文化的关系。"在原始时代，苗族先民相信人同某种动物或植物之间保持着一种特殊关系，甚至认为自己的氏族部落起源于某种动植物，因而把它视为氏族部落的象征和神物加以崇拜，即所谓的'图腾'崇拜。这也是发源于'万物有灵'观念的一种原始宗教信仰。"④在西江千户苗寨，苗族歌谣《枫木歌》《妹榜妹留》《十二个蛋》都是传唱苗族祖先"蝴蝶妈妈"

① 邓启耀：《衣装秘语——中国民族服饰文化象征》，成都：四川人民出版社，2005年版，第3页。
② 黔东南州民族研究所、雷山县民族宗教事务局：《西江苗族志》，自印本，1998年版，第78～80页。
③ 受访者：唐守成；访谈时间：2011年4月16日；访谈地点：唐守成家；访谈者：笔者。
④ 伍新福：《苗族文化史》，成都：四川民族出版社，2000年版，第514页。

创造生命的神话史歌。《枫木歌》唱道："沃土养树脚，雨水养树梢，润育枫树神。还有枫树干，还有枫树心，树干生妹榜，树心生妹留。"在苗族神话中，妹榜妹留①（蝴蝶妈妈）被看作人、兽、神的共同母亲。传说枫香树干上生出妹榜妹留，妹榜妹留与风神相爱生下十二个蛋，请姬宇鸟孵出了龙、水牛和人类始祖——姜央。就这样，在苗族人心中，蝴蝶、龙、水牛、鸟不仅象征着自然，也象征着苗族先祖。西江苗族女子将这些神话传说中的蝴蝶、龙、水牛、鸟等具有象征意义的符号，用刺绣图案的方式绣在服饰中，并在重要的场合下穿戴在身上，以表示对先祖的景仰。

苗族古歌《开天辟地歌》中的"运金运银"章节，主要叙述了云、星、雷电、金、银、龙、鱼、虾、螃蟹、麻雀、树木、花草等自然物帮助其先民打败敌人、完成大业的故事。表现在西江苗族传统盛装图案中的每种动物、植物纹样都蕴藏着优美动人的传说故事，其产生和天地的开辟、神灵等一样古老和神秘。例如，西江苗族自称"嘎闹"，就是飞鸟的意思，这种自称"与古代东夷部落之一崇拜鸟图腾的少昊氏族有关系"②，因此在他们的服饰中，鸟是常见的图案之一。又如，在苗族传统服饰中，蝴蝶纹是出镜率最高的图案之一，被广泛地应用在各个部位。因为黔东南苗族视蝴蝶为其始祖，为生命之源，尊称其为"蝴蝶妈妈"，苗语为"妹榜妹留"。在苗族古传说中记录了"蝴蝶妈妈"生下十二个蛋，十二个蛋又孵化出远祖姜央，这个传说世代流传，如今在西江苗族"鼓社祭"的仪式当中，还保留着唱咏苗族女性始祖"蝴蝶妈妈"繁衍生命的环节，将这种固化的民族认知继承了下来。掌管当地风俗的唐守成告诉笔者："盛装上还绣有庙宇、龙、凤等图案，这也是源于苗族的古老传说，讲的是苗族人是蝴蝶（妈妈）生出来的蛋。"③

闻一多先生曾言："根据'同类产生同类'的原则，与自身同型的始祖观念产生了，便按自己的模样来拟想始祖，自己的模样既是半人半兽，当然始祖也是半人半兽了。这样由全兽型的图腾蜕变为半人半兽型的始祖，可称为'兽的拟人化'。"④在西江苗民看来，蝴蝶是他们的集体信仰和神话文化的实体，女子盛装中的银质"马头帽"、盛装银衣、飘带裙上频繁出现的蝴蝶图案，既揭示了西江苗民与蝴蝶的特殊亲缘关系，也反映

---

① "妹榜妹留"（Mais Bangx Mais Lief）是苗族创世神话中人、神、兽的女性始祖，近年有学者对将"妹榜妹留"译为"蝴蝶妈妈"提出质疑，并认为应译为"花母蝶母"等，但无论学术界还是民间，"蝴蝶妈妈"的叫法更为普遍。

② 侯天江：《中国的千户苗寨——西江》，贵阳：贵州民族出版社，2006年版，第2页。

③ 受访者：唐守成；访谈时间：2011年4月15日；访谈地点：唐守成家；访谈者：笔者。

④ 闻一多：《从人首蛇身像谈到龙与图腾》，《人文科学学报》1942年第2期，第12页。

出苗民通过打扮成始祖蝴蝶的模样，来祈求蝴蝶妈妈保佑村寨安宁、子孙繁衍、五谷丰登的心理。在西江苗族盛装中，蝴蝶造型较为健壮，精心设计的翅膀上，常常还会饰有其他动物、植物图案，像是母亲的两只坚实的臂膀，呵护着子子孙孙（见图3-1）。类似的例子举不胜举，神话故事投射在人们心中，幻化在西江苗族先民的身上。人们用特有的服饰图案所象征的神秘力量，帮助自己战胜邪恶势力，并伴随他们代代相传、福星永照。

图3-1　雷山西江苗族破线绣蝶纹衣袖片（西江千户苗寨博物馆藏，清代，彩图见文前插页）

（三）具象符号作用和文化符号含义

耸立在西江千户苗寨广场上的蚩尤柱顶置有一个巨大的水牛角；西江苗寨门前，热情的苗家人要向客人敬上自酿的牛角酒；平日里，苗族女性的头上多戴有牛角梳，而结婚时则更要戴上大大的银质牛角头饰。西江苗人为何对牛如此喜爱？有学者认为："苗族的牛角冠可能与殷商时代的角冠传统有一定的关联，只不过当时奴隶社会出于等级的需要，角冠被赋予了最高权力和地位的象征意义，只有王公贵族才有资格佩戴，而苗族却因其长期一贯的平权社会形态，使其失去了地位的标志，演变成族徽罢了。"[1]这显然不仅仅是一个审美符号，而是源于牛崇拜本身，且其中还包含着民族的历史记忆和心理意识。

抛开这些有争议的起源话题不论，在苗族发展史上，牛对苗族人可谓意义重大：牛曾经是他们猎取的主要食源；牛曾被较早地驯化为游牧苗家人的重要生计工具；农耕时代的牛以体壮力大、吃苦耐劳而成为耕作中的主力。因此，牛被苗人视为一种财富的象征，固有"其俗不分贫富，以牛多为大姓，婚亦论牛"[2]，"苗人大会必宰牛，以火燎去毛烹之，曰火焯肉，

① 杨鹓国：《苗族服饰：符号与象征》，贵阳：贵州人民出版社，1997年版，第167页。
② （清）张焵：《南阜山人敩文存稿·使滇日记 使滇杂记》，上海：上海古籍出版社，1983年版，第212页。

悬牛首于栅以相夸耀，其俗以食牛多者为富"①，每当"打冤家"②时，"两家战斗之后，记尸以相抵除。一命一抵外，多尸者为'人命'，则索牛马财物以偿，谓之'倒骨价'"③等，这些文献都记载了苗族人的牛崇拜。而在更为久远的历史上，苗族的祖先蚩尤部落亦曾盛行牛崇拜。任昉《述异记》云："秦汉间说：蚩尤氏耳鬓如剑戟，头有角，与轩辕斗，以角抵人，人不能向。今翼州有乐名'蚩尤戏'，其民两两三三，头戴牛角而相抵。汉造角抵戏，盖其遗制也。"杨夫林在《西江溯源》中也揭示了银角与蚩尤之间的渊源关系："西江地区苗话把银角叫做'干戈'，这种'干戈'是古时候蚩尤曾经头戴水牛角去与黄帝族战斗撕［厮］杀。"④可见，蚩尤部落以牛为图腾，牛角曾是其作战打仗的重要武器，而后人头戴牛角等各种牛崇拜的表现，是通过对祖先形象的模仿来追忆祖先。

　　而在笔者的访谈中，多数西江苗族人都表示，佩戴银牛角、牛角梳（见图3-2）以及服饰当中牛的图案都是对祖先的怀念和崇拜。"在苗族社会中，祖先崇拜作为维系社会群体的文化活动，反映着苗族氏族部落共同体的基本社会结构、社会关系以及上层建筑意识形态的各种观念、法则，在以尊敬、追忆和缅怀祖先为核心的服饰刺绣图案中，一方面体现了社会群体文化心理意识，另一方面又对整个社会的精神生活产生了广泛影响。"⑤牛被西江苗族视为祖先意象的形象化和具体化，将其表现在他们的服饰图案中，通过或写实或抽象的各式造型，以教育后代热爱生命，铭记祖先，体现出一种民族精神和历史责任感。

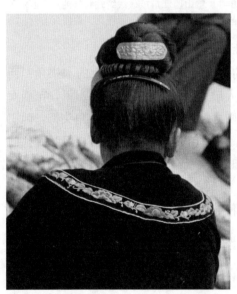

图3-2　西江苗族妇女头上佩戴的牛角梳（西江千户苗寨，2011年）

---

① （清）吴省兰：《楚峒志略》，载中国西南文献丛书编委会：《西南民俗文献》第四卷，兰州：兰州大学出版社，2003年版，第335页。

② 旧时某些少数民族地区将报冤仇而发生的械斗称为"打冤家"，要求对方为偿命所支付的财富被称为"倒骨价"，通常以牛马或财物来作为抵偿。

③ （清）严如煜：《苗防备览》卷八《风俗上》，清道光二十三年重刻本。

④ 杨夫林：《西江溯源》，北京：中国民族博物馆，西江：西江千户苗寨馆，2006年版，第22页。

⑤ 杨鹍国：《苗族服饰：符号与象征》，贵阳：贵州人民出版社，1997年版，第196～197页。

　　生殖崇拜是在人类认识自身的基础上产生的，是西江苗族文化特殊性的表达，也是人类文化的普遍性表达。在西江，人们通过特殊的图案来表达对生殖、对种族延续的渴望，鱼就是其中之一。"远古人类以鱼象征女阴，首先表现了他们对鱼的羡慕和崇拜。这种羡慕不是一般的羡慕，而是对鱼生殖能力旺盛的羡慕；这种崇拜也不是宗教意义上的动物崇拜，而是对鱼生殖能力旺盛的崇拜。"[①]而人们缘何会以鱼来表征生殖能力呢？

　　马林诺夫斯基曾说："我们倘能明白食物是人与自然环境底主要系结，倘能明白人因得到食物是会感觉到命运与天意底力量的，则我们便能明白原始宗教使食物神圣化是有怎样文化的意义，或简直说怎样生物学的意义了。我们在使食物神圣化这件原始的宗教行为上，见到高级宗教所可发展的雏形，那就是依靠天意，感谢天意，信托天意的感觉。"[②]早期苗族尚以原始渔猎为生计方式时，人们对于所猎食物——鱼与女阴的相关联想，引发了他们"感染的作用可以传递神秘的影响力"[③]的模拟心理，从而渴望通过对鱼的崇拜，传递给自身以鱼的旺盛繁殖力。在他们看来，鱼代表着多子多孙，是生殖力的象征。"经过与鱼生殖能力的比照，远古苗先民尤其是女性，渴望对鱼的崇拜起到生殖功能的转移作用或催化作用，即将鱼的旺盛的生殖能力转移给自身，或者能加强自身的生殖能力。［……］换言之，就是苗家人渴望通过对鱼的生殖能力的崇拜，会产生一种功能的转化效应。"[④]

　　照此说来，西江苗族女子传统盛装中的刺绣鱼纹，就是生殖崇拜观念外化的结果。唐守成在介绍盛装中的绣花图案时也提到了这一说法："你们搞设计，应该知道，鱼在苗族搞祭祀活动的时候是少不了的。因为在战争时苗族人口流失很大，一直到现在，苗族仍希望自己家人丁兴旺，虽没有重男轻女的习俗，但是就喜欢（人）多。鱼代表繁衍。"[⑤]如图3-3，是由一大一小两条鱼构成的双鱼图平绣袖片，唐守成讲其意在表示一雌一雄两条鱼代表了阴阳交和，多子多孙。而在袖片左上角绣有一只蝴蝶就是"蝴蝶妈妈"，其用意是望子孙能在祖灵庇荫下繁衍昌盛。

① 赵国华：《中国生殖崇拜文化论》，北京：中国社会科学出版社，1990年版，第168～169页。
② 〔英〕马林诺夫斯基：《巫术科学宗教与神话》，北京：中国民间文艺出版社，1986年版，第25页。
③ 〔英〕马林诺夫斯基：《巫术与宗教的作用》，载史宗编：《二十世纪西方宗教人类学文选》，金泽等译，上海：上海三联书店，1995年版，第90页。
④ 杨鹃国：《苗族服饰：符号与象征》，贵阳：贵州人民出版社，1997年版，第189页。
⑤ 受访者：唐守成；访谈时间：2011年4月14日；访谈地点：唐守成家；访谈者：笔者。

图3-3　西江苗族衣袖片上刺绣的鱼纹（西江千户苗寨博物馆藏，清代）

　　韦荣慧在访谈中说："苗族服饰图案的内涵是很丰富的，可以是自己的历史。'苗族服饰是穿在身上的历史'这一命题一点都不夸张。"①西江苗族女子传统盛装中的图案，并非简单地因为其美的形式，更在于其深富意义的内容。然而，尽管西江苗族女子盛装中的图案作为"物"具有其特定的能指意义，但其象征性是多样的，不同象征意义间非但没有相互制约与取代，而且伴随着社会历史发展也在发生着变化。"神话虽然能长距离地旅行，但是在这一旅行的过程中也发生着转型。"②例如，西江苗族人对于鱼的崇拜起初是满足渔猎生活的生存需要，随着时代的发展，这种生存之需有了更深刻的意蕴，人们对它的情感寄托也随之变化，从生殖崇拜逐渐演变成后来的吉祥祈福之意，使得这种象征意义成为内涵深刻、源远流长的纹饰符号。随着象征意义的演变、发展及时代与外环境的变迁，纹饰符号的文化内涵已经在许多当地人眼中转化为装饰美，笔者在西江调查时发现，许多正在绣制盛装的当地苗族妇女也不清楚为什么要绣这些图纹，只说是老人传下来的，自己照着样子做，"地方性知识"的深层精神文化内涵传承产生了危机。

　　西江苗族传统服饰纹样的造型也在发生变化。以盛装当中袖片上的刺绣龙纹为例，笔者在博物馆当中所看到的清代龙纹在造型上要显得清秀些，因为线条相对较细，使得整体形态看上去比较流畅，龙的形态也各异，有飞龙、共头双身龙、蚕龙、花叶龙等；而今日在盛装中看到的龙，在外观上看起来要更加丰满华丽一些，但是造型却相对比较单一。穆春在

①　受访者：韦荣慧；访谈时间：2012年10月22日；访谈地点：中国民族博物馆；访谈者：笔者。
②　赵旭东：《本土异域间：人类学研究中的自我、文化与他者》，北京：北京大学出版社，2011年版，第56页。

访谈中告诉笔者，"最近西江这里流行绣比较大的龙"①（这也是在展演类西江苗族服饰设计中常见的纹样），她也说不清是为什么。

二、承载意义的身体：作为"第二皮肤"②的服饰

（一）情景中的苗族女性身体

法国符号学家罗兰·巴特（Roland Barthes）在其自述中提到，我和你不同是因为"我的身体和你的身体的不同"③。我们可以将其理解为尼采哲学的一个通俗而形象的说法，也就是说身体成为个人的决定性基础，而着衣的身体则是自我乃至民族的一个标志性象征。福柯从尼采那里接受了身体的概念，尼采的身体一元论和决定论使福柯认识到，历史在某种意义上是身体的历史，历史将它的痕迹铭刻在身体之上。如果说他所关注的历史是生产主义的历史，是权力将身体作为一个驯服的生产工具来进行改造的历史，那么当下的历史，则是身体处在消费主义中的历史。在这一情境下，权力使西江苗族女性的身体成为消费对象，西江苗族女性的身体是被纳入消费计划和消费目的的，更是受到赞美、欣赏和把玩的。

民族文化作为旅游开发的主要资源，已成为民族旅游开发的特色卖点。在旅游开发日渐成熟的今天，西江苗族的歌舞文化，以及在歌舞中展示出的妇女的身体，亦成为西江千户苗寨旅游展演的重要元素之一。作为一种民族文化资源，西江苗族女性穿着民族服饰的身体，成为当地旅游开发策划者们非常乐于推出的"原生态文化元素"之一。这样，女性的身体与艳丽的民族服饰及其文化，成了被外部世界观赏的对象。

在西江民族旅游发展中，政府扮演的是旅游开发引导者的角色，是民族文化旅游展演的"导演"；当地苗族女性则是参与者，是在"导演"指挥下的"演员"；而旅游公司作为左右民族旅游发展的重要因素，通过市场的力量渗透其中，可说是展演的"制片人"。这种"政府+公司+农户"的机制，将西江千户苗寨作为一种整体的景观，通过对苗族原生态文化的发掘与展示，满足外来游客的旅游需求，以求得可持续发展。而这种展演机制与态度似乎过于迎合消费，虽然在很大程度上改善了当地社会的经济状况，但是来自外部的权力使得西江女性的服饰及身体发生了变化。

---

① 受访者：穆春；访谈时间：2012年8月2日；访谈地点：木春绣纺；访谈者：笔者。

② "第二皮肤"的说法来自玛里琳·霍恩（Marrillyn Horn）的一本服饰心理学专著 *The Second Skin*。上海人民出版社出版的中译本将该书名译为《服饰：人的第二皮肤》。形象的比喻使得"第二皮肤"作为一个新生词语成为"服饰"的另一个称呼。

③ Roland Barthes: *Roland Barthes by Roland Barthes*, New York: Hill and Wang, 1977, p.117.

图3-4　收腰的西江展演女子苗族盛装（西江千户苗寨，2011年，彩图见文前插页）

就西江千户苗寨民族文化展演中的苗族女性服饰而言，西江苗族女子传统盛装总体造型较为宽松、弱化女性形体曲线的特征被抛弃，不再是平面式的裁剪结构，而是与现代时装一样，变得紧身、收腰，强调女性身体的曲线美（如图3-4）。这样的曲线外形与传统服饰的审美存在着断裂。如果说西江传统盛装平面式的裁剪结构，遮盖了女性的身体曲线，强调了象征财富的银饰的话，那么展演中服饰的短小、紧身与收腰则是对女性身体的强调，曲线的身体是重要的展示要素。

千户苗寨中展演苗服的收腰造型与近代中国服饰变革有着异曲同工之妙。近代中国对传统中式服装进行了造型结构方面的改良，采用了西式服装造型结构这一"他山之石"。以旗袍为例，传统旗袍腰部不做收腰造型，裁剪时胸、腰、臀间为一条直线，穿着时腰部宽松，衣服与人体之间的空隙较大，且胸腰与袖隆处有较多褶皱。而在对传统旗袍进行改良时，西式服装收腰的结构和收腰的方式（即省道）被采纳，胸、腰、臀之间呈现出明显的曲线。"表面上都是旗袍，但是一个'传统'，一个'改良'，在造型法上却是完全分属中、西方两个对立的阵营。"[①]改良旗袍与当代西江千户苗寨展演苗服一样，可以看作是中国传统款式外表与西式服装结构内核的统一体。表面上，也许这样的设计不如西服领那般是直白的西式，而暗地里传统的中式直线造型结构却被深深地同化了。近代中国服装与当代西江展演苗服，在各自所处的社会气候下发生着演变，由纵向的历史传承转向了横向的交流。

不要小看展演西江苗服在这外轮廓线条上一放与一收的差别，它不仅体现在对女性曲线的弱化与强化的差别上，而且从更深层面上来看，是西

---

① 张竞琼：《从一元到二元——近代中国服装的传承经脉》，北京：中国纺织出版社，2009年版，第125页。

江苗族人审美意识从保守向开放的转变。而这也与近代中国服饰由中国古典传统服饰"以多为贵，以少为贵；以大为贵，以小为贵；以文为贵，以素为贵"的双重标准向"装饰，时式，曲线""能够表现出胸奶部，而使全身成为一条曲线美"的审美准则转变相似。社会对人的服饰形象的期待发生了变化，"德先生"与"赛先生"共同推动了服饰结构的变化，这一点笔者在后面的章节（第四章第一节）中还有相关的讨论。

而这种受到社会进步、开放影响而转变的对女性身体曲线的展露，与其说是为了"吸引外面的客人"[①]，实则更直白地印证了西江苗族女性身体受到赞美、欣赏和把玩的原因——被置入西江旅游消费计划和消费目的之中，成为当代西江苗族人主观认同的客观文化符号。如同王明珂所言："借着服饰的展示，主观的认同与区分化为客观的文化符号，展现在各个被历史与文化知识典范化而又被各种利益与个别经验孤立疏离化的人群与个人之前，成为提醒、强化或修正他（她）们各种历史与文化知识因而强化或修正他（她）们心中的认同与区分体系的现实经验；此被强化或修正的认同与区分体系，又指导他（她）们透过日常生活言行中所做的展示。"[②]

（二）借物抒情的纹样本质

各民族的审美心理结构依赖于其民族历史的生成和积淀，而各不相同的民族审美往往铭写于不尽相同的身体之上。服饰图案作为历史记录的方式始终在民间发挥着重要的作用，成为民族文化的重要载体，它如同人们身体的"第二皮肤"，折射出各族人民在不同时期的审美情趣、社会意识和文化发展的轨迹。民族服饰图案不仅是一种展示服饰美的形式，同时也是苗族人通过客观事物来表达自己思想感情的方式方法。这种借物抒情的表达方法，也使得西江苗服盛装中的图案成为人们抒发各种情感的途径和载体。在不同地区的各少数民族中，几乎都有一些形象固定、世代相传、程式化地表现民族历史、故土以及迁徙史的服饰图案，人们用其来传承史迹。民族服饰上某种图案的固定化，"往往来自'以衣喻裔'、与祖认同的认宗寻根意识"[③]。世世代代的少数民族妇女浸染在浓郁的本民族文化氛围中，自觉地把传袭来的图案程式与传递出来的文化意味绣制出来，记录着一个个动人的故事，而这些服饰图案则自然而然地成为故事的记忆符号。例如，西江苗族女子盛装飘带裙图案的主体就是其历史文化的象征，记录了祖先

① 受访者：唐守成；访谈时间：2011年4月15日；访谈地点：唐守成家；访谈者：笔者。
② 王明珂：《羌族妇女服饰：一个"民族化"过程的例子》，《"中央研究院"历史语言研究所集刊》，1998年第69本第4分册，第867页。
③ 邓启耀：《衣装秘语——中国民族服饰文化象征》，成都：四川人民出版社，2005年版，第54页。

的迁徙路线。唐守成告诉笔者，他们之前住在东方，并提到了祖先曾渡过长江、黄河的历史，而这段历史正通过女子的服饰图案得以记录并流传。宋美芬告诉笔者："飘带裙分为五段是因为祖先打败仗，四处迁徙，我们将迁徙路线绣在裙子上，这五段就分别代表着这些曾经迁徙过的地方。"① 西江苗族妇女们用针线当笔，布料当纸，著出自己民族族源、迁徙和战争史的天书。绣有传统图案的西江苗族盛装，不只是披在人身上蔽体御寒的外在物质，它更是个人身体的延伸，具有个人情感表达的社会意义。

在重要的人生礼仪场合，西江苗人通过赠送和使用承载着历史记忆的服饰图案，来表达和重构族群的社会历史文化。唐守成说："年轻人定情，女孩把自己亲手绣的胸襟，送给男孩子作为礼物。如果喜欢这个女孩，就娶她为妻，如果没娶就要退给人家。"② 就这样，西江苗家女孩借着刺绣的胸襟，含蓄地抒发自己的感情，在这一方绣片上包孕着真切动人的情感。西江苗族姑娘穆春在回答笔者关于究竟是愿意穿表演服饰来代表苗族在全国或全世界面前展示，还是更愿意穿母亲做的传统盛装这一问题时，她回答道："如果让我穿我母亲自己亲手做的盛装展示给全国全世界的人看，我很乐意，因为我觉得很自豪自己有这么一套漂亮的盛装，并且这是我的妈妈一针一线几年才绣好的作品，不光是我，西江所有像我一样的女孩都愿意这么做。因为那是母亲对我们的爱和希望，也是祝福。"③ 在访谈中，笔者获得很多类似的信息，即传统的苗族服饰工艺精美且非常个性化。每一个制作者都是富有主体性和创造性的，她们通过苗绣等图案表述的是个人、民族的历程，里面包含着很多人生观在内的东西。而舞台上展演的服饰是机器生产的，原本服饰中内含的东西是看不到的。

爱弥尔·涂尔干（Emile Durkheim）认为："人们在开始画图时，并不是很在乎树木、岩石的某些很漂亮的形式，而是专注于把自己的思想转译成物质。"④ 而对这些借物抒发的情感的"解读"在罗伯特·莱顿（Robert H. Layton）看来："只有了解一定背景知识的人才能理解他们［……］我们作为'异文化'者，不能将某一艺术品在我们身上所引发的意义当成艺术家所要表达的意义［……］人们所观察到的艺术品是对一种文化的有形

① 受访者：宋美芬；访谈时间：2012年8月1日；访谈地点：西江千户苗寨白水河人家；访谈者：笔者。

② 受访者：唐守成；访谈时间：2011年4月15日；访谈地点：唐守成家；访谈者：笔者。

③ 受访者：穆春；访谈时间：2011年7月5日；访谈地点：北京／西江千户苗寨（邮件访谈）；访谈者：笔者。

④ 〔法〕爱弥尔·涂尔干：《宗教生活的基本形式》，渠东、汲喆译，上海：上海人民出版社，1999年版，第168页。

表现，因此，是依据该文化的视觉表征习惯建构和表达的一种精神。"①西江苗族人赋予了这些图样纹饰某种神奇的力量，图案本身已成为一种护身符，可以招福纳祥，使人丁兴旺……这些丰富的想象背后蕴含了苗族人的审美旨趣、原始信仰和文化内涵。美丽多彩的纹饰中所寄寓的福禄寿喜等深刻内涵，既表征着西江苗家人所追求的美满人生的幸福境界，也道尽了他们的殷殷期盼和祝福。而对于设计师来说，承载着丰富意义的原生态纹样，更多是为了消费、为了推销而被碎片化地处理为一种"商标"。

第二节　元素：碎片化的传统西江苗服图案

后现代人类学面临的是全球化的趋势，很多民族只剩下一些文化的残片，这些民族文化中有价值、有内涵的东西因其固有的强大生命力以文化残片的形式被保存下来。然而，在当代展演类西江苗服设计中，这些"有意味"的图案作为民族文化的残片往往变成了设计师们手中的设计元素，被轻而易举且与其原本意味相剥离地捕捉下来，以碎片化的方式呈现在设计作品中。

一、被提取的"色"

美国人类学家莱顿在分析小型社会中艺术的功能时提到："所有的艺术都是在某种社会环境中产生出来的，都与某一具体的信仰、价值观念载体有着关联。"②西江苗族传统服饰图案的色彩观念，在精神层面较少受到外来干扰，主要源于长期自给自足的社会条件。这种相对封闭的环境有利于人们的文化自觉。人们在自发中自由地创造，并成为整个社会存在的一个部分。西江传统苗服盛装的制作者们从前辈们那里学习本民族的服饰风格，因不一的个体爱好、不一的色彩体会，个体间纹样色彩绣得便也不尽一致。而这种不一，是在整体统一的基础上，局部范围内的细小变化。也就是说，在西江苗族服饰盛装图案色彩中所体现的这种统一与变化，实则为群体化与个性化的统一。苗族先民用植物染料染丝获得绣线的刺绣作品，色彩在对比中趋向调和。而如今西江苗族的绣线大多直接从外面购买现成的，在色彩的搭配上也产生了变化，容易给人以过于刺眼的鲜艳感。

① 〔英〕罗伯特·莱顿：《艺术人类学》，李东晔、王红译，桂林：广西师范大学出版社，2009年版，第30～31页。
② 〔英〕罗伯特·莱顿：《艺术人类学》，李东晔、王红译，桂林：广西师范大学出版社，2009年版，第51页。

如图3-5，若对当代西江苗族传统盛装上衣做色彩归纳的话，会发现当代西江苗族女子盛装中的色彩颇为艳丽，用色活泼而热烈，在刺绣的部位中大多寻求对比配色和繁复堆砌的色彩层次，传统盛装稚拙的原始美感被艳丽的现代感替代。

图3-5 当代西江苗族女子盛装上衣及其色彩归纳
（西江千户苗寨，2012年，彩图见文前插页）

西江苗族传统盛装中的色彩搭配特点是善于借助对比色，加之与图案造型的配合，使得观者在视觉上可以产生丰富的多维空间感。宋美芬的女儿龙玲燕在访谈中告诉笔者："我们苗族服饰刺绣的色彩是比较夸张的，很多美术院校的师生来到我们这里都说我们的色彩搭配不是按照常规的配色审美来的，而是将别人不敢用的夸张的红色、绿色配在一起。"[①]玲燕所说的夸张色彩就是对比色的应用。如图3-6、图3-7，传统西江苗服刺绣图案的主体纹样用色，常配合底布的色彩来相应地采用对比色。若面料底色鲜艳，那么纹样的色彩就用底色的对比色，用同一色系中的不同颜色绣制衣袖上的图案，这样整幅图案的纹样得以突出。加上西江苗服盛装上衣中多采用辫绣、皱绣的刺绣技法，整个图案画面呈现浮雕式的立体感和视觉感；若底布的用色明度较低或偏冷，那么纹样的用色则可相对自由。在西江苗族年轻女子穿着的盛装上，仅在袖片上的配色一般就不少于五六种，有时可多达七八种甚至更多。如图3-8、图3-9，为图3-6、图3-7中袖片刺绣色彩的提取，其刺绣图案本身的用色也常寻求一种对比关系，以表现出一种饱满丰富的视觉感受，富有跃动感。

---

① 受访者：龙玲燕；访谈时间：2012年8月3日；访谈地点：西江千户苗寨白水河人家；访谈者：笔者。

图3-6 艳丽底色的辫绣龙蝶纹袖片（西江千户苗寨博物馆藏，清代，彩图见文前插页）

图3-7 雷山辫绣蝶纹、龙人纹袖片（西江千户苗寨博物馆藏，清代，彩图见文前插页）

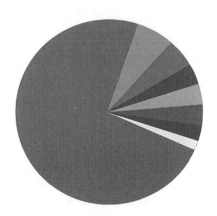 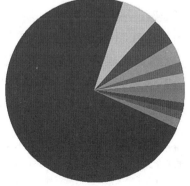

图3-8 清代龙蝶纹袖片色彩提取
（彩图见文前插页）

图3-9 清代蝶纹、龙人纹袖片色彩提取
（彩图见文前插页）

    法国著名雕塑艺术家奥古斯特·罗丹（Auguste Rodin）说："色彩的总体，要表明一种意义，没有这种意义，便一无美处。"①西江苗族在长期的发展演化过程中，出于种种原因，形成了对不同颜色的崇尚。这种服饰"色彩的总体"是最易于识别的，也是此一民族别于另一民族、此一支系别于另一支系的标志。由于西江苗族人对色彩的喜爱常常会受到审美价值、思想意识、社会背景等方面因素的制约，因此我们就不能忽视色彩所蕴含的诸多心理现象。

    著名舞台服饰设计师郭健在谈到展演类民族服饰设计中的色彩把握时说："服装设计这个行业什么知识都得学，色彩、面料、结构、人体造型都得掌握。中国56个民族，哪个民族和哪个民族的习俗都不一样，对色彩的感觉都不一样。像咱蒙古族就不喜欢黑色，那在舞台表演中黑袍子几乎就不做了，而像南方少数民族却一色儿黑。好多东西都得了解。"②明松影视服装设计中心的设计师明宇在访谈中也提到了对原生态民族服饰中的色彩的运用："不要丢掉民族特点，尤其这个色彩感。例如南方的少数民族，佤族的服装一般就是黑、红、白和蓝，大概都是黑红，不要太改色彩。我可以在款式上改，可以做成小胸衣，或是小半袖或是中袖。因为他们生活在热带雨林气候里，所以人家根本不用穿长袖。"③

    也许对于设计师来说，对色彩的处理是很个人的东西，但当他们触碰到民族服饰色彩这一题目时，往往会比较注重原生态服饰色彩的特点，而尽可能地遵循当地人的色彩习惯，避免在色彩方面打破民族的禁忌。然而，在当下的展演类西江苗族盛装的设计中，原本有着丰富民族心理的色彩被设计师提取，作为一种符号来被使用。而设计师对色彩的提取是个体行为，是一种任意的符号选择，是脱离原本符号的社会环境在照搬照用传统色彩框架。

    图3-10和图3-11分别为西江千户苗寨展演类苗族盛装和"爱我中华"方队中西江式苗族盛装的袖片色彩提取图。虽然说在大体上，西江展演苗服的色彩与原生态西江传统苗族盛装的色彩有着"照葫芦画瓢"的相似，

---

① 〔法〕丹纳：《罗丹艺术论》，傅雷译，北京：人民美术出版社，1978年版，第52页。

② 受访者：郭健，又名郭布勒·钢克库，1955年生人，鄂温克族，内蒙古呼和浩特市民族歌舞团副团长兼党支部副书记、国家一级服装设计师、国家二级舞台美术设计师、中国舞蹈家协会会员、中国舞台美术学会理事、内蒙古舞蹈家协会会员、内蒙古舞台美术学会副秘书长、呼和浩特市舞蹈家协会副主席；访谈时间：2011年7月31日；访谈地点：呼和浩特明松影视服装设计中心；访谈者：笔者。

③ 受访者：明宇；访谈时间：2011年7月26日；访谈地点：呼和浩特明松影视服装设计中心；访谈者：笔者。

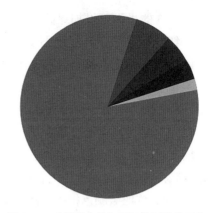

图3-10　西江展演苗服袖片图案　　　图3-11　"爱我中华"西江苗服袖片图案
色彩提取（彩图见文前插页）　　　　色彩提取（彩图见文前插页）

然而在细节上却可以窥见它们之间的不同。与清代的龙纹袖片（即设计原型）相比，西江展演中的苗服袖片色彩在纯度上并不高，缺少令人亢奋的色彩饱和度和色彩的厚重感。当然这里不乏每天风吹日晒所导致的褪色问题，但是单从配色看，清代龙纹袖片的配色数量显然要多于当代用于展演的西江苗服；就与袖子主体色红色进行对比搭配的绿色来说，清代的袖片上绣有四种不同纯度和明度的绿色，而西江展演苗服上则只有两种，"爱我中华"方队袖片上也只有两种。尽管西江展演苗服依旧是处在群山环抱的环境中，然而由于场景的转换，即由当地民众自发的娱乐活动场景转变为迎合旅游开发的展演场景，原本给人以众生共融的祥和之感的传统服饰袖片的繁复华美配色，被当代人提取并简化了。相比之下，观看式的展演服饰与观众有着一定的距离，供远处观看的设计作品追求的是一种集体的、远处的大效果，原本服饰当中的许多细节因为时间和空间的变化而显得不那么重要，是可以省略简化的。

　　仅就色彩的设计手法而言，这种"遵循""照做""截取"的方式并不是绝对的，也有人会将原本传统民族服饰的色彩进行颠覆性设计。就展演类民族服饰的色彩运用问题，笔者采访了在中央民族歌舞团工作了40年，现在已经退休的，今年已经81岁高龄的服装师张顺臣老先生。他说："过去在色彩设计上，最忌讳红的、绿的这样搭配，现在的设计无所谓了。"而谈到当年他在做这些展演类民族舞蹈服饰的审美标准时，张先生向笔者侃侃而谈道："不能把民族的风格、样式改变得太厉害，基本上是按照那个样式可以改短，可以加长，可以稍稍变化一点，但是大的不能改。颜色可以改变，但也得根据当时人家原始的少数民族的东西，根据它的颜色来搭配，不能脱离人家原始的颜色，你自己单搞一个，这可不行。现在的设计用色，红的里面可以加绿的，比较敢用（色），过去是最忌讳的。简单地说，红的和绿的在一起就不融洽，因为绿色配红色没有中间色，太愣了。比如我穿的这个衣服，颜色比较协调。因为裤子里也有上衣的颜色，两个配起来颜色就比较协调。如果说我要（上衣）穿红的，和这个裤子配就不好看，因为（裤子）没有红颜色。"①

张先生在访谈中送给笔者一本画册，是当年歌舞团的节目表演照片，笔者翻看这些照片时发现其中许多民族服饰的色彩都与原生态的服饰色彩大相径庭，张先生是这样跟笔者解释的："这个画册上面的服装颜色大部分（与原本的民族服装颜色相比）都改变了一些。新疆的就无所谓了，本身新疆的原生态民族服装颜色比较多，比较漂亮，所以每个民族的服装颜色情况都不一样。要是不搞民族的东西，也没必要了解那么多了，要是专门搞民族的就得了解，讲起来就复杂了，很复杂。主要要把握民族的特点，民族的特点是什么呢？就是民族服饰的颜色都不一样，像一些南方的民族吧，像贵州啊，云南啊，好多地方都是黑（色）的多，但是到我们舞台上呢，都是黑的就不好看，你可以变颜色，颜色可以提炼。样式可以选择他（少数民族）的样式，而颜色上、花纹上可以搞得更好更漂亮一些。"历史上的"黑苗"，由于受到所处生态环境以及染色技术的影响，其服饰上的黑色以及绣花的色彩都是取之于自然界的植物染色，而随着时代的发展变化，传统服饰在色彩上也发生了改变，很少有人再去麻烦地采用传统染色工艺染制自己手工织造的布料，而是直接购买现成的化学染色布料及绣线，因此在色彩上传统的西江苗族服饰底色由深蓝黑色转变为亮蓝色，而在展演中亮蓝色的底色又经不同的设计师们发挥演变为红色等其他颜色。

同样为展演，演出的"舞台"场景不同，设计师及其出发点不同，对色彩的处理也就不同。而具体到"爱我中华"方队的西江苗服的色彩把握上，设计师虽以《中国民族服饰博览》②这本书中的西江苗族盛装为原型（见图3-12），进行了"拷贝式"设计，但在图案的色彩关系上与原型相比要鲜亮很多（见图3-13）。原本是手工刺绣和织造的装饰，在拷贝设计过程中，因为可选用的机器制造的装饰用料所限，领口和肩部的装饰带底色就是玫红色、橙色这些比较鲜亮的色彩，再加上对比色的搭配，整件服饰的色彩显得比较亮，适合国庆这一富有政治色彩的繁荣热闹场面。

---

① 受访者：张顺臣，1931年生人，汉族，曾是中央民族歌舞团的服装裁制师；访谈时间：2011年7月7日；访谈地点：张顺臣家；访谈者：笔者。

② 这本书为首届中国民族服装服饰博览会执委会编，云南人民出版社于2001年9月出版，主要以图片的形式介绍了中国的各少数民族服饰。文中的图片引自第71页。

除此之外，"爱我中华"方队中的
西江苗服在整套的服饰色彩设计上，要
与整个方队的服饰色彩要求相符。设
计师明宇的爸爸明松峰道出了色彩设
计的原委："色彩不用说了，人家（主
办方）本来就有色彩方面的要求，我们
只要把握住一个主调。主色调人家已经
给了，就是以红黄为主调，太阳的光芒
七色。你把红、黄占了，其他的颜色作
为辅色，辅色都是用正色，没有其他
中间色。其他颜色补在哪个地方最合
适，这就是体现创意的部分，但是不能
违背人家的宗旨。宗旨是以红调子为主
嘛，中国的红是五星红旗的红，黄的星
星围绕，所以黄是点缀，不能大面积地
上（用），也可以上，红黄两色大面积
地上，其他颜色作为点缀。苗族服饰在
色彩方面的要求，比如姑娘、媳妇各

图3-12 "爱我中华"方队西江苗服
的设计原型（《中国民族服饰博览》，
2001年，彩图见文前插页）

用什么样的颜色，咱们不太清楚。但是咱把它按照中国的风俗习惯来做，
红色的一般是新娘子穿的。黑、蓝、红，这三个颜色，开始主调是黑色，

图3-13 "爱我中华"方队西江苗服配色（《中国民族服饰博览》，2001年，
彩图见文前插页）

红、蓝后来也变了，裙子以黑调为主，里面衬裙也是黑色的。"①就这样，原本是基于特定文化中的色彩符号元素的组合方法，被设计师以概括、提炼、归纳的方法加以解读，这种强调设计者主观作用的对色彩的理性表现，使得原本色彩符号在特定文化背景下的审美意识和社会意义被忽视和淡忘了。

二、被提炼的"型"

在并不刻意强化女性身体曲线的审美意识里，西江苗族妇女们以其独特的针线笔墨，以各种服饰装饰来展示女性美，注重由精湛的手工工艺所带来的服饰美感。唐守成说："苗族服饰以绣为主，染的少。传统盛装布料也自己织造，买现成的线，再自己弄，不过现在用土布的比较少了。以前蜡染用蓝靛植物染，现在都用化学染料了。"②在图案装饰方面，西江苗族妇女比起染色来讲还是更善于绣，用平绣、辫绣、结绣、缠绣、皱绣等十多种刺绣手法来装饰自己的服饰，有些针法技艺之古老可追溯到商周时期。盛装上衣的刺绣工艺以锁绣、辫绣、皱绣为特色，其中掺杂了平绣、钉线绣等，绣制的图案多为红、蓝、黄、绿等五彩的双头龙、蝴蝶妈妈、宗庙、虎、羊、花、鸟、鱼、虫等。如图3-14为传统盛装刺绣装饰的分布图。

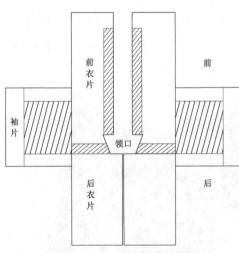

图3-14 传统西江苗服刺绣装饰分布状况（阴影部分）

前衣身的前襟和托肩处镶有长方形的刺绣装饰片，而袖片上的刺绣装饰是一个完整的方块，和袖片一样没有破缝。传统西江苗服与汉族传统服饰的"平面"加"衣缘"的基本架构一致。如果说服饰的平面结构体现了宛若天成的完整美，那么衣缘的装饰性特征则在平面的结构中被突显。

从刺绣图案的构图形式上看，西江苗族女子传统盛装中图案的构图式样丰富多样，有

---

① 受访者：明松峰，男，1950年生人，满族，呼和浩特明松影视服装设计中心的创始人，现任呼和浩特明松影视服装设计中心总经理兼结构设计师；访谈时间：2011年7月27日；访谈地点：呼和浩特明松影视服装设计中心车间；访谈者：笔者。

② 受访者：唐守成；访谈时间：2011年4月15日；访谈地点：唐守成家；访谈者：笔者。

中心式、自由主体式、四方连续式、二方连续式、线条式、适合式等。如果说从刺绣图案的型来看，展演类西江苗族盛装中的飘带裙及衣领襟处的构图形式，常常被设计师保留得最为完整，这似乎已成为一种规定的、模式化的东西。本用于传统盛装中飘带裙上的刺绣图案是自由主体式和适合式的，而在西江民族文化展演的舞台上，无论其上衣有着怎样的变化，飘带裙上刺绣图案的型（包括构图形式）都被完整保留。"爱我中华"方队中西江苗服飘带裙的绣型也是一样，与原生态构图形式的自由主体式和适合式是一致的，尽管上面绣制的内容可能略有不同。在衣领襟处的处理上也一样，原本西江传统盛装的衣领襟处的图案常用独立式二方连续的构图，通常由许多单个植物并列为一排，图案以花、蝴蝶、几何图形为多，线条柔和自由，给人以韵律之美。而当代展演类西江苗服盛装的衣领襟依旧采用二方连续式的构图，只不过是用现成的机绣花边带来替代原本的手绣图案。这样，在当代展演类西江苗服设计中，飘带裙和衣领襟上的图案构图形式被设计师们毫无保留地提炼出来，几乎是原封不动地放到了设计中。

如果说上述两处是设计师提炼的不变之型的话，那么其他部位的图案就都是可变之型，而其中变化较大之处则体现在袖片的刺绣图案当中。传统西江苗族女子盛装的袖片主体图案在构图形式上比较多样，有的是中心式的，即以一个动物图案为中心、四周辅以植物等，形成主次分明、统一和谐之感；有的是自由主体式的，常以一个动物或植物为主体，两边图案相对对称，整体线形较为自由；有的是四方连续式构图，多以植物图案做线形的起伏变化，富于动感；还有的是线条式装饰图案，一般为多色线或用锡绣绣制，在服饰整体图案中起到一个线的勾勒和装饰作用，使大面积的刺绣图案富有轮廓感和体积感。除了这些主体袖片图案的构图形式外，在传统盛装中，袖子上的刺绣图案还有辅助的其他形式的图案装饰，这样整体看来袖子的原本面料可见的不多，而大部分都是被多形式的刺绣图案覆盖。如此多样的袖片图案构成形式也为设计师的设计提供了多样化的选择。

在"爱我中华"方队中西江苗族盛装的袖片上，设计师仅选取了中心式和自由主体式作为袖片主体图案的构图形式，在图案题材上分别选择了动物纹（龙纹）和植物纹，而其他非主体部分设计师仅用黄色的花带一笔带过，和原本繁缛的原生态服饰中的袖子相比，"爱我中华"方队中西江苗服盛装的袖子显得要单薄很多。设计师不但将原生态西江苗族盛装的主体袖片进行了提炼，并将其做了向上的位移处理，且对袖子上的银饰也做了简化。从正面穿着效果观察，如果说传统盛装除去袖子上的大量装

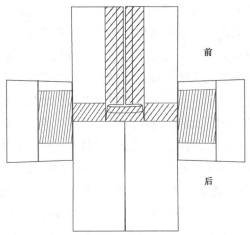

图3-15 "爱我中华"方队中西江苗服的刺绣分布
状况（阴影部分）

饰图案外，底布呈现给人的是"T"形，那么"爱我中华"方队中西江苗服则在"T"形的底下两侧位置多了两处"一"字形，这样袖片的刺绣图案就被凸显出来了。如图3-15为"爱我中华"方队中西江苗服的刺绣分布图。除去上述不同之外，还有一处细微不同表现在肩部绣片的位置上，方队表演服饰中肩部绣片的位置相对于袖子来说是在袖子中缝偏前的位置（这是符合现代服装制版规律的，即从肩点来分，后袖要宽于前袖），而西江传统苗族盛装的肩部绣片位置是在整个袖片靠后的地方。这样一来，西江传统苗族盛装穿起来在正面是看不到肩部的绣片装饰的，而方队的苗服在正面就能够清楚地看到肩部装饰绣片，好似肩章一般。原本是含蓄地隐匿在后身，和向外倾斜的领子一样（详见第四章第一节"一、直线平面的结构"中对领部的分析），是西江传统苗族服饰结构特点的肩绣装饰，被设计师用现代服装结构规律给"忽视"了。西江当地展演中的西江苗族盛装，在刺绣图案方面所做的提炼则更为"谦虚"，由于上衣的袖子被缩短至手肘的位置，原本大大方方的袖子及刺绣装饰被迫精简，甚至就剩下了几道细小的窄边，而肩袖部的线形装饰图案则被设计师删除了。

关于对展演中苗服图案刺绣装饰的处理，笔者也专门访谈了"爱我中华"方队和"团结奋进"方队民族服饰的制作者、明松影视服装设计中心的刘总经理和明总经理：

明："爱我中华"方队中，西江苗族的这套东西（银饰）都是咱们从云南买的现成的，订货订的。

刘：这种东西不用愁，现在这种线、片都有现成的。做苗族服装很简单，这些装饰的银饰都有卖的。

笔者：袖子上的呢？

刘：都有。

明：是绣片，机绣好的，我们买回来一缝就行。

刘：绣好一个苗族的，你就往上做就行了，现在可不像过去那么复杂。

明：过去都是手绣的。

笔者：花带裙的裙片多少条也都是买现成的？

刘：对。想做多少条就订多少条。

明：是按照演员的尺寸来做的。

刘：够了裙摆的尺寸了就行。瘦的做的片数就少了，肥的……①

设计师明宇在访谈中也向笔者透露："在图案的设计制作过程中只能追求大概的形似，比如这些刺绣花，我们在市场中找到大概形似的就放上去了。一般这种少数民族服饰上的花形在市场上（都有形似的），不同地域的生产厂家会有各自的花形，比如广东人就生产这种花形的材料，我们就能够采购到，比如浙江人对蒙古族花形研究得比较透彻，那他们就生产蒙古族花形。就是分工不同，民族服饰产业链中，有不同分工的人在服务着。提供这些特定花形的材料生产厂家可以为全国的客户生产，我们只是其中的客户之一。（材料批发商）他们生产出来，我们觉得，噢，这个可以用，他们也会听我们的意见，比如我们说某一种花形特别好，给他们画一个或者是拍成图片，他们有自己专门的人来画这些东西，画好以后再织、绣，做成绣片，我们拿回来往衣服上一放就可以了。"②从他的话中可以听出，与原生态西江传统苗族盛装的创作不同，苗族妇女们既缝制衣服又设计制作上面的刺绣装饰，而在当代展演类民族服饰设计中，通常装饰的辅料并非设计师亲自设计，而只是设计师选择的。笔者针对设计师如何选择又进行了追问："会对供货商刻意提出对花形的要求吗？"明宇说："这只能是在大批量的生产当中了，只能是相互协商，比如他们生产出来，我们提些意见，听过我们的意见，他们过些天就会生产出新的产品了，很多情况都是这样的。因为考虑到成本问题，单独为我们制作花形成本就上去了。像这些图案，我们自己就把它搞得特别像，以前自己手绣的图案，我们可以按照其形状补绣，用布料剪出相近的图案，然后再补上去。有些花边，专门的民族花边，有些是网格的，可以代替传统服饰当中的衣襟刺绣，完全一模一样的是不可能实现的，人家传统服饰当中感觉特别精细的

---

① 受访者：明松峰、刘景梅；访谈时间：2011年7月27日；访谈地点：呼和浩特明松影视服装设计中心车间；访谈者：笔者。

② 受访者：明宇；访谈时间：2011年7月26日；访谈地点：呼和浩特明松影视服装设计中心；访谈者：笔者。

地方都是全手工的。"①

关于传统民族图案在现代设计中的应用问题，有些设计师提出：

> 民间剪纸艺术题材丰富，图案细腻精致，若将这些加以提炼成服饰，被现代服装利用，亦会收到不错的效果。②

> 表现各异的每一个民族图案元素，需要在形材质色方面进行概括提炼，夸张典型，抽象特征；对图案元素进行分解、重组、整合。虽然解构了原有的图案原型，但整合后的图案元素，其浓郁内涵的基因特征会成为一种特定装饰符号，蕴含在现代设计的灵魂中，产生无可替代的艺术感召力。③

> 少数民族图案元素包括图形和色彩两部分，我们可以分解和提炼这些图案，并保留其原生态的形态，加入现代设计理念，运用在贵州本土旅游商品包装设计中。④

> 在民族图案的创新运用过程中，图案"形"的提取也是一种有效的手段，即对一种民族图案进行"剪枝"，把图案中的繁杂而与设计主题无关的部分减掉，提取大形，留下其核心部分，既保留原图案的精髓，又使图形简单而实用。⑤

也许正是因为有了这样"提炼"的设计理念，以及受生产设计成本所限的客观存在，在展演中的西江苗族盛装图案成为被设计师提炼后的结果。然而，"提炼"是去芜求精的过程，是要从芜杂的事物中找出概括性的内容，这种行为本身就带有某种程度的程式化，得到大同小异的结果也就无须感到惊奇了。

如朱锷在《消解设计的界限》的序言中所说："就像一个人的性格根源于他的民族背景一样，设计师也无法将自己置身于设计之外。[……]

---

① 受访者：明宇；访谈时间：2011年7月26日；访谈地点：呼和浩特明松影视服装设计中心；访谈者：笔者。

② 陈超：《民族服饰元素在现代服装上的应用》，《丝绸》2007年第1期，第20页。

③ 徐百佳：《民族图案元素是现代设计之魂——贵州苗族图案元素在家纺设计中创新》，《南京艺术学院学报（美术与设计版）》2011年第4期，第115页。

④ 严卿方、姜葵：《贵州少数民族图案在包装设计中的价值》，《贵州民族研究》2013年第1期，第62页。

⑤ 赵浩、高菊兰：《不弃本质：彝族图案创新与传承方法研究》，《装饰》2018年第9期，第130页。

除却设计的起源，各种设计风格体系均由人来创造。当一位设计师在常年的设计实践中探寻出属于自己的风格体系，那么在设计生涯中，他会一直执著地去完善这个带有他个人倾向的风格体系，但当他周围的人开始将他的'设想'和'方法'转化为应该执行的规则时，强迫性便由此产生，固定的程式便开始成为无条件执行的公式。"①也许，面对西江当地人已经相对固化的西江传统苗族风格的图案，当代展演类服饰设计师往往为了与其风格接近，会"执著"地完善这个风格体系。而当设计师被限定于这种西江苗族传统风格体系时，便失去了自由表现他自己的机会。对"西江苗族盛装是这样的"的概括，既说明了"西江苗族盛装是这样的"，同时也说明了"西江苗族盛装不是那样的"，传统西江苗族服饰图案的风格体系的确限制了设计师的全面发挥。"在现实里，现在有太多的设计实践者都对风格体系有过多的依赖，而忘记了自己去独自行走，风格体系在此种情景下，实际上已成为往前行进路上的阻碍。"②

三、被转换的"意"

美国人类学家鲁思·本尼迪克特（Ruth Benedict）认为："一种文化就如一个人，是一种或多或少一贯的思想和行动的模式。各种文化都形成了各自的特征性目的，它们并不必然为其他类型的社会所共有。各个民族的人民都遵照这些文化目的，一步步强化自己的经验，［……］"③少数民族服饰图案艺术是在其各自民族文化的背景下形成的。民族间的差异有地域的差异，生活习惯的差异，最重要的就是文化上的差异。不同民族的文化内涵赋予这个民族的服饰图案艺术以独特的风格与形式。作为设计师，对西江苗族服饰图案审美特点的研究，也应该将其置于苗族文化背景下，归于其自身固有的生存环境和生存状态来进行，通过研究各种表现形式、多种生活方式以及民族的神话传说、民族历史、风俗习惯、宗教信仰、伦理道德等对它们的主体自身价值与意义的影响，把握隐藏在服饰图案背后的文化内涵和审美价值。

然而，在现实的设计当中，离开了原本民族服饰图案生境的设计作品，又有多少能够真正关注并体现这些图形背后的传统意义呢？在对展演类民族服饰设计师的访谈中，很多人向我谈到了他们对原生态民族服饰图

① 朱锷：《消解设计的界限》，桂林：广西师范大学出版社，2010年版，第15页。
② 朱锷：《消解设计的界限》，桂林：广西师范大学出版社，2010年版，第16页。
③ 〔美〕鲁思·本尼迪克特：《文化模式》，张燕、傅铿译，杭州：浙江人民出版社，1987年版，第45页。

案的处理方式：

　　笔者：少数民族服装上面有一些反映他们民族信仰之类的图案，这些图案在设计的时候要考虑它们背后的象征意义吗？

　　明：考虑，每个民族都不一样。把两个民族的元素结合在一起就是现代，表现的是现代民族服饰。比如这套衣服是贵州少数民族运动会开幕式上北京队队员的服装，北京就用清代满族有代表性的东西来设计，体现现代时装的创意。[①]

　　笔者：原本民族服饰上的装饰图案怎么处理？

　　郭：那些东西会用到，但也可以变形。也可以夸张，有些地方可以要，有些地方可以省略不要，这些东西都在咱们自己。

　　笔者：装饰的部位也可以变？

　　郭：部位有些是不能变的，是固定的。比如开衩的装饰你不能往胸口上加，开衩的图案就是开衩的，不能往别的地方加，那是固定的。如果是前面的开衩你可以把它变形处理一下，但是别的地方的开衩不能乱加，开衩就是开衩。鄂伦春女的黑色的角，就是满族服装的特点，慈禧太后的衣服就是这样的，他们就是把这个保留了，实际上这也不是纯粹的鄂伦春的东西，也存在着历史的演变。[②]

　　明：传统的吉祥纹样需要查阅资料，按照书上各个部落的样式来设计。元代的云花等，这些传统吉祥纹样在市场上都有卖现成的，参照书上的式样织出来的。为什么有这些现成纹样？是因为我们有需要，为了降低成本，人家就专门来做这些纹样。我们用提供好的绣片来缝到衣服上，如果是我们自己做，我们会用布料剪成所需要的图案，然后再贴补到衣片上。这些纹样都是书上的，加上美观和我的设计需要。我们一般做衣服不会用重复的花形，比如给客户做蒙古袍，给他做这个花形，给别人就会换一个花形，一般不会重复。针对我自己，别的厂家我不知道。每种图案为的是一种线条，虽然是民族图案，但是目的还是服装的美，印花图案也不是随便加的。但也不要全

---

① 受访者：明松峰；访谈时间：2011年7月29日；访谈地点：呼和浩特明松影视服装设计中心车间；访谈者：笔者。

② 受访者：郭健；访谈时间：2011年7月31日；访谈地点：呼和浩特明松影视服装设计中心车间；访谈者：笔者。

部按照民族服饰的式样来做，那样做出来的就是"文物"了，而不是设计。①

弗兰克·博厄斯（Franc Boas）在《原始艺术》中讲到了为什么工匠们乐于改变图案："在无论任何装饰图案都必需［须］安排在一定的面积里的情况下，工匠往往不愿意由于面积的限制而把自己画好的图案切掉某些部分，而喜欢把图案加以变化，尽可能把它装在限定的框框里。"②而对于当代展演类服饰设计师来说，传统服饰图案更多被关注是因其装饰性所体现出的美感。借助于与感性的内在关联，图案的审美功用获得了充分发挥。原本体现民族传统信仰的图案的意义被转换为对装饰美感的追求，而正因"审美知觉由快感所伴随。这种快感生于对象的纯形式的知觉，而不计其'内容'和其（内在和外在的）'目的'。以其纯形式表现出来的对象即是'美的'。这种表现是想象力的运作（或毋宁说是游戏）"③。设计师们通过感性的、非被动的，同时也是富有创造性的审美想象力，重新建构起这些传统服饰图案的意义。

四、被忽略的"神"

自南朝王僧虔在《笔意赞》中提出"书之妙道，神彩为上，形质次之"，到唐朝张怀瓘《书议》的"风神骨气者居上，妍美功用者居下"，再到清代刘熙载《艺概》的"炼神为上，炼气次之，炼形又次之"，可以说，神彩、韵味是中国平面造型艺术追求的最高境界。"神"是什么？"神"是内在的，是看不见的，是只可意会不可言传的。以西江苗族传统盛装刺绣图案为例，它的"神"可以体现在两个层面：对创作者来说，"神"是心灵的火花，挥针的灵气，她们在得心应手的创作中，以针线为笔墨，走针如笔一般行云流水，可以尽显达意传情之风采；对观看者来说，"神"可以触及神经，令人为之一振，任凭各人去联想，去意会，去品味。

著名艺术史家阿诺德·豪泽尔（Arnold Hauser）在《艺术社会学》中谈道："民间艺术从诞生之日起就保留着原始的社区性的艺术行为，我们很难在艺术的生产者和消费者之间划一条界线。彼此界线之所以模糊，不

---

① 受访者：明宇；访谈时间：2011年7月26日；访谈地点：呼和浩特明松影视服装设计中心；访谈者：笔者。
② 〔美〕博厄斯：《原始艺术》，金辉译，上海：上海文艺出版社，1989年版，第131页。
③ 〔德〕马尔库塞：《审美之维：马尔库塞美学论著集》，李小兵译，北京：生活·读书·新知三联书店，1989年版，第49页。

仅因为消费者在任何时候都可以成为生产者，而且因为从一开始人们就同时承担了生产、接受和再生产的任务。"① 也就是说，民艺生产者和消费者之间难以明确划分，两者都既是创造者又是使用者，这也正是民间艺术的社会学意义所在。因此，西江苗族传统盛装图案的生产者是妇女，从消费者的炫耀心理来说也是妇女所拥有。传统西江苗族盛装图案艺术是经过漫长的历史锤炼而高度浓缩了的民族文化，是苗族人民集体创作的一项艺术活动。在创作服饰图案时，苗族妇女们从自身生活需要出发，基于美好的心愿以及信仰、社交需要等，自发创作，不为出售，不受商品性的制约，按照自己的直观感受，无拘无束地表达思想。手工操作的民艺作品与工厂流水线生产的实用产品的差别在于前者有手工制作者精神、心智、经验和情感的投入，是用心制造的产物。西江苗族传统盛装图案艺术是富有灵气的，是生活在社会底层的普通苗族妇女在不经意中创造出来的，被塑造为该族群特有的品格并世代承传。正是这种不经意，使其带有真率和生动的气质，令观者心灵震颤，无法忘怀，因此它可谓"传神"之作。

可是，正如人们所见，在舞台上跃动的当代展演类西江苗服的图案元素是散碎和片段的，虽然足以令对其文化陌生的"看客"，对纷繁美丽的设计作品发出由衷赞叹，但是这些整齐划一的由模仿加提炼设计而成的产品即便是有了丰富饱满的形，即便是完成了"描龙绣凤"或"桃红柳绿"的工序，还是会给人感觉缺少某种气息，一种令形与意之间的意识流动，产生互为彼此的情态，出乎形外而生成的神韵。也许在这些展演中，能引人共鸣的不是演员的服饰，而更多的是一种氛围。因为在已有"模板"的基础上做变化容易，跟在别人的屁股后亦步亦趋容易，而做创新、做有自己的轨迹和神气在的"无法"和"无意"却是有难度的。借用笔者的一位具有设计师身份的访谈对象的话："我觉得这类服装设计的难度体现在设计中的变化，如果变多了，就不像了，变少了就感觉没变化。"②

在笔者对唐守成的访问中曾经提到这样的问题，是穿当地原生态的传统服饰来参加中华人民共和国成立60周年庆典的群众游行好，还是穿工厂批量制造的复制品好，他非常简明地回答道："穿当地原生态的传统服饰当然好，真枪实弹呀！"而当笔者继续追问："您怎样看待工厂制造出

---

① 〔匈〕阿诺德·豪泽尔：《艺术社会学》，居延安译编，上海：学林出版社，1987年版，第213页。
② 受访人：刘雨霏，女，1988年生人，是出生在河北的苗族人，中央民族大学美术学院2007级服装设计专业学生；访谈时间：2011年6月26日；访谈地点：中央民族大学美术学院；访谈者：笔者。刘雨霏参与了中华人民共和国成立60周年庆典"爱我中华"方队的游行，当时她穿的是红色的西江式苗族服装。受访时她还是笔者的学生，毕业后曾在国内一家知名服装企业——吉芬（JEFEN）从事时装陈列设计工作。

来的整体划一与您那里原生态苗族盛装的多样（每个人的都不大一样，甚至每个人的几件都不相同）呢？"他说："这两者之间感觉会不大一样。原生态不相同的传统服饰是根据不同季节、不同气候以及个人的审美和爱好制作的，而工厂制造出来的整体划一是旅游商业化的结果。"①

前面提到的西江苗族姑娘穆春，在访谈中是这样说的：

> **笔者**：在苗寨里博物馆对面有许多出租苗服给游人拍照的商户，她们是当地的苗族吗？她们的衣服是在哪里做的？又是谁设计的呢，是苗族还是汉族？您是否认同？
>
> **穆**：她们是当地人，她们的衣服有一部分是自己做的，大部分是去指定的地方订购的，也都是苗族的人自己改良制作的。我不太认同她们那样做，因为都是机绣的，有损我们苗族纯手工艺术的价值，但是那样做又便于游客穿，穿坏了也不可惜。②

从多日的闲谈中，从西江当地的苗族对"真枪实弹"和"苗族纯手工艺术的价值"的强调中，笔者可以隐隐地感受到，他们已经逐渐意识到这些"东西"是有价值的，即便他们还没能够完全理解"文化遗产"的概念，但族群边界意识一直潜存于他们心中。从某种程度上讲，这种性质和形式的苗服实际上与当地举办的各类手工技艺竞赛一样，是苗族人展示的舞台和生存的土壤，是族群在时下依然能够被发现其所具有的价值和意义的媒介之一。

第三节　意义体系与元素的碰撞：
设计师设计的西江苗服图案

一、碰撞后的产物

在当代展演类民族服饰设计中，难免会遇到传统民族服饰的意义体系与当代设计元素"针锋相对"的情况，在碰撞中设计师需要依据各方面的要求来适当调整自己的设计作品，因此碰撞后的产物有时也常常是"情非

---

① 受访者：唐守成；访谈时间：2011年7月18日；访谈地点：北京／西江千户苗寨（邮件访谈）；访谈者：笔者。

② 受访者：穆春；访谈时间：2011年7月5日；访谈地点：北京／西江千户苗寨（邮件访谈）；访谈者：笔者。

得已""身不由己"。

在笔者的访谈过程中，设计师明宇向笔者介绍他的设计经验时说："要适应演出需要，还要根据导演的想法以及设计需要来调整设计。有时某些民族元素是要保留的，比如做达斡尔族的服饰，就要把它的特点做出来，将衣襟做成朝左的。如果是做蒙古族服饰，有时我不愿意把它（蒙古族服饰支系）分得太具体，因为设计它不是展示文物，而是展示艺术。要让人一眼看出是蒙古族的服饰，是蒙古族比较贵族的部分，不属于老百姓的日常服装，而是盛装。"①这种抓特点、提取元素的设计手法是在当代展演类民族服饰设计中的惯用手法，就连正在学习中的服装设计专业的学生也是这样做的。

因为笔者有着高校服装设计专业的教师身份，所以在这个问题上，笔者也就近问了自己的学生刘雨霏，如果让她来重新设计"爱我中华"方队中的西江苗服，会怎样做。刘雨霏是这样回答的："首先要把它有特点的东西保留，不能丢掉，要不然就看不出来了。比如说银饰，要保留，但是可以简化一点，可以做得现代一些。因为我们的动作不大，头饰挺沉的，是用绳子来固定的。我觉得在样式上可以改一下，改成现代的那种夸张的，做形状的变化。在服装上，我想把颜色保留，因为它的颜色还是很好看的。图案上可以运用，但是要变形地运用。比如，袖口的图案不一定要运用在袖口上，可以用在身上，或分隔开再用，打乱原来的再用，因为毕竟是再设计，如果都按照原来的，就没有意思了。我还会把裙子改短，因为裙子长会很沉，跳不动。我觉得这类服装不用考虑时装流行，要考虑舞台的效果和对该民族特点的刻画。比如，在国庆方队游行中的衣服有转圈的动作，所以可以把裙摆放大一点。"②

尽管学生的设计想法不够成熟，没有对原本传统服饰中各元素间的结构加以考量，而更多的是从审美的角度来考虑，但恰在她的"设计"中，折射出当下服装设计界自上而下的对传统民族服饰图案的运用方式，那就是"留"（特点）加"取"（元素）的公式化设计技法。

在面对重工艺、重内涵意义的民族传统服饰图案时，当代展演类民族服饰的设计师也有着"难言之隐"，那就是受市场消费需求所限，其不得不在工艺设计定位上采用现代化工业流水线的批量生产模式。

笔者在采访张顺臣先生的时候，他跟笔者谈到了自己曾经多次前往民

---

① 受访者：明宇；访谈时间：2011年7月26日；访谈地点：呼和浩特明松影视服装设计中心；访谈者：笔者。

② 受访人：刘雨霏；访谈时间：2011年6月26日；访谈地点：中央民族大学美术学院；访谈者：笔者。

族地区去考察、体验生活的经历。在采风中，是否需要看当地民族服饰的具体做法以及装饰是笔者关注的问题，张先生说："制作方面呢，一看服装怎么做我们都知道。我们下去呢，主要是看样式，看上面的花纹，有什么特点，这是主要的。"而谈及关于采风后怎样在舞台服装中实现这些花纹时，他说："少数民族生活中好多花纹是绣的，在舞台上就不一定要绣了，过去我们在舞台上是印花。现在就是用花边，像云南一些个（民族）用花边的特别多，他们都是用花边来表现。云南的彝族大部分是用花边，还有像福建的畲族，好多都是用花边。"张先生指的花边和当代设计师用的花边是一样的，都是成品，不同之处在于时下花边的种类和产地比早先要丰富许多，这样设计师就有了更宽广的选择余地。除了花边外，张先生还谈到了要考察当地民族服饰的装饰技巧。

> 张：我们下去（调研）以后呢，一个是看它（民族服装）的样式，再有就是看人家是怎么装饰的，比如德昂族男的和女的衣服都区分不开，他们都是用毛线绒球，将毛线破开了以后，做成绒球球，吊在帽子上，搞那样的，还有领子上也搞成那样的，男女都用。
>
> 笔者：回来以后，怎么处理它（毛线绒球）呢？
>
> 张：回来可以按照它（的方法）做啊，但是就说那个颜色上可以给它搞得亮一点，它那个好多都是黑的，咱们不能给它搞成黑的。①

如果说在张老先生所处的那个年代，对当地民族服饰图案装饰工艺的学习研究还是颇为注重的；而到当代，许多展演类的民族服饰朝着快速消费品方向发展。有的时候只为一台演出定做专门的演出服饰，节目不演了，衣服自然也就不穿了。这种快速的消费方式使得设计师在对工艺的处理上也必须"提速"，以适应大环境的需要。在这样的情境之下，又有多少设计师顾得上去思考其民族图案背后的意义呢？

而在西江当地，展演中的西江苗服同样是流水线上下来的产物，在图案工艺的处理上自然也是用机绣。身为"蝴蝶妈妈"T恤衫店的店主兼设计师的潘璐说："这些演出服饰肯定都是改良过了的，适合唱唱跳跳的轻便服装，真正的苗族盛装穿上之后就只能走走路，根本跳不起来。这些演员的服饰都是去找厂家定做的。虽然是西江这边的苗族盛装，但是都不是

---

① 受访者：张顺臣；访谈时间：2011年7月7日；访谈地点：张顺臣家；访谈者：笔者。

手工的绣花和纯银的首饰。"①她认为表演的服装也只能是这样了，谁会舍得把自己出嫁的服装天天穿到台上来演出呢？

在笔者问到李美涛是否见过原生态的西江苗族盛装时，她说经常见得到，在书上看到过照片，在学校的博物馆看到过实物。谈及原生态苗服与照片上她穿的国庆游行中的苗服的差异时，她说："在做工方面的差异很大，原生态的苗服是手工制作的，而游行的服装是工业化制造的，只是形式上像苗族的服装，银饰啊花带啊之类的都比较有代表性，比较像苗族，但是在工艺上相去甚远。首先，那些绣全是机绣，离远看还是蛮好的，但是近处看还是蛮糙的。"②因为她自身是学服装设计专业的，所以会比其他参与者更看重服装本身，且能够从专业角度去观察这些重新设计过的民族服装。

"爱我中华"方队的服装设计师明宇，向笔者介绍了这些机绣工艺背后的设计制约："最实实在在的东西在于，与市场有关，即这个东西的价值。如果拿文物来，就说不好多少钱了。我们要为顾客考虑成本，考虑顾客的承受力。你不能让他花5000块钱、10000块钱来做一件衣服，他（承）受不了的。花2000、1000块钱，或是几百块钱，他能承受，可以做一件。而且人家需要，许多少数民族学生也好、演员也好，他们很希望有一件自己民族的服装。能穿得起，还能经常穿，怎么办？就需要我们这样的企业来为他们服务，让他们穿得起，穿得美。像这个苗族的传统盛装一身银饰就得十几万吧，人家是真货。但是就是这个样子，假的也有。"③

而同样是关注传统民族服饰的日本著名服装设计师三宅一生（Issey Miyake），在接受朱锷的访谈时，如此谈论现代工艺："我时常在关注现代工艺能允许我们做到什么，尤其是在面料研究领域能做到什么程度。但对于我来说，最终要展示的东西并不是工艺：最重要的是我们的大脑，我们的思维，我们的双手以及我们的身体，它们表达的是人最根本的东西。有人告诉我展示工艺是有风险的，但我却认为，在如今，和人去坦诚交流才是件很重要的事情。自从有了'一块布'的概念之后，我就开始关注人本身，我曾花过大量时间来考虑布料的革新问题，但现在我却觉得把视线调回到人自己身上是很重要的。毕竟最本质的以及能唤起人们情绪的，还是

---

① 受访者：潘璐，女，1983年生于贵州，汉族，西江千户苗寨"蝴蝶妈妈"T恤衫店店主兼设计师；访谈时间：2011年6月28日；访谈地点：北京／西江千户苗寨（邮件访谈）；访谈者：笔者。
② 受访者：李美涛；访谈时间：2011年7月1日；访谈地点：中央民族大学美术学院；访谈者：笔者。
③ 受访者：明宇；访谈时间：2011年7月29日；访谈地点：呼和浩特明松影视服装设计中心；访谈者：笔者。

人创造的那部分，毕竟那是所有表达的基础。"① 可见，制作工艺的现代化不应该是造成当代展演类民族服饰设计表现技法简单化、图案式样单一化的根本原因，因为即便是现代工艺制作出来的优秀设计作品，也当能唤起观者的情感。

笔者问到"爱我中华"方队中西江苗族女子盛装中的刺绣图案时，设计师明宇也表达出些许无奈："就在大形、形状上相似，不能看细。这些衣服我们在做的时候只能这样做，人家传统的苗族服饰上的图案是一针一线绣出来的，而我们这个都是买现成的绣花纹样再缝上去的，就是这么简单。人家是自己绣的，我们是现成的绣花，（初）一看这衣服（与传统的）一模一样，再往（近）看，你这衣服是成品绣片补上去的，是机械的，而人家是纯手工的。这个就存在一个什么问题？成本问题。而且一做就是几十人的衣服，人家传统的都是自己家里人花两年、三年时间给女儿做嫁妆，有的甚至做的时间更长。"② 这种用现成的绣花纹样的工艺，本身可供设计师选择的花形就不多，再加上一做就是几十套一模一样的服饰，与当地苗族妇女们自己手绣的件件不同的服饰相比，难免会让人感到图案式样过于单一化。

韦荣慧在谈到展演类民族服饰设计师模仿和照搬原生态民族服饰的设计现状时说："这类的设计任务通常都是政府行为，而且已经是很普遍地将民族服饰作为一个大的符号，也不去考虑传统服饰的文化色彩，里面一些（图案上的）小的文化符号没有设计师去仔细研究。我有话语权的时候我是不赞成这样做的，但是有些东西并不是我都能知道的，也管不了那么多。"③ 从访谈中笔者隐约感受到她对这些设计的看法，她认为苗装最打动人心的是那些"有意味的"文化内涵，而在展演舞台上，不要背离原生态民族服饰特点的设计要求，便可以视为合格的设计作品。的确，苗族民众对自己的文化把握是要比外来的设计师们有优势的。而设计师设计的作品与传统服饰的差异，体现出我们（设计师）对他们（苗族）的理解是有偏差的。

二、谁是赢家

"为了与'既有的风格体系'进行对顶，一些设计师开始酝酿对立概

---

① 朱锷：《消解设计的界限》，桂林：广西师范大学出版社，2010年版，第18～19页。
② 受访者：明宇；访谈时间：2011年7月29日；访谈地点：呼和浩特明松影视服装设计中心；访谈者：笔者。
③ 受访者：韦荣慧；访谈时间：2012年10月22日；访谈地点：中国民族博物馆；访谈者：笔者。

念,例如,三宅一生以'平面剪裁'来对顶'立体剪裁',[……]也有人以处处标示'独立'来对顶'主流'。"①的确,设计师对自己的设计作品有着掌控权,然而在面对西江传统苗族服饰图案的"意义体系"与"元素"的碰撞时,设计师对"意义体系"的主动放弃使得被抽离出来的图案"元素"似乎成为碰撞中的赢家,以胜利者的姿态赫然出现在设计作品当中,且作为民族的象征符号。这似乎与古代汉族传统服饰的"三镶五绲""五镶五绲""七镶七绲"的烦琐装饰图案,经过了民国20年的工夫才完全被去除一样,"我们的时装的历史,一言以蔽之,就是这些点缀品的逐渐减去"②。然而,其实这些传统"意义"与"元素"的对顶只是种表象,对顶的结果是一个对抗性群体的出现。当代展演类西江苗族服饰图案装饰是在碰撞中,逐渐被设计师减量、变形、转向,从而形成崭新的对抗性设计群体的。西江艺术团的负责人鄢洪是一位来自四川的姑娘,嫁到黄平苗家以后就跟着婆婆学苗语,学苗家的习俗。2008年,她被聘任为西江艺术团的舞蹈老师,据她自己介绍,她还有着多重身份,既是西江艺术团里的舞蹈老师,也是主持人,还是设计师。团里90%的演出服都是鄢洪自己设计的,笔者也就设计方面的问题对她进行了访谈。

笔者: 西江苗族传统盛装并没有红色底的,而是蓝色或黑色底的,你在设计的时候是怎么想到用红色为主色呢?

鄢洪: 我们苗族有不同的支系,服装就有着不同的特点。我根据各个支系的特点再发展,要立足它的根。像我自己的家属于中裙苗,那边的服饰是百褶裙到膝关节的位置,这个色调是猪肝红,也是黄平谷垅苗族服饰的特点。我们雷山这边的苗族是以黑色为主的黑苗,西江苗族头饰是一朵大花,雷山县城就是大银角,穿的是宝蓝色的上衣,下面穿花带裙。根据这个特点提炼加工,因为是在舞台上。我为什么用红色呢?因为红色本身代表着热情,西江苗族本身就是一个比较热情的民族。

笔者: 刺绣是机绣吗?在哪里做的?

鄢洪: 现在大部分是机绣,在当地做的。现在随着市场的需要,当地有很多从事服饰艺术加工的人。

笔者: 银饰是什么材料的?

---

① 朱锷:《消解设计的界限》,桂林:广西师范大学出版社,2010年版,第15页。
② 张爱玲:《流言》,上海:中国科学公司,1944年版,第70页。

鄢洪：随着社会的发展，不可能每个家庭都那么有钱可以有纯银的，原来都是讲究纯银的。现在在整个黔东南非常重视文艺团体，几乎各个村寨都有表演，所以相继就出现了用白铜仿制的银饰。有些人为了让它听起来好听一些，就叫它苗银，就像藏银一样，镀上一层银就有纯银的效果。

笔者：外地游客来到西江看到表演，会认为表演当中的服饰就是当地苗族的服饰。

鄢洪：我会这样想。这种展演的民族服饰对当地老百姓传统民族服饰的穿着有利也有弊。我在做这些展演服饰设计的时候，当地老百姓为了知道我是在哪里做的，就会跟踪我。我的设计是有根的，是来源于生活的，会抓住必要的东西。这对当地老百姓自己的传统服饰多少还是有影响的。民族设计的东西不能乱，必须遵照传统。我们有引导的责任，我也和我们景区管理的人员反映，要发展自己民族的好的东西，而不要将其他民族的东西拿来用，要传承自己本民族的东西。西江苗寨有西江苗寨的特点。①

"没有对情感和经验的文化差异和表现形式进行细致的考察，我们就无法直接领悟它们的本质，更无法将之从一个文化传达到另一个文化。"②对于展演类民族服饰设计师来说，对无须投入过多去考察文化差异和表现形式的元素加以处理是比较容易的，因为有了现成的花边，有了现成的刺绣图案，设计师所要做的就是选择性地将他认为是该民族图案的现成装饰品放置到衣服上就可以了。就这样，附加在图案上的意义被设计师加以转换，实现了美的价值重构。

针对以传统民族图案元素做现代设计的问题，笔者采访了潘璐。潘璐毕业于贵州大学艺术学院油画专业，与另外两个女孩合伙在西江千户苗寨开办了以苗族传统图案为设计灵感的"蝴蝶妈妈"T恤衫店。店里的T恤是按照设计需要在外面工厂定做的成品，然后再拿回来用丝网印或补绣的方式装饰以苗族蜡染图案。潘璐说："印花和蜡染都是自己手工做上去的，重点主要是做想法。"③问及缘何想到要开这样一家T恤衫店时，她告

---

① 受访者：鄢洪，女，汉族，西江艺术团负责人；访谈时间：2012年8月2日；访谈地点：西江千户苗寨西江艺术团；访谈者：笔者。

② 〔美〕乔治·E.马尔库斯、〔美〕米开尔·M.J.费彻尔：《作为文化批评的人类学：一个人文学科的实验时代》，王铭铭、蓝达居译，北京：生活·读书·新知三联书店，1998年版，第73页。

③ 受访者：潘璐；访谈时间：2011年4月16日；访谈地点：西江千户苗寨"蝴蝶妈妈"T恤衫店；访谈者：笔者。

诉笔者："读大学的时候就在想要做这样的一个事情。我本来就是贵州人，但是开始对少数民族文化不是很了解，来到西江看到了很多东西，机缘巧合之下就和现在的两个女性朋友一起开店了。"潘璐和合伙人不定期地会亲自下去收集蜡染，有时也会和熟悉的制作蜡染的苗族人联系，让制作者做好后可以卖给她们，但是她们从不会限制蜡染的题材与内容。而这种做法，则使得苗族妇女在制作蜡染时可以相对地不用刻意迎合定制者的需要，从而更多地存留下自身的民族特点及创作个性。身为从事传统服饰元素创新设计的设计师，潘璐对这类表演性的西江苗服有着更深刻的理解和看法。她说："真正的苗族传统服饰是值得尊敬和学习的。我们用于商业用途后需要改进和提炼，让它可以延续下去，留下最精华的东西，比如他们的祖先崇拜信仰、颜色的搭配和对生活的观察等等，这些东西都是他们服饰形成的体现。"[①]在这类服装的设计中，她认为设计重点即在于此。在体现设计师个人的风格、特色等方面，她认为"良好的设计师是可以通过自己的观察和学习吸收到东西的"。

就西江千户苗寨的表演性苗服设计而言，传统服饰图案当中符号意义的文化内涵并未被表述出来，设计师们也并不去刻意追求这些意义，对民族的表达和对民族身份的再现则是他们努力通过设计作品去呈现的。在西江的旅游开发中，向游客展示的、具有一定象征性的民族文化旅游产品被当作"真实"搬上了舞台，这些经过精心设计的西江展演苗服因为标有"传统"和"真实"吸引了游客的目光，满足了他们试图通过旅游来摆脱现代工业社会带来的"疏离感"的愿望。西江苗族民众穿着展演苗服向游客进行舞台表演的做法，既满足了游客想体验苗族风情的想法，同时还向游客展示了自己的民族文化，在经济和文化上实现了"双赢"。

三、何去何从的"意义"

许多少数民族没有文字，但却在没有文字的衣裙上面，装饰出许多美丽的蜡染、刺绣等缝缀的图案，他们用这些服饰图案来著出各自民族历史的天书。图案也是一种外化标签，起着规范、象征等指定作用。而这些富有意味的图案在当代展演类民族服饰设计师的眼中又意味着什么呢？

明松影视剧服装制作中心的设计师明宇非常坦诚地告诉笔者："南方少数民族的男装区分起来非常不容易，只能通过头饰和身上的花边来区

---

① 受访者：潘璐；访谈时间：2011年6月28日；访谈地点：北京／西江千户苗寨（邮件访谈）；访谈者：笔者。

分，比如瑶族、土家族兜子上的花边不太一样，畲族的男装前襟有两道花边，为啥这么弄，是人家传统，深究起来我们也只是看资料。每个民族服饰的文化可以从资料中考据的，其实并不多。几大民族自治区的少数民族还可以，其他的真要深究也不好弄。只有当地做的那些人知道其中的讲究，像我们这样的，大部分民族艺术服饰生产的厂家都是照着做，不要出问题就好了。别搞得太外行了，太外行了就不应该做民族服装了。这也需要学习，不是一天两天、一年两年能搞出来的，需要日积月累，干一辈子学一辈子呗。"①在设计师明宇看来，搞清楚民族服饰图案中的意义也许并不是设计师的当务之急："我觉得做研究的人应该搞得比较细，像我不是做研究的，是做将民族传统服饰艺术化的东西，我也只能是看别人的研究成果，间接性地拿来用，我也没有时间和精力直接去当地考察。如果我要将当地原汁原味的东西拿出来做的话，需要一个很好的市场，需要机会。可以这样做，但是需要市场和机会允许你这样做。做了，当地人是否认可？既然我们做了，我们就要被当地人认可。你一个北方人做苗族的东西，做可以，但是难度会很大，要做北方民族，比如蒙古族，那可以，很容易。"这也许代表了一些设计师的想法，对于传统民族服饰的研究是有着不同方向的分工的，搞理论研究的需要深入探究服饰背后的文化，而搞实践设计的则需要掌握间接运用的能力。

当代展演类民族服饰的市场竞争激烈，为什么"明松"能承担起设计2008年奥运会护旗手的民族服饰以及2009年国庆游行方阵的民族服饰这样具有某种政治任务性质的项目呢？"明松"的三位主要领导者一致认为，是因为他们经历了大连民族学院校庆、中央民族大学50周年校庆、2004年雅典奥运会接旗等这样几次大的活动，积累了一定的经验和良好的声誉，然后才能拿到奥运会和国庆方阵的民族服饰项目。刘景梅回忆道："当时能做少数民族服装的很少，都是当地的一些小作坊，而且只能做当地的。我们照着书都能拿来做，尽管当时我们做得也不太好，有不足的地方，但是我们尽可能地把书上的民族，几个写得特别好的民族，做得很到位。"②

的确，现成的图像资料是当代展演类设计师的主要设计参考资料。明宇在访谈中告诉笔者，尽管自己是北方人，对南方民族了解得不多，但是要让他搞一台苗族舞剧的服装设计也是没有问题的，他说："来源就是这

---

① 受访者：明宇；访谈时间：2011年7月26日；访谈地点：呼和浩特明松影视服装设计中心；访谈者：笔者。

② 受访者：刘景梅；访谈时间：2012年1月12日；访谈地点：中协宾馆；访谈者：笔者。

些材料和书。除非书有问题，照片拍的是假的，把苗族拍成德昂族去了，或是材料整理错误。现在我可以分得很清楚了，要是以前我真的不知道。比如瑶族有贵州的瑶族、有云南的瑶族，跟苗族的融合特别接近，民族服饰融合的现象特别多，像松桃的苗族与湖南湘西的土家族特别像，已经很难分辨出来了。"①

对于当代展演类民族服饰设计师来说，不犯"张冠李戴"的错误，能在大体上与传统民族服饰形似，就算是成功的设计作品。而对于其中内涵丰富的图案来说，也不过是在这个过程中的一个辅助物。因为原本是具创造性的、有因人而异的唯一性的刺绣服饰图案，在当代展演类民族服饰设计过程中，俨然已如时装设计中的拉链、扣子等这些配件一样成为设计辅料了。而在通常情况下，这些辅料是不用设计师来设计的，设计师对辅料只有选择的份儿。因此，在当代展演类民族服饰设计中，传统服饰图案中的丰富意义被淡忘了，设计师需要的只是它们的"色"和它们的"形"，它们的意义在设计过程中已经被转换。原本传统西江苗族服饰图案的象征功能已超出审美范畴，他们把服饰图案作为一种象征、作为体现文化精神或社会需要的种种人文观念的载体，有时创作者完全是为了借助服饰图案来达到某种象征、指意的目的。而在当代的展演类西江苗服设计中，这些图案更多地回归到审美范畴当中，它们体现的苗族服饰"意"与"神"的功能并未得到设计师的重视，在设计师眼里它们虽然仍被作为指征西江苗族的道具，但是设计师更在意的是它们是否像原生态传统服饰上的东西，要的只是"形似"。

然而，对于这种知其然而不知其所以然的设计状态，也并不是为所有人所认同，许多搞民族文化研究的人会发出一些批评的声音。鼓藏头唐守成认为："盛装里面要绣龙、绣蝴蝶、绣鱼，这里面有很多意义。现在演出的服饰往往运用了夸张化、简单化的设计手法，为了迎合外面人的喜好，好看，很商业化，而原本盛装的含义都没有考虑。工艺上都不是手绣的，是机绣的，这对传统服饰的传承不利。就像下面给游客照相的那些服饰，叮叮当当的、乱七八糟的，和演出服一样会让一些游客误认为那就是我们这里的传统服饰，穿起来漂亮就行。景区管理局在这方面欠缺考虑，在民族文化的传承与保护方面没有做到位。民族服饰比较随意地设计，侗族的拉过来，彝族的也拉过来，租衣服的老百姓也比较乱。"②唐守成作为

① 受访者：明宇；访谈时间：2011年7月26日；访谈地点：呼和浩特明松影视服装设计中心；访谈者：笔者。

② 受访者：唐守成；访谈时间：2012年8月3日；访谈地点：唐守成家；访谈者：笔者。

西江的鼓藏头，更多的是从整个苗寨宏观发展的角度来考虑管理问题。在他看来，政府对西江民众也要引导，要让西江人在自身传统服饰的基础上加以改良。比如他设想克服传统盛装两层比较厚重的缺点，用单层的土布做成便装，做成坎肩，"农村人要有农村人的味道。全部人都穿，要有自己的民族特色。人家一来，就知道哪个是苗寨里的人，比较古朴，好看。政府不要过多关注经济利益，也应该考虑朝哪个方向持续发展，保留民族传统文化"。

中央民族大学民族博物馆原副馆长刘军教授认为："传统和现代结合，符号学的理论仍然要在表演服装中有所体现，这样才能相对表现出民族服饰文化中的底蕴。仅仅通过图案啊、大概的结构啊这些来表现，我觉得还不够。有些细节的东西，比如台江地区的苗服衣襟有块位置不能缝合，按照他们苗族人的风俗，对香火的传承、子孙的繁衍等是有利的。还有苗族绣花鞋要将后跟窝回去，踩到脚底下。如果在表演中，能够遵循当地穿着习惯，还是能体现民族文化的。包括在讲解词当中，简单介绍民族服装的特点，表现什么东西。我们在地方定做的衣服，都是完全按照当地传统的样式，面料也是蓝靛染的，只不过是衣服尺寸比较大。也有一部分是在张师傅那里定的。花边在大红门买得到。有些东西比如刺绣，即便不手绣，也应该机绣出来。即便是表演，还是要尽可能地反映传统文化的特点，又要考虑舞台表演，又要考虑方便，然后适当地变化还是可以的。我原来的想法就是要传统，要原生态，但是后来在实践中我也感觉到传统的东西还是有些问题，比如奕车人的布料会掉色，有些地方完全按照当地人的服装设计，比如说扣子，还是不方便。后来，在外面有假扣，里面用粘扣，这样换衣服的时候比较方便。有些地方还需要改动，比如盘在头上的头巾，就要事先盘好固定好，像戴帽子似的戴上。但如果需要强调这个头巾的穿戴过程，要有这个环节，就不能盘，要夸张，在舞台上展示如何盘。包括腰带，花腰傣的腰带很长，需要突出表现。"① 由刘教授的观点看来，设计师不能仅了解民族传统服饰的皮毛，还要对当地人的服饰细节有所认知，这样做出来的设计才是真正意义上的民族服饰。

如霍尔（Stuart Hall）所言："意义事实上产生于几个不同的场所，并通过几个不同的过程或实践（文化的循环）被传播。意义就是赋予我们对我们的自我认同，即对我们是谁以及我们'归属于'谁的一种认知的东西——所以，这就与文化如何在诸群体内标出和保持同一性及在诸群体

① 受访者：刘军；访谈时间：2011年6月30日；访谈地点：中协宾馆；访谈者：笔者。

间标出和保持差异的各种问题密切相关。"① 西江苗族人赋予他们的服饰图案以意义，在社会持续不断的生产过程中，那些世俗的知识、主观的意义和实践的能力扮演了颇为重要的角色。而当代展演类西江苗服的设计师们也一样，在对这些富有意义的图案的处理上，既不是与传统完全割裂，也不是刻意忽视，他们的设计仍旧是对传统西江苗族盛装各种图案意义的延续或转换。借用布迪厄的话就是："因为他们并没有被化约为通常那种根据个体观念而理解的个人；同时，这些行动者作为社会化了的有机体，被赋予了一整套性情倾向。这些性情倾向既包含了介入游戏、进行游戏的习性，也包含了介入和进行游戏的能力。"② 可以这样理解，并不是"意义之网"使设计师与西江本土苗民彼此分离，而相反，恰恰是这些设计师在追求"形似"的图案的"大力襄助"之下，在演出活动中的立足也受到了相当程度的保护和推介，设计作品得到了观者的认同。而本书三个场景中的设计师，他们有的是本土的，有的是外界的。不同文化背景下的设计师在理解和处理民族服饰文化内涵的深层次意义时也是不同的，外界的设计师更多的是在选择用料、图案以及色彩上对艺术审美的追求，而不是像当地人一样，将民族服饰看成是和自己人生相联系的一种延续性的东西。设计师设计展演类西江苗族服饰的过程，是一个通过自身想象将民族形象抽象化的过程，在将民族身份外化的同时，试图通过一些西江苗族的"标签"而将民族认同加以具体化。

① 〔英〕斯图尔特·霍尔：《表征：文化表象与意指实践》，徐亮、陆兴华译，北京：商务印书馆，2003年版，第3页。

② 〔法〕皮埃尔·布迪厄、〔美〕华康德：《实践与反思——反思社会学导引》，李猛、李康译，北京：中央编译出版社，1998年版，第20页。

第四章　元素拼贴与设计制约

第一节　被拼贴的展演西江式苗服盛装

路易莎总结了西江苗族服饰的几个标志性的特点："在所有的工艺技巧中，最主要的当属刺绣。苗绣装点在男人、妇女——尤其是妇女和儿童的衣服上。苗绣的针脚细密精致、花样繁多，令人称奇……银饰也是苗族服饰的重要标志。银饰在苗族家庭中被看作财富，也是要传给后代的。苗族的头发有特别的梳妆式样——通常因年龄和婚姻状况而各有不同，它也体现着苗族的特有风格。如果要参加公开活动，她们就会花很多时间与精力来塑造头发式样。"[①]就连做人类学研究的美国学者路易莎也会自己将西江苗族服饰加以总结归纳，更何况是擅长抽取民族元素再加以拼贴重构的服装设计师呢？

"对于艺术作品来说，起始点是包括一个或数个对象和一个或数个事件的组合，美学创造活动通过揭示出共同的结构来显示一个整体性的特征。"[②]在列维-斯特劳斯看来，艺术创作为突出艺术作品的某些特征，会遗弃创作对象的其他维度。中央民族大学美术学院服装专业2007级的学生李美涛作为一个准专业人士，在接受笔者的访谈时就提到："如果让我来抽取西江式苗族盛装的几个特点，我认为是长裙、飘带、银饰这三点。"[③]而她的同班同学李雨霏则认为"西江苗族盛装中要保留、不能丢掉的特点是银饰和飘带裙"[④]。尽管，设计师在抽取西江传统苗族盛装特点的时候各有侧重，但在当代展演类西江苗族服饰设计中，设计师们多半会受到各种形式的符号支配，精心地将传统盛装的结构、刺绣、飘带裙以及银

---

① Louisa Schein: *Minority Rules: The Miao and the Feminine in China's Cultural Politics*, Durham& London: Duke University Press, 2000, p.65.

② 〔法〕克洛德·列维-斯特劳斯：《野性的思维》，李幼蒸译，北京：中国人民大学出版社，2006年版，第31页。

③ 受访者：李美涛；访谈时间：2011年7月1日；访谈地点：中央民族大学美术学院；访谈者：笔者。

④ 受访人：刘雨霏；访谈时间：2011年6月26日；访谈地点：中央民族大学美术学院；访谈者：笔者。

饰提炼出来，作为西江苗服的标志性象征拼贴在各自的设计作品中。至于为什么会选择这几样，设计师基本上是回答说，这些是西江苗族盛装的特点，是不能变的。

一、直线平面的结构

（一）"长裙苗"服饰结构演变

苗族没有自己的文字，也就没有对其服饰的发展变化脉络进行清晰记录的文献，但从传唱至今的苗族古歌以及汉文文献中，可以看到苗族服饰的历史渊源及发展。苗族古歌《沿河西迁》（苗语为"Nangx Eb Jit Bil"）唱道："吃的是些葛根饭，芭蕉叶来作衣穿。又吃笋装秕糠饭，拿笋壳叶作衣穿。"[1]说明在原始社会时期，苗族先民过着狩猎采集型的经济生活，尚未发明纺织技术，仅以树叶草葛为衣，后来逐渐发展到"山中野藤作纽襻"[2]等较为简单的纺织行为，随着生活水平的提高进而发展到"蜡染又绣花，种稻种棉花"[3]"鞋跟丝线来编结，鞋尖丝线来刺绣"[4]等更为复杂的服饰生活。在《后汉书·南蛮传》中有苗族先民"三苗""织绩木皮，染以草实，好五色衣服，制裁皆有尾形"的记载；《后汉书·西南夷传》中则有今天云南保山地区包括苗族在内的少数民族"知染彩、文秀"的记载。可以推断，在春秋战国之前，苗族上衣下裳[5]的服饰形制已经基本形成，且苗民已经掌握了用树皮织布、用草的果实将布进行浸染的服饰工艺。

自唐宋之后，随着生产力的提高与发展，"缉木叶以为上服"[6]的服饰现象已不多见，苗族服饰文化已从被动选择走向了主动创造阶段。唐代，苗族"贯首服"初见于文献。《旧唐书·西南蛮传》载："南平獠者

① 贵州省少数民族古籍整理出版规划小组办公室：《苗族古歌》，燕宝整理译注，贵阳：贵州民族出版社，1993年版，第656页。
② 贵州省少数民族古籍整理出版规划小组办公室：《苗族古歌》，燕宝整理译注，贵阳：贵州民族出版社，1993年版，第748页。
③ 潘定智等：《苗族古歌》，贵阳：贵州人民出版社，1997年版，第168页。这句歌词出自苗族著名的丧葬古歌《焚巾曲》。《焚巾曲》流传于黔东南苗族地区，类似于其他民族或其他地区的苗族的指路经（歌）。唱完《焚巾曲》后，要焚烧白布巾，故此得名。文中所引的《焚巾曲》由王嘎秋和王你秋演唱，王秀盈搜集整理。
④ 贵州省少数民族古籍整理出版规划小组办公室：《苗族古歌》，燕宝整理译注，贵阳：贵州民族出版社，1993年版，第711页。
⑤ "上衣下裳"和"深衣"为中国古代两种服饰形制，分别为上穿衣下穿裳和衣裳连属的服饰结构。这里的裳指的是裙。据史料记载，上衣下裳的服饰形制要先于深衣，而关于苗族服饰形制的文献记载中亦是如此。
⑥ （清）田雯：《黔书》卷上，清光绪二十三年刻本。原文为："夭苗在陈蒙烂土夭坝，一名黑苗。缉木叶以为上服，衣短裙。女子年十五六，构竹楼野外处之。死不葬，以藤蔓束之树间。"

［……］男子左衽、露发、徒跣。妇人横布两幅，穿中而贯其首，名为
'通裙'。"可见，"贯首服"在当时是苗族较为传统的服饰类型之一，其
款式特征是"横布两幅，穿中而贯其首"。唐时，苗族不仅在服饰形制上
有了变化，而且在服饰装饰工艺方面也颇为重视。宋代郭若虚《图画见
闻志》载："唐贞观三年，东蛮谢元深入朝［……］中书侍郎颜师古奏言：
'昔周武王治致太平，远国归款，周史乃集其事为《王会篇》。今圣德所及，
万国来朝，卉服鸟章，俱集蛮邸，实可图写贻于后，以彰怀远之德。'上从
之，乃命阎立德等图画之。"①据文献可知，这位谢元深即是当时统领丹寨
等地疆域的少数民族首领，其"卉服②鸟章③"的衣服颇具特色，中书侍郎建
议唐太宗让宫廷画家阎立德将其画下来。唐代诗人杜甫也曾写下了"五溪
衣服共云山"的赞美诗句。宋代朱辅在《溪蛮丛笑》中记载苗族"通以斑
细布为之裳"，"溪洞爱铜鼓，甚于金玉。每模取鼓文，以蜡刻板印布，入
靛缸渍染，名点蜡幔"。这些文献中记录下来的"通裙""五色服""卉服鸟
章""斑细布"既说明了这一时期苗族服饰的形制风格，也印证了苗族先民
已掌握制作这些服饰风格的技艺。

　　明代苗族服饰在结构、原料、制作工艺、功能等方面有了更进一步的
发展。弘治年间的《贵州图经新志》记载了苗族妇女的贯首装："衣用土
锦，无襟，当服中作孔，以首纳而服之。别作两袖，作事去之。"④郭子章
的《黔记》也记载了男子"斑衣左衽，或无衿襘，窍以纳首，别作两袂，
急则去之，插鸡尾于颠"，妇人则"杂海𧵅、铜铃、药珠，结缨络为饰"。⑤

　　前述提到，苗族社会在清初之前属于较少由中央政府管辖的地区，因
此能够较好地保持其独特的服饰文化特征。清代陈鼎的《滇黔记游》称
云南"夷妇纫叶为衣，飘飘欲仙。叶似野栗，甚大而柔，故耐缝纫，且可

① （宋）郭若虚：《图画见闻志》卷五《故事拾遗·谢元深》，明津逮秘书本。
② "卉服"一为用绨葛做的衣服。《尚书·禹贡》云："岛夷卉服。"孔颖达疏："舍人曰：'凡百草一
名卉。'知卉服是草服，葛越也。葛越，南方布名，用葛为之。"《汉书·地理志上》云："岛夷卉
服。"颜师古注："卉服，绨葛之属。"唐代吴筠《高士咏·孙公和》云："孙登好淳古，卉服从穴
居。"明代宋濂《白牛生传》云："锦衣与卉服虽异，暖则一。"另外，"卉服"还借指边远地区少
数民族或岛居之人。《魏书》云："辫发之渠，非逃则附；卉服之长，琛赆继入。"唐代王维《送从
弟蕃游淮南》诗云："席帆聊问罪，卉服尽成擒。"清代林麟焻《林舍人使琉球诗》云："徐福当年
采药余，传闻岛上子孙居。每逢卉服兰阃问，欲求嬴秦未火书。"
③ "鸟章"一为鸟形图饰之意，《诗经·小雅·六月》载："织文鸟章，白旆央央。"郑玄笺："鸟章，
鸟隼之文章，将帅以下衣皆著焉。"左思《吴都赋》载："贝胄象弭，织文鸟章。"刘逵注："鸟章，
染丝织鸟，画为文章，置于旌旗也。"另外，"鸟章"又可借指少数民族，唐代吕温《皇帝亲庶
政颂》载："鸟章之长，椎髻之君。会朝明廷，其从如云。"
④ （明）沈庠：《贵州图经新志》卷十一《龙里卫·风俗》，（明）赵瓒等纂，明弘治刻本。
⑤ （明）郭子章：《黔记》卷五十九《诸夷·苗人》，明万历刻本。

却雨"①，证实了直至清代，苗族仍有就地取材的服饰用料习惯。在发饰方面，苗族人自古喜欢"椎髻"，据《淮南子•齐俗训》载："三苗髽首，羌人括领，中国冠笄。""髽"即为用麻束住头发盘成椎髻于头顶。《离骚》载："高余冠之岌岌兮，长余佩之陆离。"《南齐书》亦载："蛮俗，衣布徒跣，或椎髻，或剪发。"这些文献记载均印证了当时包括苗族先民在内的楚人好椎髻高冠。而在服制上，清时贵州各地苗族女子逐渐形成了穿细褶短裙或长裙，女子衣裙以锦为缘，上衣无衿，喜刺绣、蜡染为饰，发插翎羽、笼木梳、插银簪等服饰共性。直至清代，虽贵州各地的服饰各有不同，但苗族女性多数服饰沿袭了喜花衣、杂五色、椎髻髽首、科头跣足等作为"盘瓠"后人的服饰习俗，主要服饰材料为自纺自织的棉、麻布。

由于清代实施"改土归流"政策，加之日益加重的民族矛盾，清政府加强了对苗族的关注，因而清代记载苗族及苗族服饰的典籍颇为丰富，尤以"图说"的方式对苗族服饰进行形象描绘和解说的图册较为著名，如《全苗图》《八十二种苗图并说》《苗蛮图说》《苗蛮图册》《百苗图咏》等，统称为《百苗图》。

清乾隆年间的《皇清职贡图》描绘了贵州各民族包括苗族的头饰、服饰（见图4-1）：

> 贵阳大定等处花苗［……］有大头小花之称，衣以蜡绘花于布而染之，既染，去蜡则花纹似锦。衣无襟衽，挈领自首以贯于身。男以青布裹头，女以马尾杂发编髻，大如斗，笼以木梳。

> 铜仁府属红苗［……］衣用自织斑丝，男椎髻，约以红帛。女戴紫笠，短衣绛裙，缘以锦，垂带如佩。

> 黎平古州等处黑苗［……］其人衣短尚黑，女绾长簪，垂大环，衣裙缘以色锦，皆跣足［……］颇勤耕织，寒无重衣。

> 贵定龙里等处白苗［……］男科头赤足，妇盘髻长簪。衣尚白，短仅及膝。

> 修文镇宁等处青苗［……］其人衣尚青［……］妇人以青布蒙首，缀以珠石，短衣短裙。

> 清平县九股苗［……］男女习俗服食与黑苗同。

> 贵定县平伐苗［……］男子披草衣，女系长裙。

> 定番州谷蔺苗［……］男女皆短衣［……］妇以青布蒙髻，勤织

---

① （清）陈鼎：《滇黔记游》，清康熙四十一年刻本。

纺，其布最为细密，有谷蔺布之名。

黎平府罗汉苗［……］衣尚黑，男未室则插羽于首，远者为生苗，短衣挟弓［……］妇人散发，绾插木梳，数日必以水沃之。以金银作连环饰耳，衣以双带结背，长裩短裙，或止系长裙，垂绣带一幅，日衣尾。

都匀平越等处紫姜苗［……］其人衣尚黑色，男女俱椎髻缠以黑布，男子肩披铁铠。

广顺州克孟牯羊苗［……］男青衣椎髻，女盘髻短裙。[①]

图4-1 《皇清职贡图》中的黑苗服饰形象

日本早稻田大学收藏的《蛮苗图说》亦图文并茂地记载了清代贵州各地的苗族服饰及习俗：

花苗［……］衣用败布绩条织成，青白相间，无领，袖洞其中从头而笼下，或以半幅中分交缠于项。

白苗［……］黔西所属，穿白衣，男子蓬头赤足，妇人盘髻长簪绾发。

青苗［……］衣尚青，妇人以青布绾发为髻，制如九华巾，男子竹笠草履。

黑苗［……］衣服皆尚黑，男女俱跣足。

红苗［……］衣用斑丝织成，女工以此为务。

九股苗［……］出入长戴铁盔，前有护面，后有遮肩，身披铁

---

① 以上均见于（清）傅恒：《皇清职贡图》卷八，清乾隆刻本。

甲，及下用铁线围身，铁皮缠腿。

黑脚苗［……］男子短衣大裤，头插白翎。

短裙苗［……］男子穿短衣宽裤，妇人穿短衣无襟袖，前不护肚，后不遮腰，不穿裤，其裙只长五寸许，极厚而细褶，聊以遮羞而已。

尖顶苗［……］男女皆梳尖头髻。

罗汉苗［……］男子戴狐尾，披发于后。

谷蔺苗［……］男耕女织，其布精细，谚云"欲作汗衫裤，需得谷蔺布"。

箐苗［……］男女衣服均自织制。①

除此之外，还有《黔书》《苗俗记》《黔南识略》《苗疆风俗考》《黔南职方纪略》等文献，都对迁徙至贵州的苗族及其服饰进行了详细的记载。从浩瀚的文献记载中，可以窥见清代苗族服饰各地不同风格之一斑。

田雯的《黔书》载：

花苗在新贵县广顺州。男女拆败布缉条以织衣，无衿，窍而纳诸首，以青蓝布裹头。少年缚楮皮于额，婚乃去之。妇人敛马鬃尾杂人发为髻，大如斗，笼以木梳。裳服先用蜡绘花于布，而后染之，既染，去蜡则花见。饰袖以锦，故曰"花苗"。

青苗在镇宁州，服饰皆尚青。男子顶竹笠，蹑草屦，佩刀。妇人以青布一幅，制如九华巾著之。

白苗［……］服饰皆尚白［……］男子科头赤足，妇人盘髻长簪。

平伐司苗［……］男子披草衣短裙，妇人长裙绾髻。

九股黑苗［……］服尚青。

短裙苗［……］以花布一幅横掩及骭。②

而在《苗俗记》中，田雯亦对"花苗""牯羊苗""青苗""白苗""谷蔺苗""平伐司苗""九股黑苗""紫姜苗""短裙苗""夭苗""阳洞罗汉苗"等不同支系的苗族服饰有着相同的记述。

《黔南识略》亦载，贵阳府地区的"花苗衣无衿，窍而纳诸首。男以青布裹头，妇人青衣短裙，敛马鬃尾杂发为髻，大如斗，笼以木梳。裳服

---

① 日本早稻田大学藏：《蛮苗图说》，清抄本。
② 以上均见（清）田雯：《黔书》卷上，清光绪二十三年刻本。

先用蜡绘花于布而染之，既染，去蜡而花现。衣袖、领缘皆用五色绒线刺锦为饰，裙亦刺花，故曰花苗［……］白苗衣尚白，短仅及膝，男子科头跣足，盘髻长簪［……］青苗［……］服饰皆尚青，冠竹笠，蹑草履，佩刀。妇人带青布一幅，制如九华巾"[①]。贵定县的"平伐苗［……］花衣短裙，妇人桶裙，绾髻"[②]。镇远府的"黑苗……男女皆挽髻向前，绾簪戴梳，衣服以青为色。男勤耕作，种糯谷。女子银花饰首，耳垂大环，项戴银圈，以多者为富，其所绣布曰苗锦"[③]。台拱同知的"九股苗……今男子多有汉装者，妇女短裙窄袖，耳环大径二三寸，项带大银圈，插簪长尺许"[④]。

　　清代的文献记载除关注苗族各支系服饰的细节与差别外，在一些文献中服饰的贫富区分功能被进一步强化。例如，《苗防备览》载："苗服，惟寨长薙发，余皆裹头椎髻，去髭鬓，短衣跣足，着青布衫，间用黑布，袴腰系红布，领亦尚红，衣周边俱绣彩花于边。富者以网巾束发，贯以银簪四五枝，脑后戴二银圈。左耳贯银环［……］其妇女，银簪、项圈、手钏、行縢皆如男子，惟两耳贯银环二三四五不等，以多夸富。衣较男子微长，斜头直下，用锡片、红绒或绣花卉为饰；头带银梳，以银丝密绕其髻，裹以青绣帕；腰下系带，下不着裹衣，以布棉为裙，而青红间道，绣团花为饰。"[⑤]

　　清政府在关注苗族等其他少数民族的同时，强制推行与对待汉民一样的"剃发令"[⑥]政策，苗族人民虽多次奋勇反抗，但均被残酷镇压。"改土归流"至清末民初时期，贵州有些地区的苗族服饰发生了较大变化。道光年间，罗绕典在《黔南职方纪略》载：

　　　　白苗贵阳、定番、大塘、广顺、开州、贵筑、龙里、贵定、修文、归化、黔西、清江、黎平皆有之。衣尚白，短仅及膝。男子科头

① （清）爱必达：《黔南识略》卷一《贵阳府》，清光绪三十三年刻本。
② （清）爱必达：《黔南识略》卷二《贵定县》，清光绪三十三年刻本。
③ （清）爱必达：《黔南识略》卷十二《镇远府》，清光绪三十三年刻本。
④ （清）爱必达：《黔南识略》卷十三《台拱同知》，清光绪三十三年刻本。
⑤ （清）严如煜：《苗防备览》第四册《风俗考上》卷八，清道光刊本。
⑥ 满族入关后第二年（1645年），不接纳汉人的服饰习俗，曾以暴力手段推行剃发易服，后为缓和民族矛盾，实行"十从十不从"的措施。"十从十不从"是清朝采纳明朝遗臣金之俊的建议而采取的措施，亦称"十降十不降"，未见有正式命令或明文规定。"从"是指服从清朝统治，按清朝的规矩办，"不从"则为按汉族习俗办。具体内容包括"男从女不从、生从死不从、阳从阴不从、官从隶不从、老从少不从、儒从而释道不从、娼从而优伶不从、仕宦从婚姻不从、国号从官号不从、役税从文字语言不从"。

赤足，妇人盘髻长簪。

花苗贵阳、定番、大塘、广顺、开州、贵筑、贵定、修文、安顺、郎岱、归化、永宁、镇宁、普定、清镇、大定、平远、黔西、威宁、水城、毕节、镇远、施秉、胜秉、天柱、黎平皆有之［……］衣用败布缉条以织，无衿，窍而纳诸首。男子以青布裹头，妇人敛马鬃尾杂发为髻，大如斗，笼以木梳。衣裳先以蜡绘花于布，而后染之，既染而去蜡则花见，饰袖以锦，故曰花苗。

青苗贵阳、长寨、定番、大塘、罗斛、广顺、贵筑、龙里、贵定、修文、安顺、郎岱、归化、镇宁、普定、安平、清镇、大定、黔西皆有之。衣尚青，男子顶竹笠躧履，出入必佩刀［……］妇人以青布制如华山巾蒙首，衣止及腰，裙长掩膝。

黑苗黄平、镇远、台拱、清江、镇远县、施秉、胜秉、天柱、平越、都匀、八寨、都江、丹江、独山、麻哈、都匀县、清平、黎平、永从皆有之。衣短尚黑。妇人绾长簪，耳垂大环，挂银圈于项，以五色锦缘袖。男女跣足。[1]

以上这些苗族支系的服饰记载并未发生多少变化，然而文献中记载遵义县的"青头苗"，遵义、绥阳、桐梓、仁怀的"红头苗"，威宁的"童家苗"，遵义、正安、绥阳、仁怀、桐梓的"雅雀苗"等苗族支系的服饰，尤其是男子，改装的现象增多，其服饰几与汉民同，被严重汉化。受到相邻近或杂居的其他民族文化涵化的影响，一些苗族传统服饰习俗发生改变，例如，男女上衣"左衽"[2]的式样，自道光后大多改为"右衽"。而在偏远山区的苗族，如黔东南的"黑苗""高坡苗"，黔西的"花苗"，黔中和黔南的"白苗"等，仍在较大程度上承传着传统的民族服饰。据光绪末

---

① 以上均见（清）罗绕典：《黔南职方纪略》卷九《苗蛮》，清道光二十七年刻本。

② "衽"，本义为衣襟。在服装史学界习惯将左前襟掩向右腋系带，将右襟掩覆于内，称为"右衽"，反之为"左衽"。学界普遍认为，中国古代中原的汉族服装以"右衽"为华夏风习，是与汉族尚右有关的。"左衽"一般指中原地区以外少数民族的束束，因骑马驰射，左衽便于其从右侧搬鞍认蹬以及拉弓射箭等活动。在中国服饰史上，少数民族受到汉族的影响，也曾有右衽的情况，例如元代、清代的崇汉媚儒之风，使得作为马背民族的蒙古族和满族将自身传统的左衽改为了右衽。但在史学界，关于"左衽""右衽"的意思尚存争议。古史辨派创始人顾颉刚曾提出"左衽"的"衽"不是衣襟，应为衣袖，"左衽"是左臂穿袖，即"右祖"。一些研究者也指出，在历史文献和传世实物中，存在着大量汉族左衽而少数民族右衽的服饰穿着现象，因此认为"四夷"并非"皆左衽"，"左衽"也是汉族服装中常见形制之一。笔者在对西江苗族传统服饰的调查中发现，当地人认为"左衽""右衽"只是一时一地的服饰风俗，没有男左女右（男子传统苗服盛装为右衽，女子盛装为左衽）这类引申意义。

年《黎平府志》载："花衣苗、白衣苗、黑脚水西苗，近亦多剃发，读书应试，惟妇女服饰仍习旧俗。黑苗蓄发者居多，衣尚黑，短不及膝。""黑苗妇人绾长簪，耳垂大环，银项圈，衣短，以色锦缘袖，男女皆跣足。"[①]

民国时期，在与汉族和其他民族频繁交往的背景下，苗族服饰文化借鉴了其他民族的文化要素，以促进自身的发展。"更有效果的是一些苗族男人外出读书、从戎，回来说服自己的家人改革服饰，甚至设计苗族服饰款式的改革方案。这个变化表现为：①男装简化；②女装分化为盛装和便装，便装不仅改变较大，而且变裙为裤。"[②]

时至今日，在日常生活中，多数西江苗族女性仍穿苗装，而男性平时多穿汉装，但在重大节日、祭祀以及人生的重要仪式中仍旧穿戴苗族传统服饰。苗族传统服饰及其制作技艺在现代社会难免受到冲击，但因苗族人信古守常的观念，其仍然能够实现代际传承，且依旧是民族支系区分的标志。正如杨鹓国所说："服饰是区分支系的标志，进而它成为婚姻的媒介，节日社交的纽带；而这种打上浓厚山地文化色彩的婚姻形式，节日生活习俗，反过来又加固扩充着服饰的支派族徽功能和作用。"[③] 而从文献的记载中来看苗族的服饰结构，从贯首到对襟再到大襟的演变，是苗族人民同时经历了自觉性和强制性变迁的结果。

与古代中国传统服饰"上衣下裳"的形制相吻合，西江苗族传统盛装也是上穿衣下穿裙的结构。银衣上装分为两层：内层为自家染的手织青色棉布，外层为紫黑色棉布。现在外层多用蓝色、黑色的绸缎或丝绒，内层则为机织棉布。唐守成告诉笔者："西江苗族女子盛装的蓝色和黑色，只是颜色不一样。盛装苗服的审美标准是看绣工，在色彩上并没有贫富之分。"[④] 从实际穿着的造型效果来看，西江苗族女子盛装为交襟裙装，领子向后倾斜，袖口较为宽大。席克定先生认为，这类服装"是以对襟裙装型服装为基础发展演变而成的服装类型。交襟裙装型服装保留了对襟裙装型服装的基本款式，上装为大领对襟衣，衣长过臀，前襟略长于后襟，衣领后倾且低，袖宽大而短，无扣，穿着时用带拴系"[⑤]。但是从平面款式结构看，如图4-2所示，其上装平铺时的款式结构为直领对襟。因西江苗族妇女在穿着盛装时为交领的穿着方式，所以便形成了交襟的造型效果（如图

---

① （清）俞渭：《黎平府志》卷二下《苗习》，（清）陈瑜纂，清光绪十八年刻本。
② 张晓、张寒梅、潘璐璐：《贵州苗族代表性服饰》，北京：知识产权出版社，2017年版，第27页。
③ 杨鹓国：《苗族服饰：符号与象征》，贵阳：贵州人民出版社，1997年版，第85页。
④ 受访者：唐守成；访谈时间：2011年4月16日；访谈地点：唐守成家；访谈者：笔者。
⑤ 席克定：《苗族妇女服装研究》，贵阳：贵州民族出版社，2005年版，第46页。

4-3）。另外，西江苗族女子盛装的后领窝比较深，形成了与其他苗族服饰领窝处相异的立体结构特点。

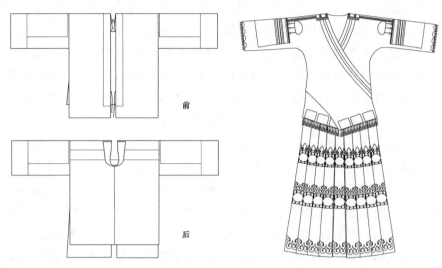

图4-2　西江苗族女子盛装上装平面图　　图4-3　西江苗族女子盛装穿着后形成的交襟状态

（二）成为拼贴元素的结构

在服装的结构方面，"爱我中华"方队的设计师也是基本上按照传统盛装的结构样式来设计的。

图4-4为西江苗族女子传统银衣上装的裁剪图，采用了直线式的裁剪方法，各部件之间采用直线连接。银衣上装衣长过臀，前衣略长于后衣。整个上衣的裁片由两片衣片、两片袖片和两片后领片组成：上装的前后衣片是连裁的，没有裁开的肩线（虚线所在的位置），由整幅经纱方向的面料裁成；袖片也是由一片构成，没有破开的袖中线，袖片的经纱纱向与袖片的围度方向一致，而并非像我们现代服装那样与袖长的方向一致。通常苗族女子传统盛装的上衣是平面结构，后领窝不向下挖，是

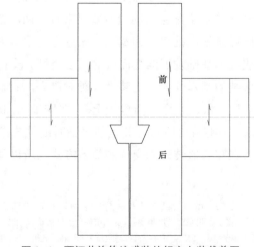

图4-4　西江苗族传统盛装的银衣上装裁剪图

一个整片，而西江苗族女子盛装的上衣后领窝是一个上宽下窄的梯形。尽管后领片是一个矩形的裁片，但是如果将后领片与领窝缝合后，领子会呈现出立体的造型，使得领片脱离开人体的脖颈（如图4-5）。两片领片中，一片是领里，一片是领面。在与衣片缝合的时候，由于领片是直线边，因此在领窝线拐角处要稍微拽紧一些缝合，缝好后再将领里补缝上去。做好后的领子与衣身平面形成一定的角度，通常领尖与衣背要形成大于90°的角，这样领里就不会外露。如图4-6，若将领子两侧与后中铺成平面，在颈侧，也就是领窝线拐角处会形成三角形的余量。这时的外领弧线的长度要短于后领窝线，而这个多余的三角形正是形成领子立体造型的核心，它与现代时装曲线裁剪中省道的外扩作用是一样的。

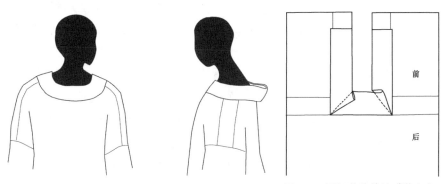

图4-5　西江苗族传统盛装上衣领子穿着效果　　图4-6　西江苗族传统盛装上衣后片衣领的立体结构

　　如图4-7所示，"爱我中华"方队的西江苗族服饰结构与西江苗族传统盛装的结构颇为接近，都是由平面的直线裁剪法制成。图片中浅色实线为"爱我中华"方队苗服的裁剪线，深色实线为西江苗族传统盛装的裁剪线。虽然都为平面的直线裁剪方式，但是却有着细微的差别。相比较而言，方队苗服的领子整体要更靠前一些，是在袖肩线的位置开领窝，而传统盛装的领窝整体靠后，偏离袖肩线，基本上是在后片衣身上开领窝。这样一来穿在人身上，就会产生不同的立体效果。原本传统西江苗族盛装的穿着效果是领子向后翘并远离脖颈，整个肩线向后背。龙玲燕对笔者讲："可能是我们苗族觉得脖子比较美吧，领子这里都是这样（向后翘着）的。"[①] 而这正是西江苗服平面结构精心设计出来的立体穿着造型效果，是其服饰穿着效果中最具特色的一部分。但在"爱我中华"方队中的结构设

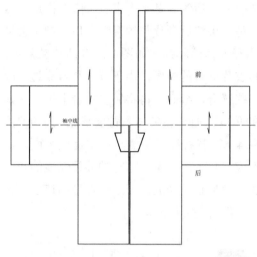

图4-7 "爱我中华"方队西江苗服裁剪图

计中这一特色并没有被体现出来。服装的肩线回归正常人体的肩位，而领子与衣襟的装饰片合二为一是一个长方形，穿着时领子是与脖颈相服帖的。也许是因为设计师在照着图片"拷贝"传统苗服时，并没有注意到这一"地方知识"，也许是在技术处理方面出现了偏差，其中原因笔者也无法从受访者口中得到正面回答。展演服饰与西江苗民自用的盛装服饰在时间和空间上存在很大的变化，观看式展演服饰的观者是在远处的、体验集体的和大的整体效果地观看，而传统盛装的观者是在近处的、体验富有时间的运动感和流动感地观看，前者观赏到的是处于一种运动状态的美，后者观赏到的则是处于一种可触摸状态的美。由此，在诸如领子的裁剪结构、图案色彩提纯等细节处理上的差异在远处观看中是可以被忽略、无须去纠结的。

笔者也对比了同样是明松设计制作的，同样是用于"爱我中华"方队中的蒙古袍，发现地处内蒙古自治区首府呼和浩特的明松，在设计自身比较熟悉的蒙古袍时是采用了立体的曲线裁剪法，设计了收省的结构。笔者就"爱我中华"方队中西江苗族服饰的结构问题，对服装设计师和结构设计师都进行了访谈：

> **笔者**："爱我中华"方队中西江苗族服饰的系搭方式是用传统的还是现代的？
> **受访者**：这件是按照中式的传统裁法裁的。
> **笔者**：为什么这样裁？
> **受访者**：为了与传统当地的苗族服饰更接近。①
> **笔者**：在国庆游行中，西江式样的苗族盛装的穿戴方式是否也是

---

① 受访者：明松峰；访谈时间：2011年7月28日；访谈地点：呼和浩特明松影视服装设计中心车间；访谈者：笔者。

按照传统式样来的？

受访者：对，大部分少数民族的穿戴方式都是按照汉族的传统服饰走的，都是大襟，右大襟，出手袖。但是现在有时为了舞台表演效果，也有做成舞蹈袖、西式袖，就是上袖，有袖缝的。传统服饰不是没有腰身吗？女孩子的衣服，那我们就会做出来省道收出腰身，漂亮！就是为了好看。

笔者：国庆游行中"爱我中华"方队的苗族服饰并未收腰？

受访者：对，没收腰，为了啥呢？为了所有人都能穿。

笔者：游行的群众每个人不是都量尺寸了吗？

受访者：给尺寸了，也只是简单的尺寸。又有临时更换啊什么的。而且，还有一个问题，我们也考虑到人家演出的要求，是否要更尊重传统一点？有一部分要，比如南方的，那么我们就把握住肥肥大大的效果。有些，我们能体现腰身的，比如汉人的，我们就把腰身收出来。这个就说是情况不一样。比如说有些舞剧，在舞剧中，我们一定要把衣服的服用性给考虑进去，人要跳舞，要美，要有腰身，那我们把民族元素加进去就行了，搞一些舞台造型，一定要有。像一些礼仪服装，那我们除了要保证图案，还要把腰身做出来，要好看，站在那里。比如我们学校搞庆典，当民族礼仪接待服来穿，那就一定要做出腰身，不管它是什么民族，漂漂亮亮地站在那里。这就是服用性的不同。①

与"爱我中华"方队中西江苗族服饰结构不同，西江当地展演中的苗族女子盛装采用了西式曲线裁剪法，将女性的腰部收紧，且将原本是盖过臀部的上衣缩短至腰上，这样腰胯部的线条就被凸显出来，而且上下的比例也因为上衣的缩短而显得下身更为修长。在给准专业人士受访者李美涛看西江广场上苗族歌舞表演中的苗服照片时，她觉得这些衣服多多少少都有些时装化。"这衣服我不喜欢它的上装，上装太短了，露出一大截黑色的裙腰，要盖住一点裙子才好看，要用上衣的曲线结构来收腰。现在这样做胯部显得很宽。"②除了刻意地勾勒女性的曲线外，上衣的系搭方式由传统盛装的左衽改到了右衽，原本长至手腕的袖子也被缩短至肘部，露出白白的一段小臂来。笔者就右衽问题问了唐守成，问他右衽的款式是否受到

---

① 受访者：明宇；访谈时间：2011年7月26日；访谈地点：呼和浩特明松影视服装设计中心；访谈者：笔者。

② 受访者：李美涛；访谈时间：2011年7月1日；访谈地点：中央民族大学美术学院；访谈者：笔者。

汉族服饰的影响，他的回答是："没规定吧！"[1] 从他的言语中，透露出很强的独立意识，似乎很介意别人说他们是受到汉族的影响而发生这样的改变。无论是受到旅游开发的影响，还是受到汉族服饰习惯的影响，在苗寨演出中的西江苗族服饰衣襟结构是右衽的。苗寨展演服饰设计师在设计中运用的右衽、超短、紧身收腰等元素是多元且应景的，这种多元和苗族淳朴的"原始"形象之间存在着很大的张力。将这些与苗族传统服饰没有关系的元素融入设计，一方面是出于设计师男性中心主义的审美需要，另一方面是为了收到好的演出效果，获得观众的认可，这也是由社会生产力的发展和公众消费需求的演化所决定的，即迎合当下民族传统文化市场化、产业化的需要。

仅从上述两个案例中的展演类西江苗族服饰的结构中，我们似乎可以看到颇为有趣的现象：一方面，西江当地的设计师正在通过服饰的结构变化，甚至是"离析正统"，努力与外界沟通，渴望获得外界认同；而另一方面，对西江传统苗族服饰的"地方知识"并不十分了解的来自外界的设计师们，则正努力地向传统服饰靠近，通过平面的结构和传统的系搭方式以示自己设计作品的"像""专业""不露怯"。可以这样认为，设计师在从西江苗族传统服饰文化持有者的立场表现他族的服饰时，其传统服饰就是设计师作为自我的他者。排斥和消融异族服饰文化他者的做法，或是将其文化作为他者进行归纳提炼使之符合自身的做法，可以视为将他者排斥在自我之外的奴役行为。设计师（自我）与西江苗族（他者）在主体间互动的过程中，通过展演苗服将设计师的思想传递并影响他人。这样一来，他者与自我间的差异渐消。然而，作为研究者的设计师与他者之间的距离远近直接影响着研究者的行为。如果将设计师看作研究西江传统苗族服饰文化的研究者，那么设计师需要进入所研究的他者群体中理解他们的文化，而此时因为受到被研究者意义体系的影响，研究者不再是进入研究之前的纯粹的"我"，而是具有从报道人视角来反观作为研究者的自己的"我"。

"从传统中发现的文化和艺术，通过了作为'他者'的文化人和艺术家们的创新可能会获得民族文化的意义，但是，这种民族文化艺术的获得却不应该以丧失自身的乡土特色为代价。"[2] 如同西江苗族传统盛装一样的具有代表性的日常生活中的民族艺术，它是"自者"（西江苗族人）眼中

---

[1] 受访者：唐守成；访谈时间：2011年4月15日；访谈地点：唐守成家；访谈者：笔者。

[2] 麻国庆：《生活的艺术化：自者的日常生活与他者的艺术表述》，《思想战线》2012年第1期，第9页。

的艺术品，装点着自身的日常生活。但由于"他者"的介入，这一民间艺术离开原有的场域，朝着舞台表演艺术方向发展。

服装的结构造型是服装的框架式样，为服装制作提供了最为直接的依据。"中国各民族的传统服装均属于平面结构，这主要来自于我国传统文化的基本内容之一天圆地方的学说（《周髀算经》有'方属地，圆属天，天圆地方'之说）。天圆地方历来为文化各界、民间风俗等所尊奉，显示在服装观念上就是将整幅的布简单裁剪形成宽松疏朗的形制结构，[……]"①平面结构的宽衣博袖造型，似乎已经成为中国传统服饰的特征之一，常常被学者看成是中国民族服饰的符号特征。而许多设计师在总结民族元素的运用时，都会提到对平面式结构元素的具体处理手法——无论是"在运用民族服装结构元素时需加以取舍。例如，可将流行服装的结构造型与民族服饰的立领、门襟、开衩等造型元素结合运用"②，还是"在借鉴和汲取民族服饰造型的过程中，要抓住部分典型特征，并结合时代流行趋势与时代相融，不可全盘照搬"③。平面式的服饰结构，被设计师们当作民族服饰的特点来抓取运用，而无论做怎样的抓取，如果不能细致地将其特点表现出来，那么抓取的结果只是对西江苗族传统服饰的"肢解"和"碎片化"处理。因为，这种做法就如同在动态的视频图像中截取一帧或几帧下来，然后将截取下来的图像重新组合后放给观众看，并对观众说这就是整个视频内容的做法一样让人忍俊不禁。这点很像一些娱乐节目的片花剪辑，通常编辑们将他们认为能吸引观众眼球的一小段截取下来，让观众产生好奇从而达到吸引他们收看整个节目的目的。

二、绚丽多彩的刺绣

西江苗族服饰给人印象深刻的还有刺绣，甚至西江当地人也拿刺绣的多少和工艺来比较传统服饰与现代展演类的苗族服饰。苗族刺绣的源头虽无定论，但是苗族先民"三苗"人"织绩木皮，染以草实，好五色衣服"的事实在文献中确有记载，而如今贵州台江施洞苗绣中的雉纹、虎纹以及雷山苗绣中的龙纹，与出土的商周青铜器上的饕餮纹、菱纹、云雷纹颇为相似，足以印证苗绣历史之悠久。

西江苗族传统服饰刺绣针法丰富多样，主要有平绣、数纱绣、皱绣、

---

① 宋湲、徐东：《中国民族服饰的符号特征分析》，《纺织学报》2007年第4期，第102～103页。
② 陈煜鑫、郝云华：《现代服装设计中民族服饰元素的运用——以永仁彝族服饰元素的现代运用为例》，《郑州轻工业学院学报（社会科学版）》2010年第2期，第17～20页。
③ 周莹：《少数民族服饰图案与时装设计》，石家庄：河北美术出版社，2009年版，第146页。

锁绣（双针锁和单针锁）、辫绣、锡绣、缠绣、贴花绣、掇花绣等。根据刺绣所用图稿的不同，可将其分为三类：一类以剪纸为图稿底样，用绣线将剪纸包缠或覆盖，如平绣、贴花绣、掇花绣；一类是在布面上直接施绣，无需图稿，如数纱绣、锡绣、绞绣、堆绣、织绣；还有一类既可以剪纸为底，亦可直接在布面或薄纸上印出底稿后再绣，如锁绣、辫绣、皱绣，视制作者的习惯而为，过去多以剪纸为底，现在图方便多直接在布面印好的底稿上直接施绣。

西江苗族刺绣这一文化实体几经变异，亦是于变化之中不断发展的，而在技术层面上所呈现出的多民族交融是变化的最直观显现。一部分原本为手工操作的材料，因技术革新而由机器制造完成。例如，过去西江苗族妇女以自纺、自织、自染的棉布为刺绣底布，现在则用市场上买的现成机织布料，在这上面刺绣，以此作为民族传统文化的一部分展示给外来的游客。一些刺绣用的材料也发生了变化，如传统缠绣针法由机织的粗线替代，辫绣手工辫带也被机器织带代替。在调查中，笔者访谈了一位周姓老婆婆，她告诉笔者，手工辫带太慢，两三天才能打一条，而机器辫带四元一根，用着很方便。但过去传统手工辫带时线的颜色可以由制作者自己选择，如可两色各四根混搭，也可两色七根和一根搭配，自由度比较大，编出的辫带效果也不同。而市面上卖的机器辫带皆为单色，绣制不出手工混搭辫带层次丰富的色彩效果来，绣品表面比较平。变化比较大的还有锡绣，早在五六十年前西江苗族的锡绣已不再用锡条制作，而是用金纸或银纸剪成约 2～3 毫米宽的金线、银线来仿制"锡"。一方面是锡料不好找，另一方面是金线、银线更富有光泽，当地人觉得亮亮的很好看。

另外，在刺绣的画稿方面，过去都是妇女们相互切磋，画得好的稿子妇女们会去拓描。现在不仅集市上有现成的复印画稿卖，还有专职画师卖稿。人们可以买画好的整套刺绣画稿，也可以按照自己的需要和想法，请画师帮忙画出来。值得一提的是，与传统刺绣没有男人参与有所不同，西江这位苗族专职画师是男性（侯性男子）。当地人对他的画稿非常认可，评价其虽然没上过美院，但"画画从不复笔，画什么像什么，可以直接拿来绣，是真的艺术家"。雷山中学的小姑娘告诉笔者："妈妈绣的花样从聋哑人（即上述专职画师）那买，他画的是这里最好的。"[①]

穆春在访谈中也提到了这位男性画师："这个姓侯的画师是我们西江苗族的，而且是当地人，他家就住在那个车站里。他本人的话是一个聋哑

---

① 受访者：穆某；访谈时间：2017 年 10 月 1 日；访谈地点：西江千户苗寨铜鼓场；访谈者：笔者。

人，能听得懂一些。他的花画得好你竖个大拇指，他会很高兴。如果你用一个小手指来比的话，他就会很生气，以后再也不会给你画了。每周的那个赶集天，他都会到我们西江的那个赶集的地方去画这个，画给当地的妇女们去买。因为我们西江会画这种东西的人也少，主要也没挣什么钱，他因为除了会画画，其他的活也不能做，所以他会把这个当作是他的工作啊这样子，而且还能创造收入。"①这种男性参与刺绣技艺传承发展活动的现象，打破了西江苗族的传统社会性别分工，不仅使得刺绣画稿的风格更加多元，而且也体现出苗族文化中男性中心在现代化进程中的变化，呈现出对社会性别角色和行为预期的包容性。

当然在针法方面，西江苗族刺绣工艺也不是故步自封，而是在与其他民族服饰文化的碰撞中，有所采借与交融。例如，掇花绣便是西江苗族与汉族交往中采借的一种刺绣技艺，应用于便装胸兜、腰带等装饰。在刺绣工作坊，笔者看到了当地苗族妇女们不仅展示自己民族的刺绣技艺，也向游客展示和教授其他民族的刺绣技法，比如侗族的缠绣、其他支系苗族的打籽绣等等。一些西江当地的苗族妇女也会主动学习新的刺绣技艺，笔者在调研时看到有妇女用钩针制作织花，还看到有买十字绣的材料包来绣制鞋垫的现象。笔者问为什么不用西江这里的绣法来做，回答是："因为我们这里的绣法不适合，这鞋垫是用来垫脚的，我们的那个绣法只能绣花。"②这些刺绣工艺上的变化，反映了时代的文化变迁，是民族间文化双向影响的结果。西江苗族传统刺绣在吸收了其他民族文化要素的同时，也促进了自身刺绣技艺的丰富和发展，推动了刺绣工艺文化的发展。

然而在当下时代背景中，西江苗族传统刺绣工艺已经成为非物质文化保护中濒临消亡的"遗产"，许多年轻人已经不大会绣了。"现在的小孩爱玩手机，所以不做绣花，以前没事做，大家坐在一起绣花，以后就失传了。"③"刺绣不赚钱，她们年轻人去上班一个月两三千，我们在这里绣这个嘛一个月才一点点，算起来一天才20多块，有时候还不算，一个月才500，很少。绣这些能卖出一些就得一些，没人要就没得。一两个月才能做一件上衣，又费眼睛，脖子也使劲。要是不会做就买一件，逢年过节才穿，因为不会做，所以舍不得穿。一件一千多、两三千，她们买也说贵，我们绣的也说搞不得。你看我这么一点点，搞了一个礼拜了，一天才绣一

① 受访者：穆春；访谈时间：2018年3月1日；访谈地点：北京／西江千户苗寨（微信语音访谈）；访谈者：笔者。

② 受访者：杨女士；访谈时间：2018年4月28日；访谈地点：西江千户苗寨盘发店；访谈者：笔者。

③ 受访者：杨女士；访谈时间：2017年10月1日；访谈地点：西江千户苗寨盘发店；访谈者：笔者。

点点，刺绣这个活儿就是不快。"①的确，刺绣的辛苦和较低的收入让年轻人望而却步。

在苗绣传承人杨阿妮②发起成立的雷山县榜金布绣姑专业合作社这个由50人组成的刺绣团队里，成员都是30岁以上的绣娘，没有年轻人。刺绣技艺虽然仍在当地的幼儿园、中小学、妇女们组织的刺绣坊等进行着传承，但是其中的一些耗时耗力的手工织布、辫带、纺纱、染色等传统工艺已经仅作为民族文化的符号停留在文化展演的层面，稍年轻一些的绣娘都已经不会制作了。14岁的女中学生穆某告诉笔者："男生学吹芦笙、跳舞，女生学刺绣。我从懂事起就开始学，同学们会的也多，也愿意学绣花，不过刚学刺绣的时候针扎得会痛。春节、迎新年都会穿盛装，上学升国旗、拜年也穿便装。纺纱，我奶奶还没有教我。爷爷的银饰也是传男不传女。"③

如同其他地区的传统技艺一样，过去可以作为闲暇娱乐的西江苗族刺绣工艺，在其原本生境发生极大改变的今天，也面临着不同程度的传承危机和文化断层。虽然许多年轻人不会传统刺绣，但当她们需要用到刺绣服饰时，她们会请人帮忙来做。"（无论是）乡下的嫁过来，（还是）本地的嫁外面（城里、乡下），（都）穿我们自己的衣服，她们的衣服我们穿不惯。"④前面提到刺绣辛苦的阿婆想要教自己小孩绣花，好自己绣自己穿，"孩子说我们不会穿你们的破衣服，但在逢年过节时还是会穿。嫁女儿还得穿，小女孩五岁时就给她绣衣服穿了"⑤。一位村里的大学生也萌发了学习刺绣的念头，阿婆说："她是大学生，她在学这个（掇花绣），现在生小孩了，生个女孩，就想开始学了，好强。"可见，传统的刺绣盛装仍旧发挥着维系西江苗族族群认同的功能。

人们总是在摈弃一些文化的同时，又吸收着新的文化。在旅游开发背景下，西江苗族妇女们积极借助刺绣商品化来保护和颂扬着民族文化，每

---

① 受访者：刺绣技艺展示者；访谈时间：2018年4月29日；访谈地点：西江千户苗寨东引村刺绣工作坊；访谈者：笔者。

② 杨阿妮，苗绣省级传承人，1976年出生于雷山县朗德镇乌肖村，从小热爱苗绣事业，六岁跟随母亲学苗绣技艺，八岁帮母亲做一些简单的苗族服饰刺绣成品。2008年7月，创办阿妮绣业有限公司。为更好地带领广大贫困妇女脱贫致富，2013年联合10个刺绣能手发起成立了雷山县榜金布绣姑专业合作社，实施"公司＋合作社＋绣娘（刺绣加工户）"生产联营模式。曾获得"全国巾帼建功标兵"荣誉称号。

③ 受访者：穆某；访谈时间：2017年10月1日；访谈地点：西江千户苗寨铜鼓场；访谈者：笔者。

④ 受访者：杨女士；访谈时间：2017年10月1日；访谈地点：西江千户苗寨盘发店；访谈者：笔者。

⑤ 受访者：刺绣技艺展示者；访谈时间：2018年4月29日；访谈地点：西江千户苗寨东引村刺绣工作坊；访谈者：笔者。

到公众假期，西江景区为迎接游客都会开展传统服饰工艺现场展示活动。刺绣技艺既能体现苗族女性的聪慧勤劳，通过图案、色彩、针法亦可彰显出制作者的个人创造力。笔者在田野调查中发现，西江苗族刺绣亦有着自己的流行变化和审美趣味，苗族女性在刺绣商品生产活动中宣告着自身的主体性和对苗绣的话语权。例如，在便装上衣的刺绣针法方面，由平绣流行至更富立体感和光泽感的贴花绣，再到最近又流行回平绣针法。当地人认为不做破线和插针等针法变化的平绣比贴花绣耐磨且制作起来更省时。审美的变化带动了技法的流行，体现着价值体现的变化，也从另一角度体现出西江苗族人对日渐濒危的传统刺绣所表现出的文化自觉。对刺绣技法和审美的思考，体现出苗族人因时而动、自觉充实本民族文化、寻求符合当下时代发展的多民族文化共融的积极进取精神。

在杨阿妮的合作社里，她向笔者展示了融合多民族刺绣技法绣成汉字"寿"字的绣品，她说别人告诉她"图案绣成针对游人能够理解的文化所设计的纹样，在工艺上把他们汉族的东西融进去，你才能被认可"[1]。在苗族传统社会里，对妇女们刺绣实践的族群内部评价标准为"绣得好"；而在面对苗绣商品生产活动中，如何能"卖得好"则是妇女们建立不可替代的主体性的体现，这当然不是对传统的否定和取代，而是体现了西江苗族对他族先进文化和本民族文化的双重认同，也是苗族在复兴民族传统文化方面所做出的努力。

谈到政府提倡的家庭博物馆模式，唐守成说寨子里面的人对自己的文物保护意识太差，认为它们老了、旧了、不能用了。后来在省文联等的组织下培训后，当地人提高了保护文物的意识，并且采取了家庭博物馆的措施，政府资助每户人家300到500元。但他同时也指出了这一模式的不利因素："第一，常年放在那里，银饰容易风化、绣品会掉色；第二，还需要单独的屋子来摆放，容易积累灰尘，没有多少经济价值。衣服不多，差不多只有两三件，再摆放一些农具啊之类的，没有什么意思，虽然对文物的保护起到了作用，但没有带来经济效益。旅游要发展、生活要改善，但苗族的传统文化不能丢，要将世世代代的民族文化更好地传承下去。"[2] 从这些话中，似乎可以看出，苗寨里从苗族上层精英圈到普通民众对于追求经济效益的渴望，但同时唐守成的话可以让人感受到他作为鼓藏头的高度和广度。

除了当地民众的家庭博物馆外，外地人投资的私人博物馆近年来也在

---

① 受访者：杨阿妮；访谈时间：2017年10月2日；访谈地点：雷山县榜金布绣姑专业合作社；访谈者：笔者。

② 受访者：唐守成；访谈时间：2011年4月15日；访谈地点：唐守成家；访谈者：笔者。

西江出现，中国西江苗族蜡染纺织刺绣博物馆就是其中一家。这家三层的私人博物馆集中了多人的作品于馆中，因可以解决就业等问题，根据其面积和规模可以申请到国家的补助金。2018年笔者在该博物馆调研时恰巧碰到店主在向游客介绍织金马尾绣绣片，店主一边翻开书指着书上的织金马尾绣图片，一边说"就是这个"，而他手上的书正是笔者的拙作《中国少数民族服饰手工艺》。用学术研究作品来证明自己所售卖产品的文化价值，这是一个十分有趣又较为普遍的现象。在西江一些其他经营蜡染、绣片的店铺里，笔者也发现了旁边摆有包括笔者的《蜡去花现：贵州少数民族传统蜡染手工艺研究》在内的一些与蜡染、刺绣等服饰手工艺相关的学术研究作品，估计其他著者也都与笔者一样，不曾想过自己的著作受众还有这样一群人。

随着旅游市场的深入开发，加之西江苗族民众意识到自身刺绣工艺的珍贵，在笔者最初调研时看到苗寨里出现了为数不少的出售老绣片的商铺。笔者的访谈对象穆春就是这样一家商铺的店主，她从事销售民族传统刺绣工艺品已有三年多，而她的父母亲收集刺绣有十年之久了。在访谈中她向笔者介绍了他们收集绣片的过程，以及对这个行业未来发展的看法。她向笔者介绍，店里平均一个月会下去收集一次绣品，她自己有空的时候也会去乡下收这些老的刺绣。收来的绣品需要清理干净才能挂出来出售。有时候是会定期去和当地的苗族妇女定做一些新的手工绣片。当笔者提出老的绣品终有一天会被收完时，穆春似乎早已考虑过这个问题，她说："老的东西当然会越卖越少，以后就慢慢地没有了，到那个时候，我们只能用一些新的工艺来代替。"[①]而就在今年笔者再次到她的店里访谈时发现，老绣片仅占据了店铺的一小部分，而绝大多数绣品都是机绣的新品。穆春告诉笔者："今年已经不再下去收绣片了，以前收的老绣片也已经卖差不多了。现在虽然机绣的新绣片价格不贵，但是可以走量。"[②]随着老绣片淡出她的店铺，新绣片逐渐成为主打商品。在她的微店中看到的更多是新绣制的绣片，以及一些以老绣片纹样为基础设计的时尚饰品。实体店里老绣片量不多，被存放在角落里，因为"大多数游客也不懂老绣片的价值，翻来翻去会搞坏绣片"[③]。一些将刺绣与银饰相结合的家居用品、饰品则是她的主打产品，吸引了外来游客的眼球。前面提到穆春的丈夫承袭了银饰技艺，而穆春的刺绣也增加了银饰元素，从而形成了自己独特的店铺经营项目。

---

① 受访者：穆春；访谈时间：2011年4月16日；访谈地点：西江千户苗寨"木春绣纺"；访谈者：笔者。
② 受访者：穆春；访谈时间：2012年8月1日；访谈地点：西江千户苗寨"木春绣纺"；访谈者：笔者。
③ 受访者：穆春；访谈时间：2017年10月2日；访谈地点：西江千户苗寨"木春绣纺"；访谈者：笔者。

在苗寨中，除了一些经营绣片的商铺外，一些刺绣布片被重新设计或制作来满足游客以及文化传承的需要。唐守成告诉笔者："一些圆形、小方形等小件的绣片放到包包外面，或者是做成大的镶到镜框里。现在这边还没有苗族服饰工艺的展示，不过正准备做，因为还在开发。在外面公司打工的人回来自己组建工艺公司，卖、展示、示范，例如纺纱、织布、刺绣这些工艺。起初都不知道有没有经济效益，许多人出去打工后发现这里没有这样的东西，就会开始做，满足游客参与的需求。老的日常的衣服都卖出去了，非物质文化遗产保护联盟方面的想在我们这定制，但是由于当时他们提供的照片图案不清楚，所以也没做成。"①

在杨阿妮的店里，摆放着她自己设计的刺绣服饰，也有外接订单客户挑剩下的各种刺绣产品。在她看来，绣品可以扶贫，可以传承技艺，"（绣娘们）用自己的手艺养活自己。每一块绣品都是不同的人做的，后面都有名字。这样工艺也被记录下来了"。店里的刺绣服装是五年前设计制作的，"到现在也卖不走，我也花了很多精力，很多人觉得买了很少能穿出去，穿不出去"。而与品牌合作的刺绣产品则相对有较好的收益。笔者在访谈中看到了杨阿妮给著名服装品牌"例外"做的刺绣围巾尾单，因为是不合格的产品返回给她们，如果能卖出去也就能有点收入，但是品牌规定不能批发给别人也不能挂品牌吊牌卖。那是一条用苗族锦鸡元素做的围巾设计，"老板先机绣完，然后给我们，我们手绣好锦鸡，最后给他组拼"。与品牌的合作模式给杨阿妮的合作社带来了效益，也让她意识到品牌对产品附加值提升所起到的作用。"老板出材料，我们绣，一条裙子得卖四五千块钱，一件衣服我们绣一个胸花，他卖9000多，我们给他绣800块钱，哈哈。他们这样才赚钱，品牌就是这样走。而且他的布料特别好，特别的舒服。老板发来料、发来样子，我们就绣。每个绣娘都按照老板要求，颜色也绣成一样的，工艺（质量）上有点差别，颜色都是一模一样的，人家提供的样子。"②将传统刺绣与当代审美相结合，将民艺以更艺术化、生活化的方式加以表达，对刺绣者来说是增进收益的方式，而对民艺本身来说则增进了其背后的文化认同感以及与世界对话的力量。韦荣慧对笔者说："在（19）99年曾经带着西江的苗族服饰去了一趟法国，当时做了一批绣片作为纪念品送给法国人。后来（20）03年能够在法国卢浮宫演出，也就是因为法国人看到这些精美且富有内涵的刺绣，认可了我们的传统

---

① 受访者：唐守成；访谈时间：2011年4月16日；访谈地点：唐守成家；访谈者：笔者。
② 受访者：杨阿妮；访谈时间：2017年10月2日；访谈地点：雷山县榜金布绣姑专业合作社；访谈者：笔者。

服饰。否则，就凭我们的设计根本不可能到卢浮宫的T台上演出。"①的确，在传统西江苗族服饰当中，刺绣是观赏与实用并举的手工艺形式，图案精美的绣品不仅具有装饰美感，反复的绣缀工艺还使衣物更耐磨，提升了实用性。尚且不论西江苗族传统刺绣工艺将何去何从，也不论西江人对传统刺绣工艺的再创造结果，若只将目光转向当代展演类西江苗族服饰设计，可以看到，这些寓意深刻、色彩绚丽、兼具粗犷厚重与细致典雅之美、表达西江苗家人对美好生活向往的西江苗族刺绣，在设计师的手中已经成为西江苗族妇女盛装的符号之一，它是区分支系的重要服饰特征之一。在设计师眼中，刺绣依旧是观赏与实用并重的，刺绣的图案作为装饰可以美化设计作品，而更为重要的是，刺绣的功能由增加衣服的耐磨性，转变成西江苗族服饰的符号象征。

西江苗族刺绣常见的针法多达十余种，若干种类的西江苗族刺绣在设计师的笔下被简化为机绣，甚至被篡改为其他的工艺方式。刘景梅对笔者说："西江苗族的刺绣工艺对我们来说是最难表现的。我们全都是用现成的贴花、补花来替代刺绣，一朵一朵连着的花，用机器匝上去的。这是最快、效果最好的方式，如果全部是手绣的话，客户根本不可能买单的。因为买现成的比定做的还便宜。一般的演出，用这样的工艺就足够了。如果不做真丝的绣花，绣花机也都用不上。绣花太费工了，20公分长的绣片就要500多块钱，所以需要手绣的客户太少了。机器绣其实也很麻烦的，所以现在的工艺，成本、原料整个都提高了，衣服也比以前贵了。现在舞台表演的服装，什么装饰材料、装饰手段都有，刺绣在舞台上就不显了。实际上现在的面料那么漂亮，都用不上绣。"②明松峰也对笔者说："苗族服饰的刺绣、银饰，在革新的情况下，用现代的材料来做，不丢过去的东西，反映的效果能够出来就算成功了。"③从这些话语中可以了解，由于成本的制约，设计作品的工艺呈现方式也会与之相匹配，作为西江苗族服饰特点的一部分，刺绣虽然少不了，但原本复杂的刺绣工艺被简约为各种替代形式的现代工艺。需要付出高昂成本的传统刺绣工艺，被设计师简化为一种符号，也许符号的"所指"没有多大区别，然而在"能指"方面却有着天壤之别，一个是高高在上的"骨灰级"珍品，一个是快速廉价的低成本"仿品"。

---

① 受访者：韦荣慧；访谈时间：2012年10月22日；访谈地点：中国民族博物馆；访谈者：笔者。
② 受访者：刘景梅；访谈时间：2011年6月28日；访谈地点：中央民族大学6号楼；访谈者：笔者。
③ 受访者：明松峰；访谈时间：2011年7月27日；访谈地点：呼和浩特明松影视服装设计中心车间；访谈者：笔者。

三、飘逸动感的飘带裙

在西江苗族女子传统盛装中，一般会下穿蓝紫色百褶裙，然后腰系飘带裙，飘带裙要穿在百褶裙外。如图4-10，为西江苗族妇女传统盛装百褶裙的平面图。因百褶裙长到脚踝，西江苗族也因此又被称为"长裙苗"。百褶裙的裙腰有约10厘米的腰头，一般可以围体一圈多。因为在百褶裙外还要系穿飘带裙，所以百褶裙上没有什么装饰。飘带裙的裙长通常也在脚踝处，比百褶裙略长出一些，穿上后几乎看不到百褶裙的裙摆，内穿的百褶裙只有在走起来或是跳起来的时候，才可以从飘带裙的缝隙中隐约见到。飘带裙的裙腰围度比较合体，可围体一周。西江苗族女子只有在盛装的时候才穿飘带裙，日常生活中与苗族其他支系的盛装一样是腰系围腰的。鼓藏头唐守成说："飘带裙是年轻人穿的，老年女性则只穿百褶裙，穿起来也特别好看。"[1]

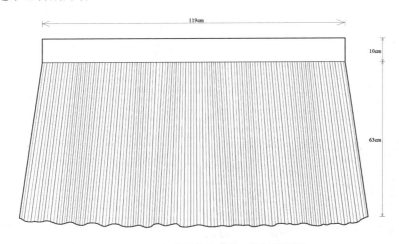

图4-10　西江苗族传统盛装百褶裙平面图

西江苗族女子传统盛装中的飘带裙一般由15～25条（通常为单数）刺绣花带组成，每条花带宽约五至八厘米，上窄下宽，花带的上端有裙腰，裙腰宽与百褶裙的裙腰宽接近（如图4-11）。飘带裙的每条花带一般由五段组成，也有做成三段的，每段之间用珠子串在一起。在制作时，将每根长方形的飘带紧密地排好，通常每条花带之间的重叠量约为两厘米，再将它们镶到裙腰上去。这样，飘带裙平铺开来是一个完整的由腰围和裙长这两条边构成的长方形，而穿在人的身上时，由于腰臀之间的围度有差异，所以飘带与飘带之间会有缝隙。飘带裙是西江苗族女子传统盛装中有

---

① 受访者：唐守成；访谈时间：2011年4月14日；访谈地点：唐守成家；访谈者：笔者。

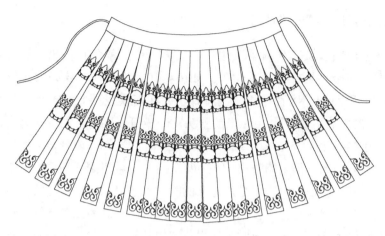

图4-11　西江苗族传统盛装飘带裙展开图

别于其他支系的一个重要服饰特点，因此在飘带裙上西江苗女也竭尽所能地进行装饰，装饰的手法多以平绣为主，辅以贴花绣、镶金镶银等手法。飘带裙的各段图案不一，多为花、鸟、虫、鱼、蝶、蚌、蛙、龙、凤、瓜果、如意等（如图4-12）。

　　飘带裙的里面是穿百褶裙的，苗族女子在跳芦笙或走路时，百褶裙会从飘带中间隐隐露出。而在当代展演类西江苗族服饰设计中，衬在飘带裙里面的百褶裙则被简化。在西江当地民族文化展演的苗族盛装中，原本可以单穿在外的百褶裙，虽然在形制上依然与飘带裙相分离，是穿在其内的，但是百褶裙的褶皱密度大幅缩水，根本谈不上"百褶"。原本是黑色的百褶裙，被设计师改为与飘带裙主体颜色接近的玫红色或者就是红色，且还在百褶裙的下摆装饰了花边。这样看起来即便是飘带飞起来，衬在下面的百褶裙大面积地露出也不会显得很突兀，而是红红火火一片热闹的感觉。而在"爱我中华"方队中的西江苗服飘带裙的处理上，设计师依旧尽可能地遵照传统的服饰形制。虽然内衬

图4-12　雷山西江苗族女华服飘带裙（黔东南州博物馆，2009年）

被改为无褶长裙，但是在颜色上还是传统的黑色。衬裙的腰上有拉链、别扣，还有一条带子，穿的时候一系就可以了。飘带裙与衬裙也依旧照传统式样是分开的，也是用带子系在腰上的（如图4-13）。

尽管飘带裙这一样式并不是西江苗族传统盛装本来就有的，而是如前文所述是张晓的长辈们所"发明"的，但在展演类的西江苗族服饰设计中，飘带裙的形制是被保留得最为完整和彻底的，因为这似乎是西江"长裙苗"有别于其他支系苗族在服饰上最为鲜明的特征，也就是设计师认为"不能丢掉"的民族特点，是象征西江苗族的重要元素。

图4-13 "爱我中华"方队中的西江苗族飘带裙（中央民族大学，2009年）

四、瑰丽炫目的银饰

除了绣、染以外，西江苗族妇女还喜用银饰进行装饰，银饰的种类丰富多样，有衣饰、头饰、项饰、胸饰和手饰。西江苗族也是在苗族各支系中运用银饰较多的一支。除了在上装的衣袖摆、肩部缀满各种图案的银饰花片外，盛装时还会头戴银角、银冠，颈部戴有银压领、银锁、项圈，除此之外还会在头上再饰以银质的头花、梳子、插针，再佩戴上银手镯、银耳环、银戒指等各式银饰，而银饰上的图案多为苗族的传统图案。如图4-14，西江苗族女子盛装佩戴的银

图4-14 西江苗族盛装中的银饰（贵州台江县施洞镇姊妹节，2011年）

角是仿水牛角的形状，体积较大，银角高约80厘米，有时甚至会超过穿者身高的一半，两角间的距离也常超过穿者身躯的宽度。佩戴银角的西江苗族妇女看起来在纵向上被拉长了，尽管银角的体积比较大，但是整体的

穿着效果并不笨重，因银角的银质色彩比较轻，这样的搭配反而显得十分端庄秀丽。银角两角之间有呈扇形摆放的长条形银片，是水稻的象征，标志着苗族的稻作文化。银角上雕刻有二龙戏珠的浮雕图案，有的人还会在银角的两端再装饰上彩色的布料假花或是羽毛。在银角下面要佩戴的是银冠，银冠高约30厘米，上围大于下围，由三层组成：上层为帽顶，装饰有银花，走起路来会随之颤抖；中层为帽围，宽约10厘米，雕刻有武士骑马和花卉图案，帽围前饰有蝴蝶、鸟、花等独立的突出来的银片，拉开了帽围的层次，使其更富有立体感；银冠下层为齐眉的银缀流苏。因银冠上饰有武士骑马的图案，当地人又把它称为"马头帽"（如图4-15）。

苗族人认为银饰具有避邪、去毒、防止瘟疫的功效。且由于苗族在历史上过着迁徙、漂泊的生活，人走家随的生活方式使得银饰成为随身穿戴的财产，逐渐形成了以银为饰、为财产的习俗。银子本身就是贵金属，人们将银饰作为财富的象征。张晓的母亲一代有姐妹三个，她们的父亲去世早，母亲以辛勤劳作维系了家庭，并给已长成大姑娘的"酿"和"妮"打造了全套的银饰：

> 在那个困难的旧社会，一个家庭置办一套银饰是很不容易的，如果银饰里还包括了"银角"就更难。逢年过节跳芦笙（舞）的时候，佩戴了银饰的会排在没有佩戴银饰的姑娘前面；而佩戴了银角的又走在最前面。当姐妹俩第一次穿上佩戴这全身银饰的盛装出现在芦笙场时，引起轰动，以至有人为她姐妹俩编了一首歌："酿罗金，妮罗金，两人两副银角，跳芦笙在河边……"
>
> [……]
>
> 妮的母亲不仅给她们姐妹准备盛装绣品，而且从小就培养她仨姐妹自己做针线活。另外她们还有一位特别疼爱她们的外婆。她们的银饰制作都是外婆亲自到银匠家进行"指导"，要求银匠按照她的创意去做，做出与别人不同的新花样。例如，当时流行麻花绞的项圈，但是外婆却要求银匠做成菱角的，简单大方。[①]

"这种最初更多是维护民族自尊，通过'以钱为饰'所流变的夸富心态，自始至终都对苗族银饰的审美价值取向起着至关重要的作用。"[②]的

---

① 张晓、张寒梅、潘璐璐：《贵州苗族代表性服饰》，北京：知识产权出版社，2017年版，第94～95页。
② 张世申、李黔滨：《中国贵州民族民间美术全集·银饰》，贵州：贵州人民出版社，2007年版，第23页。

图4-15　西江式银帽（北京服装学院民族服饰博物馆藏，彩图见文前插页）

确，以前西江的苗族非常看重银饰，但进入20世纪80年代中期，"白铜佩饰被人们接受后，越来越多的人改为佩戴白铜佩饰。白铜佩饰的佩戴对银饰佩戴习俗有一定的冲击作用，也冲淡了银饰作为财富象征的观念。[……] 银饰作为财富象征的观念目前在雷山已经淡化了，但也没有完全消失。传统银饰工艺'变异与延续并存'于雷山地区，与该地区传统的财富象征观念的流变不无关联"[①]。可以说物的功能或说是价值并非仅由物的属性来决定，人们所赋予其的意义也至关重要。对于当代的西江苗族人来说，银饰不再单纯是"不可让与（inalienable）"的传承物和财产，也不完全是"可让与（alienable）"的商品，而是当代商品生产权力实践及民族信仰的综合产物。而在当代展演类西江苗服盛装中的"银饰"，则是作为传统苗族服饰特点的象征符号，既没有所谓的辟邪等功能，也毫无经济价值可言，因为它们都是用其他金属材料制作的"现代仿品"。为什么要仿？主要是出于经济方面的成本问题。西江传统苗族盛装中的银饰价格不菲，一整套纯银饰下来大概需要几万元。而在演出中，如此高昂的费用，无论是公益性演出还是商演，恐怕都很难承担，因此寻找替代品是在所难免的。明松峰告诉笔者，国庆游行中西江苗族盛装上的"这套东西（银饰）

---

① 张建世：《黔东南苗族传统银饰工艺变迁及成因分析——以贵州台江塘龙寨、雷山控拜村为例》，《民族研究》2011年第1期，第49页。

都是咱们从云南买的现成的，订货订的，是铁皮的，时间长了会发黄"①。
参加国庆游行的"爱我中华"方队队员刘雨霏，当时穿的就是西江苗族服
饰，她说："佩戴的'银饰'好像是铁片的，反正特别轻，容易刮伤人，
我当时就被刮伤了。走起路来也是哗啦哗啦的，因为项坠下面有铃铛嘛。
我们当时没有戴牛角，应该是考虑到在方队里表演舞蹈，容易扎到人。"②
笔者在西江调研的时候，亲自试穿了西江苗族传统服饰，也佩戴了银饰。
当头上戴上大牛角的时候，顿时觉得头重了很多，头也不敢随意乱动了。
这也是国庆游行中西江苗服没有选用银角的原因之一。

即便在国庆游行中"爱我中华"方队的西江苗族盛装银饰所使用的材
质不真也不佳，但是整套银饰的造型几与原生态的传统银饰相同，图案也
基本上还是按照传统西江苗族图案来做的，从整体上看其质感也与传统银
饰颇为相近，若非行内人士，即便是拿到手里仔细研究，也是断然无法判
断真伪的（如图4-16）。而如今在西江，许多置办不起纯银银饰的苗族也
会用白铜"银饰"来替代。穆春告诉笔者："以前这里的人用不起银饰就
不会用，而现在就会用假银饰来充门面。"③

图4-16　"爱我中华"方队中苗族马头帽局部

① 受访者：明松峰；访谈时间：2011年7月26日；访谈地点：呼和浩特明松影视服装设计中心车间；
　访谈者：笔者。
② 受访者：刘雨霏；访谈时间：2011年6月26日；访谈地点：中央民族大学美术学院；访谈者：笔者。
③ 受访者：穆春；访谈时间：2012年8月2日；访谈地点：西江千户苗寨"木春绣纺"；访谈者：笔者。

西江苗族人对银饰的审美观念是以多为美，苗家女全身的银装可重达二三十斤。每逢苗年或重大礼仪场合，苗家女脖子上会佩戴镂花银项圈，有时数量多到可以掩没嘴鼻，胸前也会佩挂大银锁，手腕会戴数对不同样式的银手镯。如此多的品种和数量，分量自然不轻，不过她们比的就是谁的银装最重、最大、最多，胜利者也自然会成为芦笙场上所有小伙子追逐的目标。而在展演的舞台上，如此多的银饰自然要被简化。在设计师眼中，作为西江苗服元素的银饰，可以遵循点到为止的原则，一方面控制了成本，另一方面也适应了演出时便于演员做出各式样动作的需要。所以，原本满身银装的传统西江苗族盛装，在设计师笔下被尽可能简化，设计师们所追求的就是能够达到与原本苗族服饰相似的逼真效果。所以，呈现在观众眼前的，不再是原生态苗族银饰大片大片的、白花花的耀眼感，而是经过设计师拼贴过的"银饰"。

如果说作为配饰的"银饰"，如花帽、项饰等，还是更多地保留下来被使用的话，那么设计师在银衣上装饰的"银饰"就真可谓蜻蜓点水一般了。如图4-17，为西江千户苗寨民族文化展演中的苗族盛装，原本在上装下摆处有着两至三排的银花片被设计师简化为几个"银泡"，而肩上、袖口和后背的银饰则"不翼而飞"了。而在中华人民共和国成立60周年庆典上，"爱我中华"方队中的苗族服饰上的"银饰"，也对上装下摆、袖口和后背做了简化处理，对花帽和项饰则做了保留处理（如图4-18）。

特别值得一提的是，笔者翻阅了手头和图书馆对西江苗族服饰的图文资料，并未看到像方队中苗族服饰的项饰那样，银盘压领与银锁同时佩戴的搭配方式（如图4-19），也未看到像西江千户苗寨民族文化展演中苗族女主持人及女歌舞演员的盛装中的银饰那样，将银角、镂花银压领与银盘项圈同时佩戴的情

图4-17　西江苗寨展演中的西江苗族盛装（西江千户苗寨，2011年，彩图见文前插页）

图4-18 "爱我中华"方队中的西江苗服银饰（中央民族大学，2009年，彩图见文前插页）

况（如图4-20）；笔者看到的只有镂花银压领与银盘项圈同时佩戴的情况（如图4-21），或是镂花银压领与银锁同时佩戴的情况（如图4-22）。是设计师们故意将银配饰"隆重化"了，以凸显"以多为美"的苗族审美呢，还是因为不了解当地苗族服饰银饰搭配的"地方知识"而造成的设计错误呢？就这个问题笔者访谈了当地的苗族村民穆春，她说："西江苗服盛装配套的银饰有几种，您所看到的有或者没有银角的不同是因为所代表的时代不同，还有佩戴的人的年龄不同。项圈部分是由压领和花式的银圈组成的，这两种都需要佩戴。"[①]

从上述对西江传统苗族服饰盛装的分析中，可以看出当代展演类民族服饰的设计方法就是将设计师认为是民族特点的服饰要素加以抽取，使之元素化，

图4-19 "爱我中华"方队中西江苗服的银项饰（中央民族大学，2009年）

图4-20 展演中女主持人的苗服银饰（西江千户苗寨，2011年）

图4-21 西江式女子服饰，传世实物［《中国织绣服饰全集6：少数民族服饰卷（下）》，第6页］

① 受访者：穆春；访谈时间：2011年4月16日；访谈地点：西江千户苗寨"木春绣纺"；访谈者：笔者。

图4-22　贵州省雷山县一带，现代西江式姑娘盛装［《中国织绣服饰全集6：少数民族服饰卷（下）》，第3页］

再将这些元素加以提炼式保留和拼贴。尽管如同前面提到的西江苗族设计师努力与外界接轨，异族的设计师则竭力地与传统接近，但设计师因所处的文化背景的不同多少会导致各自设计行为上的差异。如若仅仅是简单地为了迎合潮流和部分人的口味的话，那么浅陋地运用民族符号的设计手法似乎已经可以达到这样的目的了。显然，人类的审美观都与文化象征符号相互纠缠，民族文化也都会借由"仪式"哄抬所谓"美的"象征符号的地位。而在全球化背景下，人们的美感认知则与商业利益、大众传媒密切相关。表现在当代展演类西江苗族服饰盛装的设计上，就是设计师们若不与展演文化生产体系"合谋"，往往就能体会到异化的感觉。诚然，设计师们对展演类西江苗族服饰的设计，确实是将文化的不同要素进行了马赛克式的拼接，但这是否恰恰符合了当下文化的特点呢？在文化碎片化的时代，无需内在逻辑，无需深度和精神内涵，甚至可以脱离原有的整体性的文化结构。尽管对于脱离了赖以生存的文化语境的非物质文化遗产来说，成为孤立的文化碎片并不利于保护原本的面貌，但是"正如没有哪个人永远不死一样，也没有哪种文化模式永远不变"①，文化是人创造的，是在不断变化的，可以出新，可以复古，文化碎片可以重新集结，亦可以与未被涵化的文化相互融合。设计师们将"碎片"捡拾起来进行想象、拼接与创新，重铸为一种新的现实和理想的文化，也可以被看作是文化的"重构（refactoring）"过程。

① 〔美〕C.恩伯、〔美〕M.恩伯：《文化的变异——现代文化人类学通论》，杜杉杉译，沈阳：辽宁人民出版社，1988年版，第531页。

第二节　被制约的设计意图

一、"循规蹈矩"的设计要素与规律

如今的服装业已由原来设计师一统天下的局面逐步转变为多方面的普遍参与，如社会学家、心理学家、人类学家、经济学家、艺术史学家及政治学家的关注与评论。因此，当代展演类西江苗服的设计师在设计时，不可避免地要受到客观因素的制约，难免成为"被设计的设计者"。他们往往会做出"循规蹈矩"的设计行为来，这其中包括设计要素与规律（如色彩、款式、材质、工艺等）、时代背景及设计师自身文化先结构等方面的制约，而这些客观因素又是一个从"先规后范"再到"规范并举"的过程。从字面上理解，"规"为规矩，"范"为模板、榜样，"规范"并非完全等同于僵化、循规蹈矩，而是设计师在设计时需要将当代展演类西江苗服设计所规定的动作标准化，以达到"先规后范""规范并举"的目的。

（一）既有设计原型的制约

当代设计师对展演类民族服饰设计作品的创造是有限度的，不可能天马行空地想象和发挥，也有着必须要做的"规范"动作。正如国内著名服装界泰斗李克喻先生所说："这类服装与我以前搞的芭蕾舞服装设计中所设计的民族服饰还有些不同，相对来说设计时受限制，不能偏离原生态民族服饰太远，创新太多了别人说不像，按照现代人的审美，顶多袖子缩短露个胳膊之类，差别很小。在我看来，设计能出彩也不容易。"①既然有了所"描摹"民族服饰的原型，设计师在设计时也必定会受到这一客观因素的制约。

正如博厄斯在对原始艺术的研究中发现的那样，人们的习惯动作或习惯姿势也体现在服装上。"妇女服装的式样依随她们携带孩子的方式而变化。巴芬兰德的爱斯基摩女人是背着孩子走路的，她们佩戴的头罩式样也同这个动作相适应。索斯安普敦岛（Southampton Island）和赫德森海峡（Hudson Strait）古代的妇女把孩子放在臀部，为了保护孩子，她们的靴子

---

① 受访者：李克喻，女，1929年生人，汉族，服装设计师、北京服装学院顾问教授、中国美术家协会理事、中国服装设计师协会专家委员；访谈时间：2012年8月30日；访谈地点：李克喻家；访谈者：笔者。

就特别宽大。"①因此，除了在材料方面有着成本控制这一客观因素外，"爱我中华"方队的西江苗服设计师在设计时，还要受到原本西江苗族服饰的款式、色彩方面的习惯性制约。

在上一节中，笔者已经分析了设计师对传统西江服饰款式结构的"临摹"设计，而在色彩方面也一样。访谈中，设计师明宇也向笔者揭示了"爱我中华"方队中西江苗服的色彩设计过程：

笔者：在书中以及当地，我看到西江式苗族女子盛装主要是红色和蓝色，没有看到黑色的，可是在国庆游行"爱我中华"方队中有黑色的，为什么要添一个黑色的呢？

明宇：黑色写实啊！宝石蓝是节日盛装的，红色是结婚盛装的，而黑色是日常生活服装的颜色。用黑红来搭配，这也是将其艺术化了，黑色上衣搭配红色调的刺绣。

笔者：在颜色上，要做到与传统服饰的颜色一模一样吗？

明宇：最好不要出怪，不要搞怪。

笔者：西江传统苗族盛装的红色是比较暗的红色，而游行中的红色是鲜亮的大红色。

明宇："对，就是这样的。暗红色不要搞成什么玫红啊，不要搞绿啊、黄啊，人家不用的颜色。如果乱用，人家当地专业搞服饰研究的人会反感你，而且人家苗族人不穿黄色、不穿玫红。红的、蓝的、黑的，这些颜色都可以用，因为这些颜色都是可以相互配色使用的。一件红衣服不可能单纯用红，可以配黑。

笔者：红色有不同种红，怎样选择呢？

明宇：一般用大红色的。大红色居多，因为中国红嘛，结婚都常用大红。②

从对话中可以看出，在设计师明宇眼中，传统的西江苗族服饰色彩是设计的基础，在原有色彩的基调上"不出怪"的色彩处理，即不偏离原生态民族服饰的色相③都是可以的。而明宇对于传统西江苗族服饰色彩的尊

① 〔美〕博厄斯：《原始艺术》，金辉译，上海：上海文艺出版社，1989年版，第138页。
② 受访者：明宇；访谈时间：2011年7月27日；访谈地点：呼和浩特明松影视服装设计中心车间；访谈者：笔者。
③ 色相是色彩构成中的三个基本要素（色相、明度和纯度）之一，是色彩所呈现出来的质的面貌，是色与色区分的标志。

重，也折射出设计师在实际设计时是受到原本的传统西江苗族服饰色彩这一"范"的制约的。

设计师明宇曾谈到在展演类民族服饰设计中，如何通过设计师的能动思考来体现自己的设计特色："这方面的设计，一方面要和原来民族服装相接近，另一方面还要有自己的设计特点。在款式上，一定要把握住民族特点的东西，不能丢掉人家民族的特点。拿回族来说，千万别上太鲜艳的颜色，回族人喜欢用白和绿，保安族就可以用红和粉，回族人很少用粉色，而朝鲜族喜欢用湖蓝和玫红配，颜色上可以鲜亮。款式上就更不能走样了，最好是照着传统的来，比如朝鲜族的裙子可以摆大些，袖子长点短点都行，在款式上不能做成哈萨克族去。水傣就是水傣，花腰傣就是花腰傣。藏族也分康巴的、阿坝的，在设计上可以结合，但是不能太过分了。像我们做鄂尔多斯的蒙古服，就按照当地的传统式样来做，绝对不会将其和布里亚特的蒙古服相结合。你可以将鄂尔多斯蒙古服做自身的改变，比如鄂尔多斯的大坎肩是其特点，那么我就只取大坎肩，不要袖子了，光着胳膊穿也很漂亮。大坎肩本来是四片，我可以做成双层四片。就是把它夸张，艺术化。因为针对我们做设计这一块，我们不是搞文物的。关键是像我们这种做艺术化民族服装的厂家，目的一是需要展现民族文化、艺术文化，二是要挖掘少数民族服饰的特点，用现代的服饰材料制作，适合现代人去欣赏它。"[1]由此可以看出，他在处理款式设计的时候，如何攫取民族服饰的（色彩、款式）特点，如何通过夸张的艺术手段来呈现这些特点等，这些设计思路既指导他的行为，又显示其设计风格和气质的"惯习"。

若仍以"爱我中华"方队中的西江苗服色彩为例，如前所述，设计师明宇在设计时充分考虑到了当地传统服饰色彩这一客观因素外，在色彩的搭配处理上，明宇谈道："一般节日装都穿蓝色，蓝黑相间，还要配红色的图案；红色配黄色的一些绣花图案，当然绣花部分绿啊、金啊都可以。红色就是结婚穿。其实一件衣服都会有三种以上的颜色来辅助搭配，尤其是民族服装，有的到五种，太多不可能了，太多颜色会乱的。"[2]从他的话中，我们既可以感受到他对传统苗族服饰色彩习惯的保留处理，同时又可以体会到何处是他在具体配色方面可以掌控和发挥的点。而反过来看，这些主观控制的部分仍旧受到数量的限制，明宇认为配色时不能超过五种颜

---

① 受访者：明宇；访谈时间：2011年7月26日；访谈地点：呼和浩特明松影视服装设计中心；访谈者：笔者。

② 受访者：明宇；访谈时间：2011年7月28日；访谈地点：呼和浩特明松影视服装设计中心；访谈者：笔者。

色，否则会显得太乱，这显然是受到服装设计规律的"结构"所控，而我们知道在真正的传统民族服饰中，别说五种，甚至十种以上的颜色也会被配到一起使用，且这种情况比比皆是。

（二）设计要素与规律的考量

设计师的主体性不是可以任意发挥的，一定会受到设计要素与设计规律的制约。在充分了解、把握这些"规矩"和"范本"，即客观因素的制约前提下，设计师的主体性才能够有机会被彰显。

"巧妇难为无米之炊"就是一个十分现实的客观问题，因为设计师的设计不能从纯唯美的角度去思考，设计师在设计时首先会受到所用材质的限制，必须用相应的工艺实现设计作品。例如，在"爱我中华"方队的西江苗族女子盛装的设计中，设计师首先会思考设计定位问题，进而进行与之相符的设计。借用明松峰的话："'爱我中华'方队的衣服当时是不想辛苦，不想花钱，想花钱的话那个衣服也能演变成更有设计感的时装化的民族服饰。56个民族各有各的特色，蒙古族的衣服能演变成时装化的设计，苗族、彝族，都能演变过来。传统民族元素不要丢，可以千变万化地设计，好看。"[①]据笔者调查，"爱我中华"方队的民族服饰平均定价在2000元左右，这样的成本控制导致设计师在材料及加工工艺的运用上不得不选择与之相匹配，例如在材料上就不能选用价格相对较高的真丝面料，刺绣和银饰也不可能采用手工制作的加工工艺，这也是设计师在着手设计时不得不思考的一定之规。

另外，成功的设计师不仅要考虑时代背景、设计要素与规律，还要考虑时装设计的接受者。设计的最终目的就是让消费者接受设计作品，这是设计最重要的环节。为了使设计作品成功地被接受，设计师在设计时会更能动地、有目的地发挥其创造性，选择适当的设计方法和策略，使之符合消费者的穿着期待。设计师三宅一生曾言："我发现'褶皱'以前，也一直在考虑用立体剪裁和缝制的方法制作衣服，后来我觉得我应该完全脱离这种设计理念，不是像以前那样只考虑服装是怎样制成的，而是开始去考虑服装是怎样穿在人身上的：我当时就想设计出一种能和人的身体相和谐，既轻又容易穿着的服装，这样'褶皱'的创意就出现了。最近，我开始尝试去发现一些别人认为是残次品的材料，尝试不用基本工艺，对这些材料进行二次加工。和那些整天在探寻新奇的东西的'时尚设计师'不

---

① 受访者：明松峰；访谈时间：2011年7月29日；访谈地点：呼和浩特明松影视服装设计中心车间；
　访谈者：笔者。

同，我的作品是一个更长期的实验，做出那些真正具有革新意义的东西，怎么也得用上三五年的时间，我的目的只有一个：满足大众。"①

随着时代的发展，设计师的中心角色悄然发生改变。据布卢默（Herbert Blumer）看来："在不远的将来，时尚表现得更像是一种集体的摸索（在设计师与消费者之间），而不是一个由声名显赫的人物所引领的运动。"②社会学家保罗·威利斯（Paul E. Willis）也指出："在决定时尚潮流方面，时尚设计者所扮演的中心角色比通常想象的作用要少得多……战后时期和60年代特别标志着一个新的大量消费服装的新阶段的开始，这个新阶段是在充分就业和消费增长的条件下，以创新设计、年轻人时尚和合成纤维的发明等叠加在一起为标志的。这些影响汇聚的结果有助于颠覆先前国际性的对时尚所渗入的影响，而允许款式和时尚一定程度的民主化，由此破坏了设计者的中心地位。"③尽管他们所谈的是时装产业设计师的角色问题，但这一道理也同样适用于展演类民族服饰的设计。

图4-23　设计师明宇为少数民族运动会开幕式上蒙古舞设计的领舞服饰效果图

2011年7月29日那天下午，笔者照旧在呼和浩特明松影视服装设计中心车间做体验式参与观察，当时制版师小孙师傅和明松峰师傅正在讨论一件蒙古女袍的结构设计。这件女袍是一个蒙古族群舞节目的领舞服饰，也是用在2011年于贵阳召开的少数民族运动会开幕式上的服饰。图4-23是设计师明宇画的效果图，他向笔者叙述了自己的设计构想："我的设想是以夸张的翘肩和大幅裙摆的造型，来凸显蒙古族女性的贵族气质。整个袍服裙摆由12片裙片组成，裙片下衬有大摆的衬裙，裙身与上身连接在一起。用翘肩和马蹄袖的造型设计是想与大裙摆的造型相呼应，否则会显

① 朱锷：《消解设计的界限》，桂林：广西师范大学出版社，2010年版，第21页。

② Herbert Blumer: "Fashion: From Class Differentiation to Collective Selection", M. Roach-Higgins, J. Eicher, & K. Johnson (eds.): *Dress and Identity*, New York: Fairchild Publications, 1995, pp.378-392.

③ Paul E. Willis: *Common Culture: Symbolic Work at Play in Everyday Cultures of the Young*, Boulder & San Francisco: Westview Press, 1990, p.84.

得下面太过于沉重了。"①然而，他的设想在结构设计师那里，在具体实施的过程中发生了一些变故，笔者也参与到了这次改变设计师初衷的结构设计方面的对话之中：

　　笔者：现在得把背心和里面的衬裙分开裁吧？

　　明：分开，里面把它加成上袖裙，靠后片（后底领窝）来拉它，袖片就跑不了了，跑不下去。前片肯定拉不住，得靠后片，后片领窝也不能挖得深了。因为后片看不着，只能是在领根这儿下去六分，低至一寸，然后跑到这儿。主要要袖子笼这点东西，装袖子好装，这样机工也好做。

　　小孙：那外头这个呢？

　　明：外头的把它往上提点，三分，不靠就行了。把领口这个地方，退出五分，直接上去就行了。

　　小孙：晓得。

　　明：不是弹性的料，里面不行就加个省道。

　　笔者：外面再多做个小坎儿。

　　明：突然间想起来的，要不然费半天劲儿，做出来不是那个玩意儿。这样做出来的衣服就没有问题，没有人挑剔，要不然袖子会较劲，里面也好穿，外面拉锁一拉也好穿。必须这样改。

　　笔者：里面和外面的小坎儿怎样固定呢？

　　明：不固定，各是各的。

　　笔者：穿的时候不会跑吗？

　　明：外面这件后面大拉链，领子断开。前面原来两道拉链不好看，现在前头开口改成扣子，下面裤子是拉链，这样好穿。一件上衣两道拉链，演员受不了。前一下，后一下，两个演员互相帮下忙，这样好穿。主要是要搞造型，一搞肩部的造型，袖子就考虑到不能往造型的地方上，一上就容易出问题，揪起来了。

　　笔者：袖山的造型就被破坏了？

　　明：演员有舞蹈动作，这样肩膀就会往下走，整个就会被破坏了。两个造型就成了两个猫耳朵了，必须要考虑这些问题。

　　笔者：袖子连在里子上吗？

---

① 受访者：明宇；访谈时间：2011年7月29日；访谈地点：呼和浩特明松影视服装设计中心车间；访谈者：笔者。

明：里、面儿都有了，两层，就是多了这么一层工艺，复杂了，但是效果好。咱们现在主要是为出效果，如果往云肩上上袖子，最后弄半天，顾客不满意，没有好效果。以前干过这事，顾客提意见，最后还得改。这个领舞的服装款式设计是结合了巴尔虎部落的服饰元素，蒙古族服饰的时装化。

笔者：这件领舞服的蒙古族传统元素体现在哪里了？

明：片，就是片。翘肩是土尔扈特的东西，把它夸张了。土尔扈特坎肩的款式是翘肩，它没有起泡泡肩，就是正常地走的。鄂尔多斯的坎肩是四片，我们把它演变成六片。马蹄袖是满族的，蒙古族继承下来了。蒙古族元代没有马蹄袖，满族人才穿。马蹄袖的外面是毛毛的，毛毛翻下来可以保暖，为的是冬天捂手捂嘴不冷，拉弓射箭，它适应马背民族的生活需求。

笔者：这个小坎肩是单独的？

明：还有这一块儿。

笔者：里面呢？

明：里面就是一条长袖的大裙子。

笔者：那领口的位置得比它低点？

明：低了，低五分。不要露出来。

笔者：用什么料子呢？

明：黄过渡到白，上身咱们用白，这也是从黄过渡到白。

笔者：即便脱了坎肩也很好看。

明：哎，这是一件东西嘛！领边收个边儿就行。布料得处理一下，压一下衬，因为这种布料质地不大好，不如35的面料，里面含35%的真丝，面窄才73厘米，这个价格更贵。能用就71公分。

笔者：裁的时候一幅只能裁两片。

明：咱们用的是幅宽90的，可以出三片，这个窄只能出两片。100%的真丝比这个还贵，造价还高。定版定型了，做起来很快的。今天上午打样，一套衣服多费劲儿啊。花边的配色，领口是蓝的，包袋是红的，只能上蓝花边，不能上红的……12片的大裙子，用补花装饰。

笔者：补花除了装饰外还有其他作用吗？

明：一个是美，一个是重，有分量，跳起来飘，一动裙片就起来。

笔者：要合蒙古族的气质？

　　明：对，比较稳，贵族的气息。这个衣边有做成汉文化的绲边的，也有用细的码边机做密集的码边，北舞那边的衣服都这样做。

　　笔者：码边做比较简单。

　　明：简单，工艺不多，主要靠色块来打造型。咱们公司的产品为什么有些人特别欣赏，因为工艺上来了。一个是把民族特色突出来，上了边儿容易发硬，但是硬了的话怎么往上加东西？边上加珠子，这样一动裙摆就起来了。这都是我做了这么多年的经验。①

　　由上述的对话可以看出，设计师明宇的设计在结构设计师明松峰这里被修改，由原本是一整件的结构改为背心外套和长袖衬裙两件。而且，在结构设计师多年的设计经验下，诸如拉链、裙边等一些设计细节也被"完善"，使得这件衣服在符合设计师"美"的要求下，同时满足在舞台上表演舞蹈动作的功能上的需求；而在功能方面的特殊需求往往又是这类服装与众不同之处，也是设计师不得不顾及的设计因素。

　　若从结构主义研究者的角度来看待当代展演类西江苗族服饰设计师的话，往往容易忽视设计者的主体性，因为他们关注服装这个客体，关注服装的材质、色彩和款式，而这些都属于设计要素及规律层面的东西。在他们看来，服装设计存在着一个确定无疑的设计规律，设计师通过设计要素来表达这个规律，设计也就是要产出一个与设计规律对等的产物。这种过分强调服装设计的共性，强调服装设计规律性的结构主义思想，造成了服装设计师主体的"死亡"。在他们眼中，当代展演类西江苗族服饰设计师彻底变成了设计的工具，变成了"机器"，个体的能动性在结构的重压下被埋葬，设计师的主体性被降到了最低。

　　尽管设计创新须以"规范"为基础，然而"规范"本身也并不完全是死板的、制度化的，在内容上、形式上可以根据需要和变化不断进行创新。在"先规后范"的客观因素和"规范并举"的主观因素的双重制约下，当代展演类民族服饰设计师们的设计作品似乎在表面上给人以中规中矩的感觉，然而在设计作品的背后隐藏着设计师们意图"超凡脱俗"的情感。这种体现个人情绪和风格的设计情感模式，主要体现在设计师对设计要素的"恣意"处置以及在设计理念上的"纵情"抒发。

　　阿尔弗莱德·吉尔（Alfred Gell）指出，所谓的（自内部）"意识"这

---

① 对话人：笔者、明松峰、小孙；对话时间：2011年7月29日；对话地点：呼和浩特明松影视服装设计中心车间。

个认知过程与（外在的）手工艺品分散物的时空结构相同。"内部"事物（思维或意识）和"外部"事物之间结构同形，"外在"事物指作为"分散物"的艺术品的集合体，"分散物"是多样性和时空分散以及内在一致性的结合体。我们在那里得出的重要结论是"内部"与"外部"之间的差别是相对的，而不是绝对的差别。"思维"（内在的人）与外在的人之间尽管有差别，但也仅仅是相对而言。我们不把"人"看作受限制的生物体，而是把这个称呼用于环境中的一切物体和/或事件，在这环境中可诱导出能动性或人性。[1]站在"能动性"这边的吉尔认为，人是具有自由意志的个体，"结构"亦为人为创造的概念。

在服装设计中，通常人是主体，以人为主体的时装是客体。然而，在漫长的时装历史长河中，人的主体角色不是一成不变的，它随着时间的推移、设计理论的发展而不断变化。从茹毛饮血的远古人类赤裸身体到如今纷繁多姿的时装可以看出，整个时装发展历史是波动起伏的，是以人为主体与以服装为客体而循序渐进的。这种渐进的表现形式是以设计师为能动者进行的令人出乎意料的、反常规（结构）设计来体现与完成的。时装在这种人为作用状态下螺旋上升。在当代展演类西江苗族盛装的设计中，设计师对设计客体的人为作用是通过对设计要素的改变来实现的，这种改变看上去是设计师个人的行为，似乎是"恣意"的。在设计过程中，设计师通过对服饰当中各种形态、色彩、材料等造型要素的改变，将自身的审美观点等个人的东西暴露在设计作品之中。在这里，我们可以将设计师对产品设计要素的处理看作一种编码的过程，而大众在面对这些设计产品时会产生一些心理上的感受，这可以理解为解码或是审美心理感应的过程。

设计师明宇在访谈中向笔者透露了他在做展演类民族服饰设计时，如何通过设计要素的调整，将相似主题的创作重新编码，呈现出多样化的外在形式。他说自己作为设计师就怕设计作品的重复，怕出现撞车现象。即便客户愿意，他也不愿意。谈到具体怎样避免撞车时，明宇说："我设计了很多蒙古族服装，但我会把它们的花形做些变化，即便啥都一样了，花形不一样，也还是不一样。或者头饰上有所差别。像'荷花舞'，那是汉族人的舞蹈，虽然都是玫红色、绿色啊，但是我可以在大襟开法、装饰亮片上做变化。"[2]在他看来，同一台演出，同一个地方的演出，同一个类型

---

[1] Alfred Gell: *Art and Agency: An Anthropological Theory*, New York: Oxford University Press, 1998, p.137.

[2] 受访者：明宇；访谈时间：2011年7月26日；访谈地点：呼和浩特明松影视服装设计中心；访谈者：笔者。

的演出，出现撞车的设计简直是令人无法接受的现象。这就像消费者平时穿衣服一样，谁也不愿意跟别人撞衫。明宇用时装品牌来举例："有的商家为啥搞了很多的设计师？设计个T恤就卖那么几套，T恤衫从款式上看就那么几个款，可变换的是颜色，同一个款换上几个颜色，然后再做别的款的变换。比如咱们老穿的杰克•琼斯①的衣服，我才知道，这个品牌是没有服装厂的，只有设计师。它的衣服，今年和去年的款式从来不重复，虽然大同小异。因为时装嘛，就那些款式，换换颜色、换换质感，这儿加个小边，那儿加个小图案就变了。"从他的话可以抽离出将设计重新编码的几个关键词——装饰、款式细节、颜色、质感。在他看来，设计师若能将这些关键词加以灵活变化，便可以举一反三地得出体现自身创意的无穷尽的设计作品。

明宇的父亲明松峰在结构设计方面更为擅长，他的主动思考使得明宇的设计作品能够更加合理化，更加"出彩"。他告诉笔者："像'爱我中华'方队中的衣服就做成舞台化的东西。本应该表现的是生活中的民族服装，但是在游行中还有一些舞蹈动作，这就要求服装得符合舞台表演的需要。我在结构设计的时候就把它糅合了一下，让它介于生活和舞台表演的中间。没有什么大的舞蹈动作，所以就不需要太夸张。但是'爱我中华'方队中的全都是符合舞台效果的56个民族服饰。"②笔者对明松峰进行访谈时也谈到了设计者个人创意的体现，他对自己的结构设计颇有自信："我有我的特点，和别人家做的不一样，感觉也不同。舞美有舞美的裁法特点，我有我的裁法特点，都有自己的代表作嘛。每次我都会融入我的创意在里面，给了我图纸，但是我得创新一下，使得做出来的衣服要高于图纸。添上一块，比如扣花，我弄成两层，这样就会有立体感，因为毕竟样式已经固定了，但是我给它增加了立体感，这样衣服的层次感就出来了。"③

在明松峰的结构处理下，设计师的作品被进行了二次创造，虽然在某种程度上或多或少地体现了他的个人创意，但这种二次创造是设计师

---

① 杰克•琼斯（Jack & Jones）是丹麦Bestseller集团旗下的三个时装品牌（Only, VERO MODA, Jack&Jones）之一。该男装品牌自1989年创立以来，其简洁纯粹的风格吸引了全球年轻男性的目光，代表了欧洲时尚男装潮流。如今，该品牌在全球已拥有超过15000人的设计、开发、销售和营销团队。

② 受访者：明松峰；访谈时间：2011年7月31日；访谈地点：呼和浩特明松影视服装设计中心车间；访谈者：笔者。

③ 受访者：明松峰；访谈时间：2011年7月28日；访谈地点：呼和浩特明松影视服装设计中心；访谈者：笔者。

与他（版型师）沟通的结果，绝不会是他的"一意孤行"，因为结构设计的目的是更好地体现，而不是推翻设计师的创意。如果说明松峰作为结构设计师来为明宇的设计作品把关、提意见甚至修正，是结构设计者"能动性"的体现，那么反过来，合理的结构布局和设计恰恰又成为制约设计师的"结构"。

韦荣慧在访谈中也提到："设计师要具备革命性、创新性和思想性这样几个要素。"①设计师们运用他们的创造力来反抗现有的体系，设计要素被设计师们灵活运用。这在站在"能动性"一边的研究者看来，设计条件、设计规律、时代背景、文化意识形态等诸多因素，当然会对设计师们的设计行为有所限制，但这些外在条件也为设计师们提供各种策略选择的机会，设计师个体可以"不假思索"地正确行动。设计师的推陈出新在他们眼中，是定要违抗和重新解释设计"习俗"的，他们更加关注的是在"结构"与制度之下活生生的个体。若从格尔茨的理论来分析，人类学家研究的不再是设计者的行为本身，而是设计者赋予其行为的意义。而意义的阐释不再是人类学家参与观察的结果，而在于设计者自身的观点。

设计师对设计要素的创造性改变，的确可以令人惊奇并引发观者的想象。但是，设计师不能仅仅考虑个人的因素来调整诸设计要素。正如三宅一生所言："我觉得'分享'和'互动'是必不可少的，一个设计师如果一味地以自己为中心，那么别人就很难理解他的作品。服装若不能激起穿着人的情感和反应，那就毫无乐趣可言……我创作不只是在表达自我，表达我个人的东西，而是努力在为那些生活在当下的人，作出我们应该如何在这样的时代生活的回答。有没有穿我设计的衣服，其实已经不是我所关心的了，重要的是分享和互动。'如果和大家没有对话没有交流的话，创造也就停止了'，这个认识是我设计理念的核心基础，也是我的作品和那些所谓的'纯艺术'有所不同的原因。"②因为，艺术性和功利性是并存于当代展演类民族服饰设计之中的，在对传统民族服饰的艺术化设计中，功利性和艺术性的相互关系也是运动变化着的。设计师往往不能像搞纯艺术的艺术家们那样可以相对做到真正的"恣意"，而是需要不断地做出妥协和让步。

二、不易摆脱的时代背景标签

无论造成什么样的设计结果，也都是事出有因的。设计师作为能动的

---

① 受访者：韦荣慧；访谈时间：2012年10月22日；访谈地点：中国民族博物馆；访谈者：笔者。

② 朱锷：《消解设计的界限》，桂林：广西师范大学出版社，2010年版，第19页。

个体，在时装设计过程中不可避免地会产生能动性。这种能动性包括了设计师的创造性和制约性两个方面，对设计作品有着重要的影响。如果人类如同马克思所说，在无所选择的情境下创造自己的历史，那么，是什么样的力量与结构在形塑并束缚时装设计师的想法及行为？

结构与能动性问题，最早可以追溯到社会学理论著名的唯名论和唯实论之争。自19世纪始，实证主义社会学的代表人物亚当·穆勒（Adam Muller）和奥古斯特·孔德（Auguste Comte）就展开了激烈的唯名论和唯实论争辩。[①]唯名论与唯实论的论辩，涉及的是个人与社会的关系问题，从人类学的角度去看，就成为结构与能动性的问题。

按照结构主义的主张，在人类个体之外有某种强大的力量支配着个体的行为，个体不过是提线木偶，听命于结构的摆布，即人们都是结构的一部分。在代表人物拉德克利夫-布朗（Alfred Radcliffe-Brown，原名Alfred Brown）看来，只有结构的存在，而没有人的能动性。结构主义认为，研究社会整体比关注个人更为重要。也就是说，是因为个体存在于先于个体并超越个体的秩序中，个体才成为个体，才以个体的方式行事，他们相信"天定胜人""时势造英雄"。换言之，在当代展演类西江苗族服饰设计的消费过程中，消费者并不是消费者，而是被"流行结构"操弄的一分子而已。原本衣服就是蔽体之用，但不知何时起却成为民族身份的表征、流行与否的符码，这就是消费者被"流行结构"操弄的明证。

那么谁来操弄"流行结构"呢？自然是处于结构核心地位的人、机构或政府，即"能动性"（Agency）[②]。因此具有能动性的人，就能控制结构，甚至能够生产结构。例如，在当代展演类西江苗族服饰设计中，设计师是操弄"流行结构"的能动者，其设计作品是对生活体验之艺术表达。站在"能动性"一边的理论家们认为"结构"只是人为创造的概念，他们相信作为具有自由意志的个体，人类都是按照自己的意愿在行动。代表人物马林诺夫斯基（也译作马凌诺斯基）认为："我们依某种方式描绘森林。用我们草草的办法，把它画成无生命的一团颜色就够了。但是我们至此尚没有尝试赋予每一棵树木其微妙的价值。但是只有赋予每一棵树其微妙的价

---

① 社会唯名论者穆勒认为社会规律最终都可以还原为个人行为的规律；而社会唯实论者孔德则认为社会是真实存在，并且受自身规律支配的有机整体。19世纪末的涂尔干和马克斯·韦伯（Max Weber）的思想仍旧存在这一分歧。涂尔干认为社会学以社会现象（社会事实）为研究对象，而在韦伯看来，社会学是一种探讨人主体社会行动的理论。

② 英国学者奈杰尔·拉波特和乔安娜·奥弗林在《社会文化人类学的关键概念》中界定了能动性概念，认为"能动在行动，而能动性即是这种能力、权力，正是其成为行动的来源和始作俑者"。

值，我们才渴望充分地表现出森林的精神，也就是生命和成长的精神。"[①]
在他看来，我们应该增强对个体能动性的关注与研究。尽管马林诺夫斯基
并没有亲自完成用树木的微妙价值来表现森林精神的任务，但其接班人巴
特（F. Barth）接过了这一任务。巴特认为，人是有理性和策略的能动的主
体，权力体系是通过一系列持续不断的符合个体利益最大化的个人选择来
建立和维持的。结构是人们行动抉择的附属产物，而不是努力要维系的东
西。[②]在此视角之下，当代展演类西江苗族服饰的消费者并不是在"流行
结构"的驱使和操控下行动的，相反，他们的行动生成和维系了"流行结
构"的绵延。换言之，在巴特等人看来，是"人定胜天""英雄造时势"。

极端结构凸显了藐小的个体和强大的社会/文化，极端能动性则展现
了切实的个体和虚无的社会/文化。当结构和能动性发展到极端，便为正
题、反题的和解提供了契机。声称合题的调和者们居于结构和能动性二者
之间，认为结构和能动性同样重要，人类的行为是在面对二者时所做出的
和解和退让。与帕森斯（Talcott Parsons）（社会行动和模式变化理论）、博
格（Peter Berger）和卢克曼（Thomas Luckmann）（社会建构理论）、吉登
斯（建构理论）一样，布迪厄也试图为结构和能动性的争执提出一条"折
中"道路，因而创造出"惯习"概念。他认为"惯习"是每个人在对世界
的感知、判断和行动中形成的，开放性的、长期的、可转换的性情倾向系
统。它既是社会/文化赋予的，也是个人选择的，是个体主体性和社会客
观性的相互渗透。人们都各自身处一定的"惯习"中，挟持着多种资本，
在不同的场域里进行着实践，以此来生产和再生产社会、文化以及人本
身。[③]布迪厄创造"惯习"的概念，声称借此来综合结构与能动性，提供
一种来回往复的思考路径，但其社会过程决定"惯习"主体性的论断过于
武断，没有跨越个体与结构性的正题和反题之间的分类。

结构与能动性作为二元对立的两端，是人类学学者们认识、理解和表
述问题时难以隐没的概念。这一对概念也常以"社会"和"个人"的字眼
出现。在当代展演类西江苗族服饰设计中，设计师个人也身处二者之间，
受其困扰而左摇右摆。

毋庸置疑，设计师所处的时代背景是制约设计的客观因素之一。每个

---

① 〔英〕亚当·库伯：《英国社会人类学——从马凌诺斯基到今天》，贾士蘅译，台北：联经出版事业
公司，1988年版，第25～26页。

② 〔美〕弗雷德里克·巴特：《斯瓦特巴坦人的政治过程——一个社会人类学研究的范例》，黄建生
译，上海：上海人民出版社，2005年版，第2～3页。

③ 〔法〕布迪厄、〔美〕华康德：《实践与反思：反思社会学导引》，李猛、李康译，北京：中央编译
出版社，1998年版，第163～186页。

时期对衣着的尺度都有所不同。在笔者对中央民族歌舞团的服装师张顺臣的采访中，他向笔者回忆了他那个时代的展演类民族服饰设计。笔者提出了过去在舞台表演中用什么来制作银饰的疑问，张先生说是自己手工用胶片做的。而关于如何表现银饰上的凹凸图案，他告诉笔者："就是用胶片画出花鸟鱼虫的图案，把它给刻下来，刻下来后贴到布上，做成头饰的形给它贴上，图案就出来了！"[1]访谈中，张老先生兴致勃勃地把当年做的银饰拿给笔者看，当笔者说现在都不自己做了，都到民族地区买现成的合金的仿银饰时，他的话语中也表露出些许不满之意："我们这一代退（休）下来以后，现在人家这一代跟我们过去都不一样了。做服装也不自己做了，也不体验生活了。好多东西吧，打个电话人也来了，全帮着干了，过去我们都自己干。"但是提到自己当年的作品《东方红》，被问到和周总理的接触时，张老先生又滔滔不绝起来："首先是确定要表现什么形式，第一个场景是天安门前，56个民族大狂欢嘛，总理要求把民族的最精华的服装拿出来，这样一审查，可以了，就这样定下来。定下来就开始制作。当时总理跟我们在一块说要求，首先一个要表现天安门，天安门前的狂欢，这是第六场。所以大家就开始选择，一个是舞蹈，一个是服装，一个是布景，这几个方面汇总到一起统一意见了，完了再做。布景就是天安门，狂欢，放花，这些都得有，完了服装设计呢都得把56个民族的都拿出来，都得选最精华的。"

上述谈话的内容中，笔者既感受到了那个时代设计师和制作者们因为所处时代的限制，在服饰的材质表现上可以选择的余地不大，需要自己动脑筋来实现自己的设计作品。同时也可以看出在那个时代，有着周总理那样的"创意总监"，设计师们在设计的时候难免会受到权威话语的影响。在访谈中，张顺臣也对笔者讲述了"文革"时期展演类民族服饰设计的命运："'文革'时期这些都是属于'四旧'，都不演出。演出都是穿着过去的列宁装，就像江青表现的那种服饰。那个时候基本上有十年吧，全停了。我们后期也全都改行了，种地去了，整个团在唐山劳改三年。"[2]而在当下，在展演类民族服饰设计中，设计师一方面会考虑到设计作品所要表现的时代背景，另一方面也会受自身所处时代背景的客观存在限制，从而呈现给观者的是经过"规范"思考后的设计结果。

如同英国人类学家埃德蒙·利奇（Edmund Leach）在《缅甸高地的政治

---

① 受访者：张顺臣；访谈时间：2011年7月7日；访谈地点：张顺臣家；访谈者：笔者。
② 受访者：张顺臣；访谈时间：2011年7月7日；访谈地点：张顺臣家；访谈者：笔者。

制度》中所述，社会中的个人有着权衡利益的能力，社会结构因个体优化利益的行动而发生改变并被其牵制。"人类个体是能动的世界参与者……个体可以说是世界的创造者。"①人们总是以其固有的意识参与理解过程，而不只是被动地接受。在现代解释学的观点下，设计师的主体性可以得到最大限度的彰显。例如，20世纪70年代，以英国伦敦为源地的朋克风貌（Punk Look）背离了时尚设计中心的设计风格，用粗糙的设计技术剪裁和来自慈善或旧货店里的二手服装，掀起了一股反时尚的浪潮。这种现象可视为设计师的一种震惊特权和嘲弄特权阶级时尚的习俗惯例（结构）抵抗形式。

"个体能动性的命运总是不可避免地发现自身受到来自结构的威胁（或者愚弄），这一结构已不再适应其创新的要求，即便这个结构曾是自己在某一时期创造出来的，这样一来，社会生活形态与其创造过程之间的张力就促成了动态的文化史。"②纵观中西方时装发展史，设计师的创造性致使新的结构不断产生，逐渐脱离设计师而获得独立，并且凝聚成固定的、客观上一般化的制度性时装风格或形态。例如，文艺复兴时期西欧流行的紧身胸衣、西欧古典服装中的拉夫（Ruff）皱领以及洛可可时期超大的华丽撑裙等时装的轮番登场，都是以抛开人这个主体而将重点移置于服饰的设计方式，展示出设计者主观的极致夸张和极致弱化行为。

三、难以自拔的文化先结构

在当代展演类西江苗族服饰的设计中，即便有上述已经谈到的有"规"有"范"的客观因素的制约，设计师也可以在"规范并举"的前提下充分发挥自己的创造性。但在主观方面，设计师依旧会在不同程度上受到制约，这主要是指设计师文化先结构的制约，即社会对个人的影响致使个人主观上的意识产生差异。设计师的文化先结构包括地域、民族、文化、社会等背景和所处环境以及包括三观等在内的意识形态等因素。"每个人都表现为每个背景的意义"③，文化先结构的各个因素相互交织，构成文化的"意义之网"，包缠住设计师的思想。按照布迪厄的观点，"惯习"贯穿于时装设计师的内外，既指导设计者的行为，又显示设计者的风格和气质。上述自身条件的制约，成就了设计师的能动性。

---

① 〔英〕奈杰尔·拉波特、〔英〕乔安娜·奥弗林：《社会文化人类学的关键概念》，鲍雯妍、张亚辉译，北京：华夏出版社，2009年版，第3页。

② 〔英〕奈杰尔·拉波特、〔英〕乔安娜·奥弗林：《社会文化人类学的关键概念》，鲍雯妍、张亚辉译，北京：华夏出版社，2009年版，第6页。

③ 〔法〕茨维坦·托多洛夫、〔法〕罗贝尔·勒格罗、〔比〕贝尔纳·福克鲁尔：《个体在艺术中的诞生》，鲁京明译，北京：中国人民大学出版社，2007年版，第121页。

以现代解释学的理论来分析设计者主体地位的话，设计师的"能动性"实则是被进一步加强了。他们相信每个设计师都怀揣着梦想，意图"纵情"地通过设计作品所渗透出来的设计理念来传达个人的情感模式，而在这个过程中，设计师总是带着自己的前理解来参与理解过程。英国时装品牌卢埃拉（Luella）的设计师卢埃拉•巴特利（Luella Bartley）说："我热爱时尚的相反方面。有太多的心理和反向势力在对时尚发生作用。一旦你陷进去了，你就过时了。这太不可思议了，我想用我的设计作品来证明这一点。"[①]的确，就如同设计师们对时尚的个人理解有所不同一样，反映到其设计作品和设计行为上，也恰为其个性化设计理念的投射。

具体到当代展演类西江苗族服饰的设计上也是这样，设计师将自己在西江传统苗族服饰的视域和文本资料所呈现的视域不断融合、扩展，通过自己的设计语言表现在作品上，而每一件新作品的完成，也预示着设计者在对二者理解上的突破与创新。如果借用德国哲学家汉斯-格奥尔格•加达默尔（Hans-Georg Gadamer）的"前见（Vorurteil）"理论来看待设计师的设计产品，那么产品不仅仅是真实的设计意图的结果，且饱含着设计者带有"前见"的深刻思想和情感，设计师或许无法根据某种特殊的客观立场，超越历史时空的现实境遇去对"传统西江苗族女子盛装"这一文本加以纯客观的解读。设计师总是戴着"前见"眼镜，来看待原初视域的西江苗族服饰。

明松影视剧服装设计中心总经理兼结构设计师明松峰在访谈中也提到了关于设计师设计理念的表达："设计中要表达人的情绪。一个是用颜色，喜庆中不用黑的。一个是时代背景。（要）适应动作。没有感情设计不出来服装，（要）感觉自己就在剧本中，就是某个人物，有种敏感度来勾画人物造型，难度很大。一台晚会会换装，表达不同的场景以及人物的情绪。"[②]显然，他在这里提到的是为表达剧情需要而顾及的展演中演员角色的情绪，而不是设计者个人的情绪。而提到个人思想如何在这类设计中进行表露时，他说："你看了剧本，理解（了）剧本，再创新创造自己的东西，全靠你的创意。灵感来源于生活，但是必须把自己的情感带到自己的创作中，如果不带的话作品会比较死板生硬，不够鲜活。只有拿来主义思想，没有自己的东西是不行的，自己的东西就是情感，投入的情感表现为创意，没有创意就是抄袭。只要创造一点新的东西，取它一点元素，就是

---

① Anne-Celine Jaeger: *Fashion Makers Fashion Shapers*, New York: Thames & Hudson, 2009, p.23.

② 受访者：明松峰；访谈时间：2011年7月30日；访谈地点：呼和浩特明松影视服装设计中心车间；访谈者：笔者。

你的东西。"从这段话中可以看出，在明松峰看来，他们所做的对传统民族服饰的创新设计并不是对原本服饰的简单模仿，而是对传统民族服饰的表现与再现，是一种以其为基础的再创造，是一种突出重点的"解释"。

韦荣慧曾经在《中华民族》节目中，谈到了设计师主观能动地投入所带来的精致的设计作品的结果："以往我们做的朝鲜族服饰，也是我们的一个弱项，这次我们也特别注意到这个问题，特意去挖掘。我们通过民委找到那个设计师，她特别认真，可以说是最认真的一个设计师。从采料，到制作，到最后编排，她都亲力亲为。我们导演编排的时候，她都在旁边指导，怎么样才能走出朝鲜族这个民族的性格、这个民族的审美、这个民族的文化背景来，她都亲自来示范。然后她对她的服装的制作要求非常严谨，从我跟她落实这个制作的情况以后，她就自己跑到韩国去进的面料，还有在民间做的刺绣，做的手绘。我们可以看到她的每一套服装，有手绘的工艺，有刺绣的工艺，有布贴的工艺，这些工艺还包括鞋，包括头饰。她跟我说，她有一套服装，头饰需要花费三万多块钱。"她在夸赞设计师敬业的言语中，流露出对设计师主体性的认可。

的确，设计师个人的"纵情"投入，会使得设计作品与最初的设计意图更加接近，进而趋于尽善尽美。然而，设计绝不单纯是设计者的激情迸发，而且要结合具体设计的需要。带着强烈设计师个人主观色彩设计出的服饰作品若不能与用户的情感形成共鸣，或许会是优秀的设计，但不可能是完美的产品。因为，产品设计不是为设计者而设计，而是为最大化地实现设计价值而设计，提供给穿着者最佳的问题解决方案。因此，在充满灵感和激情的设计中，同样需要把握穿者以及观者的感情，以激发穿者和观者的激情。"要有原创性思想的产生，必要的知识储备是必需的，但却不一定是决定性的。"[1]怀疑精神和批判反省的意识往往促使原创性思想的生成，而不是简单的知识累积。设计师不仅须戒除自己的"前见"感情，还要激发使用者的情怀，而尽可能地使自己保持中立。

事实上，当代展演类西江苗族服饰的设计师不可避免地受到来自各方面因素的制约，在设计时能动性受限。这些限制来自服装结构、工艺、材质等方面，将设计师发挥的空间限定在一定的客观框架内。例如，所处时代的背景限定了设计师必须考虑设计作品的受众情况，设计师自身文化先结构则决定了设计师的设计修养与创作水准。因此，我们也应该冷静地思

---

① 赵旭东：《本土异域间：人类学研究中的自我、文化与他者》，北京：北京大学出版社，2011年版，第63页。

考设计师的创造权力，不能过分强调"被设计的设计师"的能动性。

　　由此，设计之难与纷繁复杂可见一斑。若过于遵循结构，则易陷入盲目状态，很难脱离设计师所借鉴的传统苗族服饰原型的束缚；而若过于强调能动性，则易使设计作品成为设计师个人自我欣赏的游戏，无法取得商业上的成功。虽然当代展演类民族服饰设计师的地位在不断地提高，但并不等于拥有"无上的权力"，能够"一手遮天"。设计师在发挥能动性的同时，亦受到方方面面的制约，因此，当代展演类民族服饰设计师的首要职责不是画图，而是思考，在"结构"中"能动"地思考。

第五章 设计师对苗族的想象与构建

应当说，设计师们在对西江传统苗族服饰进行符号化抽取之后，将原本的意义进行了转换，而在接下来的设计过程中，他们所要做的无非是将自己头脑中对西江苗族形象的想象付诸实践，从而使得设计理想成为设计现实。在面对具体的主题和内容要求时，设计师们对西江苗族展开了想象，而他们是如何将自己的灵感完好无损地呈现到展演舞台之上，如何在观者、穿着者给予的"像不像"与"是不是"的评价之中体现出自己的个人风格，又是如何化解西江苗族的"传统"与设计的"现代"这一矛盾的呢？

第一节 主题限定及内容要求

一、展演中的设计要求

通常，展演中的民族服饰设计都会有一定的主题要求，设计师要围绕主题来展开设计。如果从字面上来分析展演类民族服饰设计，可以直截了当地看出，此类服饰设计的要求是限定在展演场合的，其题材是关于民族的。当然，这是一个比较大的范畴，而若针对某项具体的设计任务来说，也会因不同的演出需求而向设计师提出更为具体的要求。

在笔者所关注的中华人民共和国成立60周年庆典"爱我中华"方队中，对于民族服饰的设计也是有着具体设计要求的。时任中央民族大学团委书记的马国伟老师说："上面刚开始派下任务来的时候也没有具体的方案，也是在不断地调整、变化过程当中。做衣服的时候，我们没有参与具体的设计环节。我们当时是走了一个招标、投标的过程，虽然没有太多的选择余地，就两家，一个是明松，一个是蓝蝶，最后也就是这两家做的。上面从来没有对服装有什么具体的要求，因为他们也不太懂，对服装的要求也就是宏观的'不出问题'的要求。当时的思路是这样，国庆游行方阵成立了服装组，服装组又聘请了一些服装专家，主要还是我们学校的祁春英老师她们在出服装方案。当时专家们主要是考虑我国地域上的东西南北，找出有代表性的民族来。'爱我中华'主要是一个表演展示性的方阵，它并不是一个象征56个民族全齐的方阵，当时主要是选择服装色彩比较鲜艳的民族，视觉效果比较好的服装。所以选了东北的满族、朝鲜族、蒙古族，西北的哈萨克族、土族，西南的苗族、彝族、藏族，东南的又是哪几个，就是考虑的地域方位，都涵盖一下。具体到某个方位的时候，还是选择色彩各方面视觉效果好、比较华丽的盛装。比较简单的服装就没选，主要是考虑演出的效果。"①

而作为整个方队民族服饰生产厂家和设计者的明松影视剧服装设计中心，对接到的设计任务也有着自己的理解："人家客户让我们做56个民族的服装，设计、结构全是我们自己弄，人家就给提供一个方案——以红、黄为调，五星红旗的颜色，要求以红、黄为主，反映太阳的光芒。这一句话的要求实际上包括了所有的颜色，给了我们一个这样的大提纲，让我们创作，自己发挥。2009年60周年大庆游行方阵的民族服装，我们全是这样弄的，从选料到配色。"②

就在这样一个情况之下，"爱我中华"方队的服装设计师理解了主办方的设计要求，从而开始了对西江苗族的想象。

二、展演类西江苗服设计理念

"考察一种文化的特质，一个重要的参数就是造物设计的理念和方法。"③对于展演中的西江苗族服饰也是如此，设计师在创作时的设计理念成为考察此类设计文化的有效路径之一。中国古代造物设计讲究的是天道与人道相互作用，即"宜"的造物设计和制作理念。在传统西江苗族妇女服饰当中也似乎可以看到这种观念的体现，而这种与事理相宜的原则是西江苗族人民在长期生产生活实践中总结而成的。与古代人们的造物实践一样，西江苗族妇女的服饰实践也涵盖了人、时间、空间、物质、制度、工具、生产关系等诸多方面，包括与物性相宜、与人相宜、与时相宜、与礼相宜、因地制宜、文质相宜等许多可操作原则。④

西江苗族传统服饰的材料采用家织棉布或织锦，织造的斗纹布、花椒

① 受访者：马国伟；访谈时间：2012年5月21日；访谈地点：中央民族大学团委办公室；访谈者：笔者。
② 受访者：明松峰；访谈时间：2011年8月1日；访谈地点：呼和浩特明松影视服装设计中心车间；访谈者：笔者。
③ 邱春林：《设计与文化》，重庆：重庆大学出版社，2009年版，第25页。
④ 邱春林：《设计与文化》，重庆：重庆大学出版社，2009年版，第25页。

布、平纹布等，具有透气、柔软、结实、耐寒的物性，其材料一般幅宽为两市尺（合66.66厘米）左右，在裁制上以幅宽为衣宽，结合平面直线的裁剪手法，最大限度地发挥了物力，鲜有浪费，充分体现了与物性相宜的原则。在西江苗族传统盛装中，稚拙的刺绣图案造型和绚丽的纹彩，表现出与众生共融的祥和感，同时每件不同的纹样及色彩搭配处理，则体现出西江苗族妇女在造物设计中注重人的因素，即根据人的个性、趣味的多样性特点做到与人相宜。在服饰的制作中，季节、时序等时间因素也是西江苗族妇女非常重视的，例如苗族妇女懂得利用多浆植物作为织物的染料，这不仅需要她们把握好这些植物染料与季节气候之间的相互作用，而且需要充分了解各个时节的造物经验，这也体现出她们因时制宜、毋悖于时的造物理念。而在服饰的种类上，常服和盛装的区别实则体现出了西江苗族人注重以礼相宜、不逆人情的造物原则。西江苗族妇女的服饰制作会因风俗而变，如有为节庆盛装而制的绣片，有母亲为女儿准备的嫁衣，还有为新生儿祈福而制的鞋帽或背带，反映出风俗人情之异。而染色时用土生的植物染料，巧妙合理地就地取材，这些都印证了西江苗族妇女因地制宜的设计原则。文质相宜原则，则体现在西江苗族妇女在制作服饰时，能够同时注重内容与形式的相互协调，处理好实用与审美、功能与装饰之间的关系。仅从其刺绣来看，其装饰图案都是附着于具备实用功能的服饰之上的，如飘带、围腰、背带等，在图案的创作中符合所依附的服饰的结构、款式、材料、民风习俗等需要。另外其图案装饰的部位常常是由劳动所致最容易破损的袖口、肩部等位置或服饰中需要拼接的地方，这些刺绣图案正好起到了保护服饰的作用。当然，与事理相宜的造物方法不仅包含上述原则，如宗教、民族等许多限制性因素也都是造物者需要思考的。①

　　而在西方，人们在服装穿着方面讲求TPO②设计原则，在服装设计教学中也有着"5个W和1个H"③的设计条件的说法，这些设计原则和设计条件实与中国古代讲求的"宜"的造物思想是不谋而合的。我国自20世纪80年代初，随着改革开放的推进，国际范围的经济、文化、科学、技术的全面渗透，服装设计这一新兴专业很快受到国人的瞩目和青睐。然而，国内艺术设计教育多年来一直受西方艺术设计及绘画艺术教育所左右，致使

① 邱春林：《设计与文化》，重庆：重庆大学出版社，2009年版，第25～26页。
② TPO原则，即着装要考虑到time（时间）、place（地点）、occasion（场合），使自己的着装与三者协调一致。
③ "5个W和1个H"即通常所说的"5W1H"，"5个W"即what（何事）、who（何人）、where（何处）、why（何故）、when（何时），"1个H"即how（如何）。

各类设计观念及理论范式，限定在西方艺术教育的思维定式之中。

这样，在西方服装设计教学理念及东方传统造物理念的双重重压之下，从事展演类民族服饰设计的设计师愈发像是在"戴着镣铐做智力游戏"。设计师明宇如是说："通常在设计这类服装时，我都是在传统民族盛装基础上，革除掉民族盛装中那些不合时宜的约定俗成的东西，保留住有着民族特点的东西，再加上自己自然随性的艺术化处理。"[①]具体到"爱我中华"方队中的西江苗服设计，他笑着说："一方面要创造艺术价值，而另一方面，也是最终目标，就是要创造商业价值。"他认为，即便是以传统民族服饰为原型，只要经过现代工艺的处理，就不再是完全传统的东西，我理解他的意思应该是"已经经过艺术化"了的设计。

2009年中华人民共和国成立60周年庆典上，"爱我中华"方队除去西江苗族的长裙以外，其他民族的服饰也都是清一色的长裙、长袍和长裤的设计，使得整个方队看上去相当"隆重"和"正统"。身为"爱我中华"方队演员的李美涛说："如果我选，我不会选择这种西江式的苗服作为苗服代表，因为舞蹈起来太不方便。我们第一天穿的时候，有好多同学是会栽跟头的，自己不踩，也会被别人踩。后来经过多日的训练，熟悉了，才渐渐避免。比如，做动作时，不要低头，低头帽子会掉；跳动的时候先要用脚把裙子踢开，再往下落，就不会踩到。虽然壮族的衣服比较轻巧，沉重的装饰物没有太多，但也因为长，蹲下时会踩到。但是太短了，立着的时候也不好看，这有些相互矛盾。不过，通常舞蹈表演中立着的时候少，多半还是在动着的，所以要考虑服装的动态美感以及与之相应的功能。"[②]而关于设计师缘何采用"长"的设计想法，笔者也专门采访了明松影视剧服装制作中心的总经理明松峰和刘景梅：

笔者：咱们在做（20）09年国庆游行的民族服装时，好多都是长袍，这是出于什么样的考虑和设计呢？

明：因为要适应跳舞，好多裤子都改成裙子了。原始的一些民族服饰资料上，大部分女的是穿裤子的，以裤子为主，尤其是云南的少数民族、南方的各民族。

笔者：裤子运动起来不是更方便吗？

明：裙子美嘛。

---

① 受访者：明宇；访谈时间：2011年7月31日；访谈地点：呼和浩特明松影视服装设计中心；访谈者：笔者。

② 受访者：李美涛；访谈时间：2011年7月1日；访谈地点：中央民族大学美术学院；访谈者：笔者。

刘：主要是好看。

笔者：那为什么都做那么长呢？没想过要做短裙吗？

明：当时不考虑（短裙），长裙在色彩搭配上比较统一。少数民族的短裙都是带护腿的，我们把护腿的部分变成裙子连在一块儿再上的花边，产生下重上轻比较修长的视觉效果。

笔者：长裙会显得比较庄重。

刘：如果在方队里，裙子的长度七长八短，有些再穿裤子，整体效果会显得比较乱，只能综合一下，还是长裙子好看。

明：除了部队女兵以外，游行当中的裤子很少用，裙子也必须能迈开腿，不能做成西装裙，要打褶，不能绷住腿，因为正步走的时候腿要抬得特别高。

刘：所以说做那些民兵服装，打版就打了多少，裙子要短要齐，还得能迈开腿。

明：尤其正步走。因为整个方队的服装是在不违背民族服装特色的前提下，所以就这么定成长裙了。

刘：比如说苗族，她们有穿长裙的，有穿短裙的，有穿裤子的，最后综合我们就做长裙。因为在游行队伍里有穿长裙的，有穿绑腿的，不好看，后来就取了长裙。①

从这段对话可以看出设计师在设计时进行全局考量的做法，不仅满足了东方传统造物理念的"宜"的原则，同时也对西方所讲求的设计条件进行了思考，从而才呈现给观众如此"整齐划一"的长款造型来。

第二节 从灵感来源到"舞台"展示

一、灵感来源

笔者：（20）09年国庆游行方队的衣服也出效果图了吗？

明：没有图，就是书。按照书上的图片来做，也不见得做成一模一样的，但是要把民族的特点抓住，抓不住特点不成。②

① 受访者：明松峰、刘景梅；访谈时间：2011年7月27日；访谈地点：呼和浩特明松影视服装设计中心车间；访谈者：笔者。

② 受访者：明宇；访谈时间：2011年8月2日；访谈地点：呼和浩特明松影视服装设计中心；访谈者：笔者。

2011年7月28日笔者在呼和浩特明松影视服装设计中心制作车间进行田野调查时，恰巧当天上午有一位呼市老年模特队的演员要明松峰师傅给她写衣服的设计说明，作为表演时的画外音，明师傅让笔者帮他写。这件衣服是一件蒙古袍，明师傅给笔者讲述了这件蒙古袍设计的灵感来源："元代那时的版图很大，朝廷用了很多和亲的政策。这样，各民族文化得到交融。生活越安定，文化越繁荣，不战乱了。一件衣服背后就是一篇作文写出来了。这么简单的一件衣服所蕴含的元素特别多。咱这衣服上面没有图腾，图腾主要是动物，褂子上头这两块东西像佛教的唐卡，但是不能说是佛教的东西，只能说是蒙古族墙壁上挂的东西，壁毯那种感觉，感觉是波斯图纹，但它不是波斯的图纹，绝对不是南方少数民族的感觉。这块菱形块补上以后给人感觉像什么？像是隔扇上的、窗户上的图纹，但是里面的云头就是蒙古族的传统纹样。东西特别简单，但是元素特别多。再加上一些钻石来装饰它，来夸张这些东西，突出衣服的层次感，灯光一打，呈现出光芒四射的感觉来。这件衣服纯粹就是时装，用现代的东西反映各民族文化融合与团结、和谐，胡汉和亲嘛！表现出各少数民族之间的和谐。在颜色上用的是紫罗蓝色，咱们叫血清色、浅紫色，代表着高尚。色调嘛，有的人喜欢，有的人不喜欢，因人而异，大红的也挺好，黄的也挺好，蓝的也行。因为是用在服装表演中，款式相同的有很多种颜色呢，所以颜色就不用写了。主面料要是换颜色了，其他配搭的颜色也都变了，比如主面料用宝石蓝的，比较暗淡，那花边就要配得更亮丽一些。这些花形的面料都是现代的材料。"① 他边向笔者介绍，边对笔者交代，文字不用太长，太长了观众会烦。这段词不过是在表演中作为画外音来介绍演出服装的设计背景。他告诉笔者这件衣服的灵感来自胡汉和亲，反映蒙汉文化元素，各民族的大团结。就这样，笔者以设计助理的身份为设计师代写了设计说明。根据上述对话，纂写成文如下："这套服饰融合了蒙古族、汉族和藏族的文化元素，结合现代服饰工艺制作完成。服装的袖肩部运用了蒙古族布里亚特的服饰元素，袖身采用了汉代服饰的造型，领子则为现代的领式。装饰图案为平面与立体相结合的装饰手法，采用蒙古族的装饰风格，突出了层次感。帽饰是运用了藏族的服饰元素。整套服饰反映出现代民族服饰的改革及现代服饰的美感，是象征现代中华民族和谐、团结的代表作品。"笔者给明师傅念了一遍，他听后说："哎呀，太好了！我签个字

---

① 受访者：明松峰；访谈时间：2011年7月28日；访谈地点：呼和浩特明松影视服装设计中心车间；访谈者：笔者。

就行了。我签了字他们都知道。"

对于设计师来说，灵感反映的是因情绪或景物引起的某种创作情状，是瞬间产生的富有创造性的突发思维状态，它往往是即兴的、可遇不可求的，不能按设计师的主观需要和愿望而产生。而在具体的设计中，不见得一定会有多么好听的灵感故事。就如同上述文中提到的，在"爱我中华"方队中，设计师的灵感就是出自关于少数民族传统服饰的图集。这种现象并非只在展演类的民族服饰设计当中出现，在国内整个服装行业中，这种从服装到服装、从图片到图片的设计过程似乎是当下服装设计行业的一个普遍状况。

在这样一个设计过程当中，很难生发出令人激动的灵感，设计师无非是在做些低创造性的重复工作，不过是在元素的拼贴当中，动用了设计师的专业知识而已。而在国内一些时装企业当中，"扒版"①、拷贝等方式的"设计"更是比比皆是，一些低端的时装企业仿造高端时装企业的设计，而高端的时装企业则将模仿的目标锁定在了国际知名品牌上。在高端的时装企业中，那些相对没有条件的企业，会给设计师们订阅大量国际时装发布会和流行趋势的杂志，供设计师们"参阅"；而那些有条件的企业，则直接将设计师带到国外，购买自己所要模仿的国际时装品牌的最新一季设计产品，供设计师们进行"举一反三"的设计。而笔者在与国内某著名中年女装品牌的副总兼首席设计师的对话中了解到，她认为目前市场做得比较成功的品牌就是"跟国际流行跟得很快的"品牌，她所指的那个时装品牌和她所在的时装企业的设计模式，就是上述所提到的"举一反三"型设计。

也许因为灵感没法轻易获得，也许因为纯原创的设计成本过高，满腹雄心意图施展的年轻设计师们从校园里走出来，在走向商业化，面对众口难调的市场时，他们被告知，衡量他们成绩的标准不是原创，不是唯美，而是实际的销售业绩。这种急功近利的衡量标准使得设计师不得不一味地去迎合，迎合客户、迎合市场，从而赢得销量，获得自己在设计上的"成就感"。因此，设计师们抛弃了学校里老师们所传授的要汲取多元化的灵感的做法，而直接将灵感锁定在了国际时装品牌的发布图片和视频上，很少有人会再津津有味地谈论自己的灵感故事，更多的是对自己所看到的信息资料的不求甚解。

在当今的读图时代里，人们已经无法耐下心来阅读文字。对于设计师

---

① "扒版"是服装行业的一个术语，指的是通过技术手段获取已制作完成的服装纸样。在商场或专卖店将服装买回"扒版"后，如果不撕下或剪下标签，在规定时间内还可以退，一些人通过这种合理的退货方式来拷贝别人的设计以降低设计成本，从而营利。

来说也是这样，唯有服装图片和实物会不断地刺激他们的眼球，激发求知欲和触动被快速生活节奏所麻木的神经。作为读者、观众的设计师们被动接受就可以了，轻而易举地放弃了对文字的主动思索，从而"一千个读者就有一千个哈姆雷特"的再造想象的乐趣也随之消失。而作为平面媒体的出版机构，为了迎合这一读图的市场需求，会将大量的图片和视频信息推向读者，造成了一种全民阅读水平降低，进而更多浅显易懂和生动图片视频出版物涌现的恶性循环。也正因为如此，当代展演类民族服饰的设计师们不需要对传统的民族服饰进行仔细调查和研究，只需要"照猫画虎"就可以了。然而，在"读图时代"语境下的设计，实则更需要设计师的睿智眼光，也更需要他们拥有坚定的头脑，如此经过思辨后的设计，艺术何以会终结呢？

二、经过艺术加工后的意念表达

从服饰刺绣装饰的制作环节方面看，西江苗族传统盛装中的刺绣是先分片在坯布上刺绣成小块，绣好后再缝缀到服装上。这种做"加法"的设计思路使得西江苗族传统盛装更富有繁复的装饰性，这里不仅要有局部的细节构思，还要考虑到组合拼合后的整体效果，从这些服饰当中可以看到西江苗族妇女的智慧与设计之道。

如果说西江苗族传统盛装是一个由局部再到整体的设计过程的话，那么在"爱我中华"方队中的西江苗服设计则是先关照整体再做局部调整的设计方式，而这样的设计使得设计作品基本上能够反映设计者头脑中的最初构想，比较忠实地传达出设计者的意念。然而在具体的从设计到裁制的过程中，设计师的意念表达往往会经过反复的调整。对此，笔者问了设计师明宇关于制作出来的成品与效果图的差距问题。明宇说："有的会有点效果上的差异，一般差距很小。因为我们设计目的性非常强，设计的时候就把面料、小花边、小的装饰扣都考虑进去了，虽然我画不到位，但是我做能做到位。除非我设计的装饰配比还不够好，不够满意。不过做了这么多年了，也有经验了，一般做什么价位的服装、用什么样的东西都是了然于胸的，能够把握档次，做到物有所值吧。这也是经验，基本上图画完了，衣服在我脑子里也就做完了，除非还有点小改动，也不会有大的修改。"[①]

而作为款式设计师背后的践行者——结构设计师，则在设计作品的

---

① 受访者：明宇；访谈时间：2011 年 8 月 18 日；访谈地点：呼和浩特明松影视服装设计中心；访谈者：笔者。

实现过程中功不可没，因为他们要充分理解设计师的意图，用自己的专业技术使设计者的作品既符合设计初衷，同时又能够很好地呈现在人体上。用设计师明宇父亲的话说就是："图纸画得再怎么好再怎么漂亮，但是衣服上怎么开气（衩），怎么穿到人身上，反映你图纸效果的还要看结构设计。"[①]郭健老师与明师傅合作了有30多年，郭老师说："因为我的设计明松峰体现得最好。我一说我俩就能合拍，有些裁剪师你咋说他也不理解，也反应不过来。有的裁剪师不懂艺术，明师傅是有艺术感觉的裁剪师，这是很难得的。他的老师是中央芭蕾舞团的大专家，国内都是有名的。"[②]而明宇的母亲刘景梅说："明宇的学历不是很高，但是许多高学历的设计师不是很懂制作，不懂制作就没有办法指挥，所以明宇知道自己还要懂技术。比如，弓箭舞的服装是用满族服饰改的，北京体育大学代表队的用于少数民族运动会开幕式表演的服装，是明宇设计的，但是在结构上由老明来完善。"[③]

后来据刘景梅讲，这件弓箭舞的服装在第九届全国少数民族传统体育运动会开幕式表演中还获了奖。而由明宇设计的时装化满族服饰在结构设计方面，明松峰也是下了功夫的。

> **笔者**：这件衣服的套叠结构是明宇在设计的时候就想好的？
>
> **明**：根据明宇要的大概效果，我来想的结构。
>
> **笔者**：要想实现设计图纸的效果需要结构设计，需要经验。
>
> **刘**：结构设计和制作也是很关键的，图纸是平面的，而实际的衣服是立体的。
>
> **明**：如果不理解（设计）图，结构设计做起来难度很大。图是平面表示的，可实际做起来，这件衣服的结构是两件东西套在一起的，但是又不能热，演员穿着不舒服。
>
> **明**：这件衣服是用的满族坎肩的设计元素，十三粒扣子。满族盔甲十三粒扣，利用满族八旗盔甲下面的小兜兜。
>
> **笔者**：打版的时候是照着彩色设计图打吗？
>
> **明**：对呀。根据设计图来想怎样能反映到人身上，给人穿。设计

---

① 受访者：明松峰；访谈时间：2011年8月5日；访谈地点：呼和浩特明松影视服装设计中心车间；访谈者：笔者。

② 受访者：郭健；访谈时间：2011年7月31日；访谈地点：呼和浩特明松影视服装设计中心车间；访谈者：笔者。

③ 受访者：刘景梅；访谈时间：2011年8月3日；访谈地点：呼和浩特明松影视服装设计中心车间；访谈者：笔者。

图画出来了，通过设计师的想象，我就设计怎样合理地用布把人包住。

笔者：这也确实是功夫！

明：干得年头多就有经验了。这种衣服没有几套衣服的锻炼是出不来的。我现在改革裁法，无论哪个民族的服装都是用西式的裁法来裁。你看这种奥运国歌合唱团中水族的衣服，在生活中就不可能去穿它，纯是舞蹈服装，这边翘肩这边就光膀子，哪有这种衣服，任何民族都没有这个式样的。

笔者：属于艺术夸张的手法。

明：60年大庆，我们做得最多的就是满族的服装。当时做了120套，其中又分成几个颜色系，款式一样。这色系配起来就不一样了，有粉袍子、红袍子、绿袍子、蓝袍子四个色系，每个色系30套，又分成大、中、小三个号。当时学生（演员）给的尺寸就只有身高、腰围还有鞋号，其他的（尺寸）啥也不知道，因为也可能换学生（演员）。[1]

结构设计师对版型纸样的处理，决定的是设计作品的廓形，因为出造型的部分是由他们看着设计图来理解设计者意图之后具体实施的，而针对装饰的位置、比例大小等形式美法则的具体运用则决定了设计作品的外观。

2011年7月27日上午，笔者在呼和浩特明松影视服装设计中心制作车间做观察，正好明松峰师傅在为一件蒙古男袍的裤子画装饰的贴花版（见图5-1、图5-2），笔者就势问他在打版的时候，是按照设计效果图来找这些贴花装饰的位置，还是自己灵活掌握。他说："灵活掌握，按照身体比例来，如果能放下五个放五个，放不下就放四个。"[2]接下来到车间制作之前，明师傅会与车间主任进行沟通。"钉的时候跟车间主任一交代，她自己把握，看着办。因为，演员个大个小不一样，1米75的这么大，1米65的还这么大，1米85的还是这么大，我不折腾上面贴花的大小，袍子的长度主要是在下面变化，腰在变化，但是腰带的宽度还是一样的，这样袍子上的花纹与腰之间就会显得空隙加大一些，但整体效果还是一样的。几十套衣服，尺寸都不一样，这就要自己来掌握了。"明师傅如是说。

---

① 受访者：明松峰、刘景梅；访谈时间：2011年8月7日；访谈地点：呼和浩特明松影视服装设计中心车间；访谈者：笔者。

② 受访者：明松峰；访谈时间：2011年7月27日；访谈地点：呼和浩特明松影视服装设计中心车间；访谈者：笔者。

图5-1 明宇设计的蒙古男袍 图5-2 明松峰正在画蒙古男袍上的花版

　　从笔者的近距离观察中可以看到，他们在对服饰尺码的推放方面仅就上衣、裤子、裙子等整件衣服来变化，而衣服上面的装饰、配件等则为统一尺码。就此看来，若将出装饰效果部分的决定权分成三个部分的话，那么一部分是款式设计师的意图，一部分是结构设计师的想法，而另一部分则落在了缝制工人的手上，因为不同尺码的衣服缝制同样大小的装饰片，缝在哪里能保持整体效果的接近，最终的实践者是机工，尽管两类设计师对最终成品有着绝对的发言权。这样的做法与通常时装企业的号型缩放有所不同。时装企业当中的服装尺码缩放所追求的就是包括所有部件在内的整体服装的等比例缩放，而在具体生产环节中，机工无须动脑思考装饰部件所要缝制的位置，因为裁剪人员已经将等比例缩放好的部件通过"打剪口"①、"画粉做标记"、"打线钉"②等方式将其位置严谨地固定死了，机工照做即可。而在明松，对机工的素质要求就比较高，因为他们要具有一定的理解能力，同时还得适当具备审美能力和艺术修养，而并不是仅会缝制就可以了。

　　设计师的设计作品在艺术加工过程中，从制版、裁制、粘衬、熨烫，到最后的缝制成形，仍旧需要进行细节上的调整，有的时候甚至需要推翻

---

① "打剪口"是定位标记的方法之一，指的是为便于面料向里弯曲折边和缝制弯曲部分，而在边缘剪出的锯齿切口。

② "打线钉"是缝纫工艺之一，作用是定位，一般应用在需要精准定位且无法使用打剪口、画粉做标记等其他方式来定位的情况下。通常是用与面料撞色的线，在裁片刚裁好的时候，在一些关键部位用手缝上线，并且留下1cm左右的线头，作为定位标记。

重新做。就这样，设计作品从纸面的
设计图，再到布片，再到成品，不断
地修正完善，最终完成了美丽的蜕变
过程。在这个过程中，设计师作为监
制的角色，需要对设计作品及时提出
修改意见，直至设计作品蜕变成功；
而如果监制不当，则会致使设计作品
走样。笔者在明松调查的时候，亲历
了一件"荷花舞"的荷花灯饰物的蜕
变过程。之前做好的演员手上的荷花
造型配饰是用亮钻装饰在荷花花瓣上，
而每个花瓣又用钻石勾边（见图5-3），

图5-3　之前做好的"荷花舞"的荷花灯
饰物

客户看了以后觉得花瓣没有层次，所以明师傅决定重新做"荷花舞"的手
上饰物。

　　在重做之前，恰好笔者的手机里有一张荷花的图片，就拿给明师傅
作为"仿生"的对象了。笔者也针对这件衣服的修改原因及修改方式，比
照着做好的实物，对明松峰师傅以及制作工人（见图5-4）展开了访问和
参与观察。在荷花花瓣的制作工艺上，他们决定放弃在花瓣边缘粘钻。头
饰工说"粘钻出来的效果不太像荷花"①，而明松峰认为"不伦不类"②。在
花瓣的裁制方面，选用了粉色向白色过渡的面料。如图5-5，是制版师兼

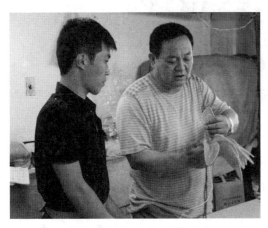

图5-4　明松峰和制版师小孙商讨荷花花瓣的做法

图5-5　制版师小孙正在裁荷花花瓣

① 受访者：苏某，呼和浩特明松影视服装设计中心头饰制作工；访谈时间：2011年7月27日；访谈地
　 点：呼和浩特明松影视服装设计中心车间；访谈者：笔者。
② 受访者：明松峰；访谈时间：2011年7月27日；访谈地点：呼和浩特明松影视服装设计中心车间；
　 访谈者：笔者。

裁制小孙正在裁荷花的花瓣，而这样做出来的花瓣的颜色就有了色彩的变化，外面的颜色浅，里面的深（图5-6）。明松峰很满意地说道："看见你手机里的荷花照片了！原来是看的设计图，没注意这个颜色深浅的问题。这样裁一下子就有层次了，拉这么一下就行。这回做的花比上回的好看，有层次感。客户不提意见也不知道。"与之前的荷花花瓣饰物一样，花瓣里要塞60个灯泡（如图5-7）。头饰工告诉笔者，三节五号电池最多能带起来80个灯，多了带不起来。但是剪掉20个会提高灯的亮度，因为带的灯泡越少越亮。经过明松峰和小孙以及头饰工人的通力合作，重新改好的荷花舞灯饰物（如图5-8）又重新发给客户确认，而这次修改也得到了客户的认可。

图5-6　加入塑料支撑条后的花瓣

图5-7　放到荷花花瓣中的灯泡

图5-8　重新改好的荷花舞灯饰物

荷花舞是一个传统的舞蹈节目，将这样一种众人熟悉的舞蹈服饰设计出新意来，对设计师来说是一个挑战。明松峰跟笔者描述了过去荷花舞的衣服通常都是荷花形状的裙子，有裙撑子，裙色为上红下白的过渡色，裙上面有灯。用他的话说就是："荷花嘛，水上漂的感觉。"[1]考虑到是小孩子的舞蹈，明宇将传统的大摆裙子改成了裙裤，为表现出孩子活泼可爱的

---

[1]　受访者：明松峰；访谈时间：2011年7月27日；访谈地点：呼和浩特明松影视服装设计中心车间；访谈者：笔者。

感觉。在材质方面，设计师选用了氨纶与纱料相结合的材料，明松峰说："有弹力的氨纶可以显出体型来，好看。从艺术角度讲，人体就是一种美，是一种美的享受。跳芭蕾舞的男的，也用弹力的面料，大腿紧绷的，是一种力量的美感体现。"从他的话中，可以感受到他虽身为结构设计师，但是对色彩、材料、风格方面都有着自己的思考或者说是经验。

在明松参与观察的日子里，笔者可以感受到明师傅他们对自己作品的精心——精心设计、精心制作、精心修改。尽管款式设计师没有在场，但是结构设计师和制作者们在听到客户的意见反馈之后，主动找到相关资料仔细研习，他们每个人既是创造美的实践者，同时也在设计作品的艺术加工中表达着自己的主观意念。

三、"换装"风波

"爱我中华"方队的民族服饰经历过一次"换装"风波，起初是做了12个民族的服饰，后来因故改成了队员是什么民族就穿什么民族的服饰。这样一场大规模的"换装"风波，对于本已制作完成了的生产者来说也充满了挑战。负责外联的刘景梅跟笔者说，原本做了12个民族的服饰，后来依照演员的民族属性又重新调整，有些衣服做好了也没用上，比如本来做了20套维吾尔族服装，但是后来因为没有演员就没有都穿。直爽的明松峰认为这次换装是失策的，他认为当初就应该只做五大民族。他的原话是："新疆维吾尔族强调了新疆，内蒙古蒙古族强调了内蒙古，广西壮族强调了广西，再加上宁夏的回族和西藏的藏族，这样按照五大自治区选出五大民族来。"[①]

关于演员与服饰的对应关系是一个棘手的问题，在"多彩中华"的演出中，韦荣慧告诉笔者："演员和身上穿的民族服饰不是一一对应的，这太难做到了。但是我们会尽可能去对应。"[②]而就这一问题，中央民族大学领导内部也是有分歧的。虽然在2008年北京奥运会开幕式上，北京银河少儿艺术团的汉族儿童穿上56个民族的服装来扮演所有民族已被外媒披露，但在最初，"爱我中华"方队的民族服饰与演员民族属性的对应问题，并未得到组织者的重视，因而才会有了这样的大规模"换装"风波。

尽管如此，后来"爱我中华"方队中演员的民族支系也并不是与衣服一一对应的，因为一方面没有人会对此细节再进行深究。就如同著名歌唱

---

① 受访者：明松峰；访谈时间：2011年7月26日；访谈地点：呼和浩特明松影视服装设计中心车间；访谈者：笔者。

② 受访者：韦荣慧；访谈时间：2012年10月22日；访谈地点：中国民族博物馆；访谈者：笔者。

家宋祖英在维也纳金色大厅的个人演唱会上，她身穿的苗族盛装也并非是她自己所属的湖南的苗族盛装服饰样式。而另一方面，"爱我中华"方队的民族服饰设计往往有着杂糅同一民族不同支系的做法，以蒙古族女袍为例，明宇告诉笔者："这件蒙古袍不完全是鄂尔多斯的式样，而是采用了蒙古族服饰多元化的元素，综合设计而成的。比如袖子采用布里亚特的蒙古族服装式样；衣身采用哈拉哈蒙古族的服装款式；还综合运用了时装的设计手法，大裙子是两层，要的就是一种感觉；帽子以鄂尔多斯为基调，也不全是鄂尔多斯的传统式样。所以说这件衣服是融合了蒙古族各个部落的元素设计的。"① 这样的设计当然也没有办法与演员的民族支系一一对应起来。从他的叙述中可以知道，原本鄂尔多斯支系的蒙古族服饰当中没有的多个元素被他结合到设计作品当中，而这样的设计作品又是可以被观者及客户认可的。这是因为展演类民族服饰的设计是一个将民族形象加以符号抽象化的过程，在这个过程中设计师通过自己的想象将民族身份外化为设计作品，通过一些带有民族身份的"标签"将民族认同加以具体化。

　　对于参与游行表演的队员来说，这个问题似乎没有那么复杂。队员李美涛是个性格活泼、开朗，说话喜欢直来直去的姑娘。在问及当时国庆游行曾经发生的集体换服装事件时，她爽快地告诉笔者："之前我穿的是蒙古族的服装，但是学校领导怕游行的时候有人反映，怎么汉族穿其他民族的，或者其他民族的穿的不是自己民族的衣服，怕引起不必要的政治麻烦，所以就让同学们穿自己民族的服装来表演。其实，之前方队里面只要是各民族的同学都穿（自己民族的服装）了，但是定做衣服的时候好像只有12个民族，有些像哈尼族的同学没有对应民族的衣服，就只能穿这12个民族里面的衣服。网上那些一排一排整齐的服装队形，是之前按照队形分好的，一块是苗族，一块是蒙古族……但是后来怕让汉族同学来扮演少数民族同学，或者是让不是这个民族的同学来穿这个民族的衣服表演会出问题，所以学校索性就打乱了重新按自己民族属性来穿。"② 在问到表演者对换衣服的看法时，李美涛说："我与其他参与游行的同学作为表演者并没有想那么多政治性问题，就觉得衣服怎么穿好看就应该怎么来，到最后学校的领导要求按照演出者的民族属性换衣服，但是汉族同学和老师都不愿意换，因为给我们穿的汉族衣服太难看了！"

　　笔者让李美涛回忆了一下当时学校发给她穿的汉族服装，她说女生的

---

① 受访者：明宇；访谈时间：2011年8月6日；访谈地点：呼和浩特明松影视服装设计中心；访谈者：笔者。

② 受访者：李美涛；访谈时间：2011年7月1日；访谈地点：中央民族大学美术学院；访谈者：笔者。

上身就是一件暗色对襟盘扣上衣，下身是白裤子，男生上身是唐装，下身是黑裤子。她觉得男生的汉服还行，女生的就不好看。因为换装来不及在明松那里重新设计制作，所以便在市场上购买现成的服装。而女生衣服的品牌选择的是"木真了"，这是一个定位在30～40岁的成熟女性的服装品牌，而且在颜色上没有选择亮色，最亮的颜色就是绿色，其他的全都是暗红色、暗紫色的那种，汉族女生穿上去显得老气，所以同学们甚至老师都不愿意换。"当时穿上之前的那些民族服装时，所有人都眼前一亮，太漂亮了！"她至今说起来还很兴奋。笔者请她说说后来换给她的汉族服装难看在哪里。她说："一是颜色太暗淡，与其他鲜艳的少数民族服装在一起不搭，而且感觉也不符合国庆的喜庆气氛；二是款式不好；三是没有帽子，没有配饰，发型也没有，一点装饰都没有。黑压压的一片，感觉像老太太在扭秧歌似的，太难看了。不过后来真正表演时，穿的就是这些服装，但有好多汉族同学就是出去租的衣服。我们觉得就是一个游行，没想那么多，都无所谓。但因为是美感问题，所以当时让汉族同学换衣服的时候大家都不愿意换。"笔者以为，对于参与游行活动的汉族表演者来说，穿什么民族的服饰并不意味着对民族属性的坚守或者破坏，他们更在意的是穿上以后的服饰形象是否漂亮，更在意的是其审美的方面。

笔者问到其他民族同学对提供的衣服的感受时，李美涛说："就是有一些藏族、蒙古族的同学，特纯正的，人家都穿自己的衣服。但是有些藏族同学好多是不一样分支的，后来就改了一批衣服。因为一些细节，比如边啊或者扣子啊不是那样的，我只是听他们说。还有蒙古族的一个女生，因为我们之前穿的是阿拉善地区的，还有鄂尔多斯的，她不是这个区域的蒙古族，所以人家就穿自己的衣服了。但是也有不是这个区域的蒙古族同学也穿学校发的衣服，也不是对应自己所在区域的。"

针对这一问题，笔者也采访了中央民族大学的陈立新老师，他当时是"爱我中华"方队中的一个小分队的队长，他本人是蒙古族。

笔者：你本身是蒙古族，但是让你穿别的民族的服装参加表演，你会介意吗？

陈：我以爱国的热情去参加这个活动的话，穿哪个民族的都无所谓；但是在同等情况下如果能穿本民族的衣服的话，我会觉得更舒服，因为也有这样的心理。有的人在乎，（认为）不穿本民族的衣服对我是一种亵渎，但是反过头来想，你为什么想要穿本民族的服装去参加这个活动？就是你想要参与到这个活动中，能为这个活动做点贡献，如果是有这样的想法的话，你穿什么样的衣服都无所谓。

笔者： 你会介意汉族来扮演蒙古族吗？

陈： 一样的道理。如果你只是个演员，只是个参与者，只是一分子的话，穿什么样的服装都是在为完成这样一个活动。如果我是带着民族情结的想法的话，那当然看着你穿我的民族的衣服会不舒服，让我穿你的民族的衣服我也不舒服。有人民族情结比较重，总觉得自己的民族是最好的，是神圣不可侵犯的，他也介意别人穿他们的服装。

笔者： 那么穿什么民族的服饰只是所扮演角色的需要？

陈： 这个活动的政治意义大于现实意义，那么大个队伍一起从天安门走过，谁会一一对位民族属性呢。方队成员必须要政审合格，如果直接让少数民族民众来训练的话，他们互相之间没有共性，不像学校里的学生年龄整齐划一。这个活动中需要的是象征，不必是现实。需要的是民族多样性，和谐的象征。而且人口特别少的民族，很多老百姓根本无法识别（他们民族的服饰），只有真正懂民族服装的人才了解。因此，方队中民族服饰要做得漂亮，吸引人眼球，那不只是一套服装的效果，而是整个方队整体的效果。演出时的短暂时限又使得根本分辨不出来某个人，某个民族。①

就如同一位澳大利亚移民团苗族后裔说的那样："我是白苗，但是除了有白苗服装外，我还有绿苗服装和中国苗族服装。在澳大利亚，我可以穿任何我想穿的衣服。"②在这里，民族服装呈现的是民族身份与认同的范畴，而并没有包括划分支系的信息。

而对"爱我中华"方队的组织者——中央民族大学来说，问题似乎就不是那么简单了。团委书记马国伟说："最初设计的是穿一样衣服的是一个小队，9月份都练习得差不多了，后来国庆游行指挥部又提出来必须人与衣服对应起来，不能出现'扮演'的行为，所以后来就全换了。包括前面两排舞蹈动作做得比较专业的舞蹈学院的学生，他们的服装与自己的民族属性也是一一对应的，没有一个假的。都是与人对应的，是什么民族就穿什么民族的衣服。而且刚开始的时候，也因为方案没有定，练习的时候

---

① 受访者：陈立新；访谈时间：2009年10月1日；访谈地点：中央民族大学信息工程学院；访谈者：笔者。

② Maria Wronska-Friend: "Globalised Threads: Costumes of the Hmong Community in North Queensland", Nicholas Tapp, Gary Yia Lee(eds.): *The Hmong of Australia: Culture and Diaspora,* Canberra: Australian National University Press, 2010, pp.97-122.

也没有按照说谁是什么民族穿什么民族的衣服那样来练，所以等最后服装调整下来的时候，已经不是原先小队的结构了，就完全打散了，七七八八的，就都不一样了。后来至少有300多人是穿汉族服装的，而且整个方队900多人也并没有56个民族那么多，大约有30多个民族吧。"①

而谈到为什么在演出的前两个星期，上级要求换装，马老师至今仍为当时的临发状况感到紧张，他说："2009年9月17号是最后一次带装彩排，而前两天才临时通知我们换服装。所以就有300多号汉族学生没有服装，我跟王淼跟着国庆游行指挥部服装组的老师就连夜到处找，找做汉族服装的厂家。找到后就发给学生，学生服装到手后第二天就彩排了，非常紧张。具体是什么原因要换衣服，我也不大清楚，听说是因为外媒关注到我们这个环节，12个少数民族没有代表性，是汉族假扮的，而且在2008年奥运会的时候也曾经发生过类似的事情，所以引起了中央的重视，后来指挥部不考虑现场的效果，首先得保证民族身份的真实性，第二才考虑演出的实际效果，所以后来就导致好多人都得穿汉族服装。最后队列也没有调整，原本怎么练的就怎么演出，因为队员的身高、男女早就调整好了，动作也改了很多次，刚开始没有比较成熟的方案，所以比较乱。"

尽管临时换装事件对于活动的组织执行者来讲，是一次严峻的考验，但是谈及换装的合理性，马老师认为："我觉得应该说能够做到服装与民族身份对应是最理想的，每个民族的师生代表自己的民族从天安门走过，他都会感到很自豪，很光荣，而不是说自己的民族被别的民族的人代表了。所以从这个角度，特别从中央、从指挥部、从政治的角度，这样的调整是对的。严格来讲，参与到游行方阵的队员既具有民族的代表性，还具有区域的代表性。他们是代表全国的少数民族，而不是代表民族大学的，只是因为我们学校民族学生多，组织起来方便，都在北京，这些都是便利条件。而严格地说，（队员）应该是从各个地方选来的。让所有的少数民族都有自己民族的代表是一种充分的尊重，也是让他们作为共和国主人的身份参与到国庆庆祝活动当中。要不然边疆民族地区的同胞，在电视上看，说这明显不是我们民族的人，这样就不太合适。虽然在民族支系上没有一一对应，我认为也没法对应。比如像我比较了解的彝族，有40多个支系，选谁不选谁这就成了问题，不可能都选，也不可能都给他们一个支系一个支系地分服装。可能在做服装的时候会考虑，哪个支系更漂亮。但穿的时候就不管了，比如我是云南的彝族，但给我发的是凉山彝族的衣

---

① 受访者：马国伟；访谈时间：2012年1月3日；访谈地点：中央民族大学美术学院；访谈者：笔者。

服，那也要穿啊，因为这也是代表彝族。这个时候对于个体来讲只有民族的概念，而对于整个方阵来说是中华民族的概念。"客观地看待换装问题，这里面包含着所谓原生态文化的再现权力问题。展演类的民族服饰生产实际上是民族文化符号的生产，亦是一种商品的再生产。而在文化产业化的过程中，在特定时空中社区及其所承载的文化表述会呈现出异化的现象。作为参加国庆展演的演员个体来说，比起他们的民族身份，穿上这样的衣服是不是好看是更被他们看重的。而在西江的展演中，穿衣服的权力是归到政府、归到官方的，他们不是穿着展演服饰去体验，而是穿着这些衣服来代表他们的民族。

四、上了台的设计作品

展演类民族服饰设计作品的最终结果是要上台进行表演的，而上了台的设计作品，则更多的是要听命于演员了。韦荣慧曾讲到一个"多彩中华"演出中的例子，印证了演员对服装的演绎会给观众以意想不到的演出效果："有一个叫杜鹃的模特，穿了一件粉色的衣服，走下去的时候，就跟所有的人走得不一样，所有人穿着衣服都是一步一步这样走过去的，她不是，她整个是飘着过去的。当时我们在后台，后台有一个我们的服装管理小李，她当时跟杜鹃开玩笑说你能不能飘下去，杜鹃说我会，你看着，我绝对飘下去，一下子我们在后台看监视器的时候，看到她就是碎步走下去的时候，那个裙子给人的感觉就是这个人是飘下去的。"如果说，她提到的这个例子是一个演员恰当演绎服饰的正面例子的话，那么演员的表演的确可以起到明确或美化设计师设计意图的效果。

在"爱我中华"的方队当中，西江苗族盛装的穿着方式被队员们以各自的喜好而演绎。西江传统苗族盛装的衣襟结构是左衽的，依照传统做法来裁制的"爱我中华"方队中的西江苗服自然也是左衽的设计。而在彩排以及演出中，"爱我中华"的西江苗族服饰被队员们穿成了各式各样，有右襟搭左襟的右衽，还有左右襟对着穿的对襟（如图5-9）。私下里，参与游行的同学会互相换着穿民族服装来拍照留念，方队队员李美涛也在场外试穿了西江苗服，她说："苗族的服装在穿着上让人很头疼，主要是在衣襟上，它有两根带子，但是怎么穿我们都不知道，对襟，还是大襟？都能穿，但是怎么穿都不好看。对襟系就特肥，大襟吧就不知道怎么固定，系上会有一道明着的带在，特难看。她们好多人是对襟穿的。而且这套苗服，小个子的人穿上也特难看。一下子所有的都堆在一块，不好看。"①笔者仔细研究了方队的服饰和西江当地的传统盛装，发现在衣服的系搭结构方面二者并无差异，只是传统盛装在穿着时，系搭的带子要和后面的一个装饰腰带系在一起，而方队的服饰并没有配装饰腰带，所以在穿着的时候自然是怎么系都不舒服。

图5-9　被队员穿成各式各样的西江苗服衣襟（彩图见文前插页）

李美涛告诉笔者，在国庆游行方队中，各民族的同学会对自己民族的服装比较了解，尤其是在怎么穿戴方面会对非该民族的同学给出指正。她说："朝鲜族上服的系带，它的系法是有讲究的。我们不了解的同学就系成蝴蝶结，当时人家朝鲜族同学就给我们指出来，说不是那样系的，告诉我们应该怎么系，是有说法的。我们第一次去长安街彩排时，只有前两排是穿民族服装的，当时我穿的是朝鲜族的，然后就是生命环境与科学的书记告诉我该怎样穿、怎样系结、冲向哪边啊之类的这些朝鲜族服装的穿着细节。"

而明松的版师小孙说，当时他们工厂的几个人在彩排的时候曾经到中央民族大学操场上，指导学生怎样穿戴这些民族服饰，但是900多人不可能一一指点，所以在演出中，服饰的穿法也就被队员们"个性化"处理了。

马国伟书记在谈到"爱我中华"方队中服装的穿着指导时说："当时请祁春英和刘景梅老师来给看了一次，没有太细的把关。只要穿戴整齐，

① 受访者：李美涛；访谈时间：2011年7月1日；访谈地点：中央民族大学美术学院；访谈者：笔者。

别张冠李戴，更具体的细节也顾不了那么多了。很多同学虽然是少数民族，但是大多数人都没穿过，就更不懂少数民族服饰的穿着知识了。就像外界的人们对我们学校的学生的误解那样，我们的学生可不是每天穿着民族服装来上课、去食堂吃饭的，这不是他们的常态。包括少数民族地区的民众，穿盛装也不是他们的常态。我是彝族，但在家的时候从来没有穿过民族服装，只是到了这里来在一些需要穿民族服装的场合下才穿，更别说城里长大的那些少数民族孩子了。"①他所描述的的确是事实，笔者在黔东南州博物馆参观的时候，既看到了将西江苗族传统盛装穿成左衽的照片，也看到了穿成右衽的西江苗族盛装实物陈列。如果说博物馆布展人员并不懂得关于西江苗族盛装应该左衽还是右衽的"地方知识"，那么笔者在西江调查的时候当地人不同版本的答案也会使人迷惑。宋美芬告诉笔者是左衽，龙玲燕也说是左衽，穆春也觉得是朝左的，但还有说法是遇到红事的时候左衽，而遇到白事的时候右衽。穆春还告诉笔者，州里的女州长在穿西江苗族盛装出席重大活动的时候也曾向她询问过左右衽的问题。对于"地方知识"的穿衣规则，地方人应该是最有话语权的，但是当地人都有着不同的答案，那么设计师在看到书上不同衽的照片后再做出什么样的选择也是情有可原的。②

是不是上了台的设计作品就绝对由不得设计师了呢？其实不然。在时装行业当中，每次发布会之前都会有模特试装的环节，这样既可以让设计师直观地看到设计作品的穿着效果，同时也可以让模特们了解设计作品的穿法、所要表达的情绪等，并与设计师有着直接的交流。而在真正演出时，在演出台口有两位甚至更多的设计助理，他们的职责就是检查模特是否将设计作品穿戴得当。有了这样的交流过程，以及层层把关的方式，设计作品在被模特穿上了台后，设计师的设计意图便是得到尊重，而非被演绎得乱七八糟。

---

① 受访者：马国伟；访谈时间：2012年1月3日；访谈地点：中央民族大学美术学院；访谈者：笔者。
② "爱我中华"方队中西江苗族服饰的原型来自《中国民族服饰博览》一书中第71页的图片，该图片显示（本书中图3-12），陈列中的西江苗族传统盛装为右衽。而在其他民族服饰的书中，如《中国少数民族服饰》，也看得到左衽的穿法。笔者在当地调查发现，当地的老年人都说是左衽，在西江民族舞蹈展演中穿自己服饰的老年妇女也是左衽，而在诸如姊妹节当中的活动中，有个别年轻人在穿着时是右衽的。如果说穿着时分红白场合的话，姊妹节当是红事，那么穿成右衽自然是不对的。笔者认为，西江苗族传统盛装应为左衽，右衽的穿着方法或是博物馆里的陈列方法是被错误演绎的。

第三节 "像不像"与"是不是"

一、设计师对西江苗族的解读

笔者：现在的设计师多数都是在图书馆里查资料，很少有跑到当地去看原生态的民族服饰的。

张：是啊。你看，像我在民族地区一住就是七八天，像傣族地区，我去过三四趟。德昂族的，当时叫崩龙族，我在那住着，了解他们。景颇族，还有别的地区裕固族啊，好多地区，我都去过。到了当地和老乡们一起吃住，体验生活，所以能知道他们的东西。如果不跟当地人（关系）融洽吧，有些东西人家不跟你说，当时是那么个情况。

笔者：比如苗族服装上的花纹，并不是单纯地就是喜欢某个动物，还会有一些背后的意义。

张：这个苗族的东西，比较讲究一些。

笔者：那您在民族地区体验生活回来进行创作的时候，要考虑这些因素吗？

张：要考虑，多方面考虑这些因素。

笔者：那怎么表现呢？

张：表现就是说，服装上头挑选花边的时候，或者在制作的时候，画图的时候你把它画出来。画图的时候你能画出来，制作呢，你得知道它用什么东西表现，你得有这个要求。你比方我把图画出来以后，比如像苗族的东西，像我们这边做的苗族的东西给改动得不少。画册上的这个苗族服装是印花的，原来小围裙上头就是有些个刺绣图案，图案呢就是我说的那个天上飞的、地上跑的，我给它们组合起来的，那个图案是怎么弄的呢？开始做的时候，把布弄上浆糊或者是胶，把图案贴在布上头，然后拿刀刻，来表现花鸟鱼虫。后来改呢，就是印的，印的就没那么复杂了，把图案印上，图案弄得漂亮些。这样根据颜色配合，还挺好。[①]

上述对话发生在2011年7月7日下午，是笔者与张顺臣老先生的一段谈话。30多年前，中央民族歌舞团的前辈们在进行展演类民族服饰设计之

---

① 受访者：张顺臣；访谈时间：2011年7月7日；访谈地点：张顺臣家；访谈者：笔者。

前，是要深入民族地区去体验生活的，然后再以采风的体验进行创造。当代的展演类民族服饰设计师则基本省去了这样的采风活动，而大多是看前人采风回来搜集整理的图片资料了。尽管省去了亲身体验的过程，但是在做具体的主题设计时，审题仍旧是非常关键的环节。也就是说，设计师们在展开设计之前，对西江苗族的了解和认知也是非常重要的，他们对西江苗族的解读直接决定了设计作品的外观。

设计师明宇说："苗族有很多分支，我对苗族实在不太了解。我最了解的是贵州南部与湖南挨着的松桃县的那支苗族，他们的服装与汉族的服装特别像，没有银饰的，是用包头。这本《中国少数民族服饰》，我翻了一遍也没记住几个。书里全是图片，没有详细的文字记录，有些图片还不清晰。"[①] 明松峰说："如果给云南苗族搞一台晚会，那就得按照苗族的民族文化背景来搞，苗族的部落很多，但是统一起来，要给人苗族盛装的感觉，而且不能脱离时代。过去的银器现在都以便宜、轻便的材质代替，东西不值钱，但是艺术性更强。要将民族文化元素结合现代。"[②] 笔者问他们在"爱我中华"方队西江苗服设计的过程中是否存在想象，是否要先对西江的苗族加以解读时，明松峰毫不避讳地回答道："不想象，就是按照书上的图片，有依据的。资料的东西可以简化，但是不能丢。我打好样子，在北京做的，银饰在云南定做的。"在他看来，作为设计师"没有必要那么细腻地去当地考察，书上都有依据，按照民族服装的图片来设计就成了"。但是他也清楚，书上的图片毕竟不是完整的，多数情况下服饰背面的细节是无法呈现出来的。况且，书中图片是前人的"研究"成果，对于设计师来说并不是一手资料，有时还需要睁大双眼辨别真伪。笔者在2012年赴贵州从江岜沙调查时，遇到贵州电视台的摄像记者们正在拍片子，笔者亲历了记者们的拍摄过程，目睹了他们是如何控制原生态表演的节奏，如何指导镜头下的模特（岜沙苗族人）摆姿势和微笑的，也明白了所谓的原生态是如何被塑造的。

二、设计作品的评判标准

怎样评判一件设计作品的好坏，相信很多人都有着自己的看法，所谓仁者见仁，智者见智。但是不同的看法都可以归为两方面：一是市场检

---

① 受访者：明宇；访谈时间：2011年8月9日；访谈地点：呼和浩特明松影视服装设计中心；访谈者：笔者。

② 受访者：明松峰；访谈时间：2011年8月2日；访谈地点：呼和浩特明松影视服装设计中心；访谈者：笔者。

验，二是业内标准。

明松是内蒙古最大的一家民族服装生产厂家，他们设计生产的许多演出服在各类比赛中都获过奖项，多年来在当地有着"要想获奖找明松"的美名。据版师小孙说，在当地，一般比较难做的活儿都会找到明松，而明松的价位与同行相比也是比较高的。刘景梅经理非常自豪地告诉笔者，近几年来，盟里的活儿基本上都是在明松做，而设计师明宇的名气也越来越大，许多导演都直接点名要明宇来设计。可以说，多年来的扎实经营和钻研精神使得他们经受住了市场的考验。就展演类民族服饰设计作品的评判标准及意见反馈方面的问题，笔者也询问了明松的两位创始人明松峰和刘景梅。

笔者：做好的衣服有没有得到一些反馈？

明：反馈信息有呀，有好多，有获奖的，有退回来的，这么多年下来业绩还是主要的，人没有完人。

刘：没有十全十美的，肯定有的做完了是要改动的。

明：你在门脸儿那看到的摆在那里的都是样衣，都是做完了客户觉得这不好那不好，需要改动的。挂在那别人看着说挺好看，但是没有符合客户的需要。这就是中国的文化，第一项就是领导。

刘：一个人一个想法。比如我让你做服装，实际别人看挺好，但是我觉得在舞台上不合适。

明：说白了，大的方面一般是不动的。比如刚才的朝鲜族小帽，觉得大了就改小点，纱网有黄色的换成银色的可能更好一些。

笔者：做衣服要考虑观众吗？

明：对啊，不考虑观众不行，不吸引观众的眼球不行。像搞设计，明宇他画的图很简单啊，能不能把观众的眼球吸引过来？在造型上，秀还得有力。为什么人们都不喜欢尖的东西？每个人都有自己的眼光，但是尖的东西给人不舒服的感觉。实际上这是在生活当中无意识形成的审美规律，在衣服上也是。拐角可以但是没有绝对直直的；做尖领虽然是锐角，不是钝角的，锐角也是圆头的，没有跟刀一样的，不符合人的习惯，因为人本身是害怕尖的东西，怕尖器，怕伤害到自己。很简单的道理，任何事物违背生活规律，对人身体有害的，那你看不惯，那就得想办法把它改成看得惯的，最难的也是在这里。设计图纸出来了，反映到人的身上，怎么能舒服顺眼？怎么能好看？又要有感觉，符合大家对女孩的审美理解，同时又要结构好，比如琢磨：（黄色蒙古族长袍的）袖子的结构怎么设计？如果都上到坎肩上，行不行？明宇让我那样上，上到坎肩上，但是我想还是单裁一个带带，然后再把袖子上到带带上，这衣服不出问题。我琢磨这个东西，如果上到上翘的这个东西上，肯定不舒服，肩膀揪着的，难看，不出效果。这就是有违人体运动的规律了，你这儿好好地顺着不接，非要揪着弄到肩上，胳膊来回运动就不好看。这就是结构设计中想到的东西。

刘：在这个行业里，竞争是在所难免的，不同的厂家各有各的风格，高难的（也好），简单的也好，需要演员来评判。你说你的服装好，我说我的服装好，但是最终得穿着的演员来体会你的服装如何。你的服装行与不行，演员会有评判的。做得好，别人肯定还会来找你，如果做得不好，一次两次地，人家就不会再来找你做了。

笔者：您觉得这类的服装，难点在哪里？

明：在创意，肯定是创意。创意最难，创意的过程最难。每设计一套民族服装的时候，难就难在创意。你得把新鲜的设计点拿出来，画图要有创意。

笔者：是要保留原有的民族元素吗？

明：原有的民族元素不动，在这个基础上创作出具有现代创新的民族感觉的作品，要90后的孩子看着舒服，而本民族的老汉看着这东西像我们民族的东西。别的都不难，制作啊，结构啊，难就难在创意。结构的东西一通百通，因为毕竟是用在人身上，帽子就是帽子，不能当鞋穿，道理就是这么个道理，头上的东西永远不能用到脚上，鞋也一样。过去汉朝、唐朝的鞋子都是片，但是创意结构手法按照现代人的手法就难度大一些，过去的鞋子都是比较简单的做法，而且现在这么多好材料，主要是创意上，怎样使你的精度提高。结构简单，裁剪其实是千变万化不离其宗。创新，为什么要叫改革？为什么说是摸着石头过河？就是自己琢磨找条出路，得这样才能使企业长期地生存下去。

笔者：像这种（弹力球、弓箭舞）的服装体现创意的部分多一些，而国庆游行的民族服装的创意是否不太好体现了？

明：创意也不少。一个是从中式服装变为西式服装了。

笔者：那在款式上的变化创意呢？

明：也可以变。比如苗族的服装，头饰是一定的，项圈是装饰的，衣服可以由传统的式样变成舞蹈服装。

笔者：游行当中苗族的项圈与传统服饰当中的略有不同？

明：少一些。项圈都是与头饰一套的，买就得买一套。[①]

上述对话中两位经理对设计作品的评判，无非可以从帮助演员塑造角色形象、有利于演员的表演和活动、与全剧的演出风格统一以及能满足广大观众的审美要求这几项来总结。作为表征的艺术，当代中国展演类民族服饰设计承载着人的意图，目的之一是作为身份和地位的象征，即展演类服饰常用来显示表演者在演出中所对应的个人属性、身份及社会地位。而服饰设计是为人服务的，是要穿在人的身上的，因而展演类服饰设计更要考虑演员演出的行动需要，"任何束缚动作而添加的设计均为败笔"[②]。除此之外，当代展演类民族服饰设计满足演出剧情需要的程度，以及对观众喜好的把握程度也成为评判设计作品成功与否的标准之一。

明松所做的项目多半是由政府主导或是各级民委所派出的演出活动，因为涉及民族问题，所以在设计和制作中，除了要与导演交流设计想法，接受领导的审查是必然的。在访谈中，明松峰也直白地告诉笔者，他们做好样衣以后，"民委的领导要审查，好了就行了，现在都是领导说了算"[③]。当笔者问他是否以领导的眼光为准时，他很乐观地看待这个问题："也有好多领导不说，领导不担责任，让专家来说，专家来挑毛病。不过提意见也是好事，可以提高我们的技艺嘛！"

民族服饰的设计，必然涉及与原本民族服饰的差异问题。玲燕说："像我们演出穿的服饰，是为了显示我们个人的身材，所以做成收腰的、合身的款式。不过我们这里的传统服饰现在也做得比较包身一点，虽然不掐腰，但是整个尺寸会照以前的要小一点。我个人认为，我们大部分演员都这样认为，我们这种传统服装，无论穿着者高矮胖瘦，穿起来都会比较端庄，庄重很多。我还是觉得我们自家的衣服好看一些。"[④]明松峰说："设计虽然会因人而异，但要尊重人家民族的习惯。比如藏族哈达是白色的，而蒙古族的哈达是蓝色的，是苍天的颜色。"[⑤]郭健老师说："设计这

① 受访者：明松峰、刘景梅；访谈时间：2011年8月3日；访谈地点：呼和浩特明松影视服装设计中心车间；访谈者：笔者。

② 潘健华：《论舞台服装种类》，《演艺科技》2004年第2期，第73页。

③ 受访者：明松峰；访谈时间：2011年8月5日；访谈地点：呼和浩特明松影视服装设计中心车间；访谈者：笔者。

④ 受访者：龙玲燕；访谈时间：2012年8月3日；访谈地点：西江千户苗寨白水河人家；访谈者：笔者。

⑤ 受访者：明松峰；访谈时间：2011年7月31日；访谈地点：呼和浩特明松影视服装设计中心车间；访谈者：笔者。

类民族的服装有一定的难度，它又要有传统的东西，又不是纯正的原封不动的传统东西，原封不动的东西在博物馆，咱们在舞台上不可能用。所以还得有创作的部分，得把握这个度。创作出来的东西得美、得好看，还得让人家承认是自己民族的服装，而且还不能走得太远。就是这个度特别难把握。"①郭老师结合正在制作中的为鄂伦春建旗50周年庆典歌舞晚会设计的一件鄂伦春女袍，给笔者讲述了其中的设计构思。在实际生活当中，鄂伦春袍子没有六片，都是四片的，而且在四片长袍的下面不穿裙子，打猎的时候都是穿裤子的。郭老师认为六片袍在舞台上更好看，且四片上衣底下没有衬裙的话会很难看，所以他设计了裙子。

这件女袍的头饰是仿鹿角的形状，设计师将原生态鄂伦春人的帽子改成了头饰。郭老师说："这个头饰就纯粹是创新的了，他们鄂伦春没有这样的头饰，他们的就是帽子，我把它简化了，简化成头饰了。这就是咱们自己的想法了！而且最重要的是他们鄂伦春族人也不反对，你别弄出来的东西他们反对，嘿嘿。这火候把握很重要，不能炒煳了。再好的菜不要炒煳了，对吧，但是时间短了还不熟，所以要把握火候。"韦荣慧在评价西江当地民族歌舞展演中的苗服时谈道："我觉得这些服装设计中主要的西江苗族服饰传统元素都在，比如彩带裙、银饰，至于色彩和款式的细节变化都不是体现文化要素的，其实西江苗族服饰最多的文化是在袖子上的刺绣。"②她认为，时代在发展，有创新也是必然的，但是对于传统服饰的创新一定要考虑到当地人的想法，要让当地人认可并接受。"如果你的创新让苗族人觉得漂亮，也跟随着做，那么创新就成为流行了，也算是成功的创新。其实，苗族的传统服饰也不是一成不变的，也是不断在创新的，例如不同的时代出不同的新图案。"

演出服饰和民族服饰在类别和题材方面的设计，除了要合理把握上述提到的方面以外，作为服饰设计这一大的设计类别与其他门类的艺术是血脉相通的，尽管纯艺术更倾向于通向自我，直达艺术家内心，而服饰设计师则更多地要具有市场意识和嗅觉。然而，好的设计作品与艺术作品一样需要具备深厚的内涵。设计作品的内涵不仅源自设计师的文化先结构，也取决于设计师对产品的认知程度。刘景梅说："对少数民族服装的历史文化我们也一直在学习，他爸（明松峰）很喜欢历史，都在研究呢。像我们厂有时也会做一些历史服装，各个朝代的服装，根据影视剧的要求来做。

---

① 受访者：郭健；访谈时间：2011年7月31日；访谈地点：呼和浩特明松影视服装设计中心车间；访谈者：笔者。

② 受访者：韦荣慧；访谈时间：2012年10月22日；访谈地点：中国民族博物馆；访谈者：笔者。

唐代的、清代的，我们必须懂得这些东西，说实在的，人家历史的服装都很漂亮，你就必须把它的美表现出来。"①优秀的设计师不仅要熟悉产品知识，还要了解相关的文化背景与内涵。

诚然，目前对当代展演类民族服饰设计产品并不要求一定要具有内涵，做到了"像""神似""是"这样的标准就可以满足当下实际的市场需求。这也就是为什么当下许多设计作品呈现出公式化、模板化的倾向，造成当代展演类民族服饰设计原创性缺失和文化失语。

三、在"像不像"与"是不是"中寻求自我风格

"表演有表演的要求，难在又要跟原生态的民族盛装有点像，又要有微微的差别。这些差别对于服装专业的内行人来说是比较清楚的，但对一般的观众来说是很难看得出来的。所以说这类服装设计，要我看，我就不愿意设计，跟原来的都一样，还要我设计什么？"②李克喻老师一语道破了在展演类民族服饰设计中，设计师个人设计风格所受到的局限。然而，即便是在当下过于依赖市场来评判的展演类民族服饰设计领域，设计师们被迫以"像不像"与"是不是"的标准来审视自己的设计作品，但他们仍旧在夹缝中努力寻求自我独特的风格，期待用风格鲜明的设计作品为自己代言。

明师傅跟笔者说他有个非物质文化的证书，是呼市地区的关于满族服饰传承方面的，我问他是不是就是做旗袍，他说："中国的旗袍是满族服饰演变而来的，我主要是做满族服饰。清代宫廷当中蒙古族已经败落，从顺治时期开始和科尔沁联姻，为了好统治。这样蒙古族把满族所有的东西都继承下来，发展下来。满族统一天下以后只注重天下，而民族文化中拿了汉人的东西特别多，江宁织造府这些，从康熙开始曹雪芹家人任江宁织造嘛，专门给皇室供应丝绸，后来到了雍正时期曹家被查抄。"③而他所说的满族服饰并不是传统的满族服饰，而是"结合满族与蒙古族的元素，做创意的东西，创意的满族服饰结合蒙古族服饰工艺。说白了，宫廷中的满族服饰，比如拍电视剧什么的，剧中的满族服饰有蒙古族元素，但是很少，我结合蒙古族元素把它加进去。当时的蒙古人民共和国过来的一些服饰工艺，我加进去，我创新到我自己的一套做法当中，反映到满族旗袍上"。笔者问他："蒙古族工艺指的是什么？"明师傅说："就是绲啊。绲

① 受访者：刘景梅；访谈时间：2012年5月14日；访谈地点：蒙古人家；访谈者：笔者。
② 受访者：李克喻；访谈时间：2012年8月30日；访谈地点：李克喻家；访谈者：笔者。
③ 受访者：明松峰；访谈时间：2011年8月9日；访谈地点：呼和浩特明松影视服装设计中心车间；访谈者：笔者。

边、扣边的做法，满族主要是刺绣的做法，我结合那个东西。"也就是说，他这个传承人传承的还是偏重设计这方面的。"就是我说的，难就难在创意性的东西。我做的就是满族旗袍创意性的东西，改革成为现代的东西，用现代的手法去反映民族的东西。关键是咱们做出来传统的东西不如人家，咱们必须得把自己的长处发挥出来。"明师傅很自豪地对笔者说。笔者理解他的创意就是相当于在满族的服饰当中融入蒙古族服饰的元素。

在对设计师明宇的访谈中，笔者问道："您觉得在展演类民族服装的设计中，设计师个人的东西怎么体现呢？"明宇说："你这个问题问得太好了，这么说吧，我就把它的面料，所用的辅助装饰品结合起来，使其看起来更漂亮一点，在人欣赏起来的时候觉得这衣服还是很不错的。不失这个民族的特点，人家传统的条纹也好、传统的大花也好、传统的云纹也好，但是往近一看，是我们现代的东西，完全用不着拿人家以前那些古老的东西来拼凑。就是完全可以在市场中找得到的，也就是形似、神似，但是使用的材料变了。"①

这个问题笔者也同样咨询了郭健老师。郭老师说："个人的东西其实无时无刻不在体现，你藏不住。再怎么画，再怎么设计，你的风格实际还是存在的，这个不用过多考虑。我自己的风格我从来不考虑，因为我一设计就肯定是我自己的风格，不管我怎么改，我改不了我的风格。"②然而，让别人一看就能看出来是自己的设计作品也并非易事。郭健老师生动形象地回答了笔者的疑问："肯定有自己的风格，是这么多年形成的一种东西，你改不掉，没办法。就像蒙古族的奶茶一样，有砖茶和奶，它一放酱油就变味了，对吧？你自己的风格改不了。"

作为"他者"文化设计师，鄢洪在访谈中曾提到，她在2009年设计过两套苗王、苗后的民族服饰，黔东南州政府还把它们拿到香港去展出，后来鄢洪将它们放到自己的店里供游人拍照。当时鄢洪每天靠租苗王、苗后的服饰，竟能得到1600多元的收入。鄢洪说："我当时给它们起名为苗王装和苗后装，当时我们县里的领导看到了也很看重这两套服装。但是领导说我们这里没有苗王，只有鼓藏头。因为演出的时候这样叫比较大气响亮，看着也很好看，所以后来我们就把它改良为新郎装、新娘装。就是这两套衣服，在西江引发了很多老百姓的模仿。当时天天演，当地老百姓也

---

① 受访者：明宇；访谈时间：2011年7月26日；访谈地点：呼和浩特明松影视服装设计中心；访谈者：笔者。
② 受访者：郭健；访谈时间：2011年7月31日；访谈地点：呼和浩特明松影视服装设计中心车间；访谈者：笔者。

天天来看。老百姓看到实惠了，就来模仿。虽然模仿得不像，但是大概的型还是有的，所以很多游客也愿意穿，这样所有的商户就都效仿开来。"①笔者2011年4月在西江调研的时候也看到了这两套衣服，苗后的服饰是以蓝色织金缎为底，将袖口夸大，并将下半身的结构加以中西合璧，内裙添加了裙撑，最为夸张的是设计了西式的向后拖着的长长的裙摆。这件衣服几乎与原生态的苗族盛装没有太多的相似之处，而唯有佩戴的银饰是原生态的式样。苗王的服饰也是同色系的，夸张了肩部的云肩造型，添加了类似中国古代服饰当中的蔽膝、夸张的袖口以及后面长长的拖地的披风，看上去甚是威武，但却与西江当地男子盛装相距甚远。

　　笔者当年也就这两套衣服询问了当地的苗族，鼓藏头唐守成认为是"随想设计的"②，穆春则认为："那并非传统的苗王和苗后的盛装。据我所知，传统的苗王和苗后的盛装和一般人的盛装是一样的。那是人们给游客们编的故事罢了。"③

　　而恰恰是这样与西江苗族传统盛装有着本质不同的设计，却对当地老百姓产生了影响。笔者在2012年7月再次到西江调研时发现，裙撑的设计被复制得到处都是。然而，本身是一片式的裙片结构根本契合不了上窄下宽的立体裙撑，穿上后后面露着一大截白白的裙撑。也许作为非专业的游人，没有人会质疑加上裙撑的苗族服饰还像不像或者还是不是苗族服饰。笔者在据西江仅90公里的丹寨万达小镇考察时发现，游客们并不知道丹寨的传统苗族服饰式样（如"锦鸡苗"超短裙束多条花带），反而会选择那些看不出支系的苗装来穿。可见他们并没有关于苗族服饰的"地方知识"，只会选自己喜欢的穿上拍照留念。而对于当地租苗族服饰给游人的苗族商户来说，因为"可以吸引外面的人"④，所以一窝蜂将原本并不用裙撑的苗族服饰套上了裙撑（如图5-10），也不去理会还是不是苗族服饰了。经过市场论证和商业包装后的民族文化展示，已然是高度符号化了的市场产物，集中展示杂糅了的不同族群的文化。看与被看相互建构着，"旅游者凝视"与地方性表征共生。原为各苗族支系"己用"的族群服饰文化，被包装、提炼成为游客"他用"，致使族群文化发生了时空移植。

① 受访者：鄢洪；访谈时间：2012年8月2日；访谈地点：西江千户苗寨西江艺术团；访谈者：笔者。
② 受访者：唐守成；访谈时间：2011年7月18日；访谈地点：北京／西江千户苗寨（邮件访谈）；访谈者：笔者。
③ 受访者：穆春；访谈时间：2011年7月5日；访谈地点：北京／西江千户苗寨（邮件访谈）；访谈者：笔者。
④ 受访者：周某，男，西江千户苗寨苗民，在广场上从事租苗族服饰工作；访谈时间：2012年8月5日；访谈地点：西江千户苗寨；访谈者：笔者。

图5-10　被加上裙撑的西江苗族盛装（西江千户苗寨，2012年）

鄢洪说并没想到自己的设计在当地老百姓当中引起轰动，还被迅速抄袭，但是她意识到自己的设计风格被认可并不是一件坏事。鄢洪说："当地的领导也发现，我的民族服饰展演使得整个景区发生了变化，大家全部都改了。这里面有好也有坏，坏的是他们并没有找到我们民族服饰展演中的精髓，模仿得四不像，所有的服装都用裙撑去撑有点不伦不类、乱七八糟的感觉。对于我自己来说，这些模仿的服装使得老百姓受益了，老百姓最注重的是经济利益，因为没有受到好的引导，我也没有过多精力去搞这些，我的主要精力还是在艺术团这边。总的说来，这种服饰的改革还是有利有弊的。"①的确，鄢洪中西合璧的设计风格，既吸引了大量游客穿着拍纪念照，也让当地人改变自身的产品来迎合市场，可以说在商业意义上是成功的。但是，过多地改变当地原生态苗族服饰式样的"现代"设计，势必会混淆外来游客的视线，甚至也将当地人的"传统"打破。

第四节　"民族传统"与"现代设计"

一、基于"民族传统"的"现代设计"

明：中山装是时代的产物，代表一个历史。现在和国际接轨，中央也一再强调改革。民族传统的东西在什么样的场合下穿？胡锦涛接见部队的时候穿的军装，没穿中山装，没穿西服。服装代表着某种东西，要分场合。

笔者：新中国成立，毛泽东就是穿着类似中山装的款式。60周年大庆，胡锦涛穿的这套中山装是由北京红都服装公司量身定做的。这件高领中山装与以往风格不同，说是作为一种新型号在国庆节后推向市场。当时有载有领导人巨幅画像彩车通过天安门广场。在这四幅画

---

① 受访者：鄢洪；访谈时间：2012年8月2日；访谈地点：西江千户苗寨西江艺术团；访谈者：笔者。

像中，只有胡锦涛穿着西装，而不是阅兵时穿的中山装。[①]

　　这是笔者和明松峰在谈论庆祝中华人民共和国成立60周年阅兵仪式上，国家主席胡锦涛身穿的服饰。国家行政学院教授汪玉凯是这样解析的："中国如今已高度融入国际社会，在世界体系的话语权越来越大。无论在国际还是国内的多数场合，胡锦涛都以西装出席，这应该是考虑到西装形象的胡锦涛，老百姓更加熟悉。"外交部礼宾司外交官马保奉认为："服饰是一个国家、民族礼仪文化的载体，是其道德价值取向的名片。由于新中国成立以来，一直没有明确规定礼服的样式，我国领导人就以中山装为礼服，不穿西式礼服。我国外交官在遇到需要穿西式礼服的场合，也多以中山装应之。按照国际习惯，民族服装具有礼仪功能，因而亚、非、拉和阿拉伯世界很多国家的民族服装，以及我国中山装、旗袍等，都可以出现在国际礼仪活动场合。"[②]他所评议的就是习主席和夫人彭丽媛出席比利时菲利普国王夫妇举行的隆重国宴时所穿的中式礼服。习主席出访所穿改良款中山装，没有使用传统中山装翻领、风纪扣和明扣，而是采用三个暗兜，上身只有无兜盖的左胸兜，并首次使用口袋巾（饰帕巾）；彭丽媛身着的青绿色中式长裙，外衣对襟，衣长及臀，门襟、袖口以绣花镶饰，既传统，又现代，既具有中华文化风采，又彰显时代信息，被誉为新式"中国礼服"。民族元素时尚创新设计在传承民族服饰文化的基础上，将特色文化元素打造成为中国文化符号，成为国际舞台推广的显性标志。[③]

　　"艺术作品那种灵韵般的存在方式从未完全与它的礼仪功能分开过，换言之，'原真'艺术作品所具有的唯一性价值植根于礼仪，艺术作品在礼仪中获得了其原始的、最初的使用价值。［……］然而，当艺术创作的原真性标准失效之时，艺术的整个社会功能也就发生了变化。它不再建立在礼仪的根基上，而是建立在另一种实践上，即建立在政治的根基上。"[④]的确，服饰作为一种具有表征性的艺术，往往会传递出政治性、艺术性、商业性等多方面的穿着内涵。而国家领导人在特定场合下选择穿用具有象征意味的传统服饰，表明了中国将继续维护国家核心利益的坚定态度，同

---

① 受访者：明松峰；访谈时间：2011年8月11日；访谈地点：呼和浩特明松影视服装设计中心车间；访谈者：笔者。

② 马保奉：《就习近平主席出访着装——再议中国的礼服》，《人民日报（海外版）》2014年4月5日。

③ 董人雷：《服装符号与中国国家形象建构研究——以2014年APEC会议领导人服装为例》，博士学位论文，北京：外交学院，2017年。

④ 〔德〕瓦尔特·本雅明：《艺术社会学三论》，王涌译，南京：南京大学出版社，2017年版，第55、57页。

时也展示了中国的大国风范和形象。在当下展演类西江苗族服饰的设计中，设计师也面临着如何处理好民族服饰的"传统"与当代展演中服饰设计所处的大环境的"现代"这一矛盾，那么设计师如何通过"传统"来表明自己设计的态度呢？

（一）手工操作与机器生产

过去，传统西江苗族女子盛装以纯手工制成，妇女们掌握着制作的法门，她们倾注在一套衣服上的时间和精力，不仅体现在服饰的价值上，而且还体现出制作者惊人的毅力和执着的情感。而这种重手工制作的"传统"与当代展演类西江苗族服饰生产机器化的"现代"的矛盾，困扰着当代设计师们。

美国著名人类学家博厄斯在对艺术品的关注中指出："当工艺达到一定卓越的程度，经过加工过程能够产生某种特定的形式时，我们把这种工艺制作过程称之为艺术［……］只要产生出定型的动作、连续的声调或一定的形态，这些本身就会形成一种标准，用来衡量它的完善亦即它的美的程度。"① 在这里，他强调的是对艺术的科学研究，主张只有高度发展而又操作完善的技术，才能产生完美的形式。形式的美感是随着技术活动的发展而不断发展的。人类学家怀特在其著名的"能量与文化进化"的理论中阐述了"理解文化成长与发展的钥匙就是技术"② 的观点。尽管怀特从过去直至现在都以"技术决定论"被指责，但从文化变迁的角度看，"新的技术或许会导致体系的变化"③。"发现和发明是一切文化变迁的根本源泉，它们可以在一个社会的内部产生也可以在外部产生。"④ 因此可以说，技术在某种程度上确有其积极意义。就像明松峰告诉笔者的那样："十年前的设计和现在的设计大不一样，效果不如现在的设计，因为工艺标准一年比一年的要求高，花样也在变，而最大的变化就在材料上，各式各样的材料极大丰富了设计师的选择。"⑤

"复制技术使所复制的东西从其传承关联中脱离了出来。由于它制作了许许多多的复制品，因而就用众多的复制品取代了物可以给人的独一无

① 〔美〕弗朗兹·博厄斯：《原始艺术》，金辉译，贵阳：贵州人民出版社，2004年版，第1～2页。
② 王铭铭：《20世纪西方人类学主要著作指南》，北京：世界图书出版公司北京公司，2008年版，第171页。
③ 庄孔韶：《人类学经典导读》，北京：中国人民大学出版社，2008年版，第117页。
④ 〔美〕C.恩伯、〔美〕M.恩伯：《文化的变异——现代文化人类学通论》，杜杉杉译，沈阳：辽宁人民出版社，1988年版，第532页。
⑤ 受访者：明松峰；访谈时间：2011年8月13日；访谈地点：呼和浩特明松影视服装设计中心车间；访谈者：笔者。

二的感受。由于它使复制品能为接受者在各自的环境中去加以欣赏，因而就使复制品具有了现实感。这两方面进程导致的结果是，对传承物的颠覆。这是对传统的颠覆，那种与人性现代危机和变异相对立的传统受到了冲击。"①鄢洪在访谈中对笔者说："传统的原生态服饰毕竟在穿着上比较不方便，老百姓也是一年就穿几回。比如说我婆婆家黄平那边的苗族服饰，那个布料会掉色，为了防止穿完掉颜色到身上，还要在里面穿一件衬着的衣服，头上也要先裹白布再戴帽子，非常不方便。因为我们的社会是在发展的，所以才会有改良装的出现。改良装看起来和原生态的服装一样，而且随着时代的发展，现在和手工刺绣一模一样的绣片也有了，用机器模仿得很像。"②的确，新工艺、新技术的出现，使得繁复的传统手工艺有了高效便捷的现代机器流水化作业这一替代，成品的用工成本大大降低了。

"随着对艺术品进行复制方法的多样化，它的可展示性也获得了巨大提升，以致艺术品两极之间的量变像在原始时代一样使其本性发生了质变。原始时代的艺术作品是由于对其膜拜价值的绝对推重而首先成了一种巫术工具，人们是后来才在某种意义上将其视为艺术品的。与此相似，如今艺术品通过对其展示价值的绝对推重而成了一种具有全新功能的创造物，在此新功能中我们有意识推举的艺术性功能，或许以后也会被当作附带性的。"③而具体到西江展演类苗族服饰设计中，我们毕竟无法阻止传统手工艺朝向产业化发展的进程，也不能对刺绣、银饰等手工制作与高速运转着的缝纫机机器化生产之间存在的文化冲突视而不见，因为手工与机器技术体系之间并非完全割裂，在文化上尚存关联，存有造物经验的连续性。对于设计师来讲，原本传统服饰制作者被机器部分地解放了双手，这不是在机器面前将传统服饰文化记忆统统抹掉重新书写，而是可以将他们的设计创意作为一种特殊的技艺来施展。例如，中国四大名锦之一，曾一度面临失传危机的南京云锦，因积极采纳电脑编程技术而达成了纹样设计的智能化，使先进的技术成为辅助设计的手段，推进了传统技艺的创新发展。

（二）经济建设与文化建设

传统文化的保护与传承既涉及文化建设，同时又关乎经济建设。笔者

---

① 〔德〕瓦尔特·本雅明：《艺术社会学三论》，王涌译，南京：南京大学出版社，2017年版，第51页。
② 受访者：鄢洪；访谈时间：2012年8月2日；访谈地点：西江千户苗寨西江艺术团；访谈者：笔者。
③ 〔德〕瓦尔特·本雅明：《艺术社会学三论》，王涌译，南京：南京大学出版社，2017年版，第55～57页。

从对韦荣慧的访谈中了解到，民族博物馆曾经对少数民族地区的非遗进行过保护宣传，但是当地人的回答——"我们也要吃饭啊"也是客观现实。在韦荣慧看来，民族文化的保护需要的不是设计师、专家、政府等外来力量的宣传口号和强制性保护措施，而是要使当地人意识到自身文化的重要性，让他们在搞好经济建设的前提下自觉地进行文化保护，即通过宣传他们自己的文化价值，推动当地的经济建设和发展。西江千户苗寨文化旅游公司总经理且也是当地村民的宋武说："2008年旅游开发之前，主要是传统农耕，95%的青壮年外出打工，现在95%的外出人员回来了，没回来的5%在外有自己的产业。西江千户苗寨是4A景区，门票收入的18%作为文物保护费，回馈给村民，去年就有3000万元发给村民。最高的补贴可以拿到6万元。目前有农家乐300多家，老百姓的收入从2005年的人均不足千元，到2017年人均1.8万元。"[①]

笔者在2017年和2018年来西江调研时住在西江寒舍精品酒店，老板是山东人。酒店位于烧烤一条街，第一和第二风雨桥之间，位置很好，可以观赏到对面山上的牛角形建筑群。2017年10月笔者来调研时酒店门口新建了一排店铺，还没有正式投入使用；2018年4月笔者再来时，这排商铺已经拆除，酒店前台姓李的小伙子告诉笔者，因为整个苗寨内供水、供电和排污这些已经在超负荷运转了，所以景区将这些未开张的店铺拆除了，马路也重新铺了。前台是西江本地人，因为家里位置不好，所以没有做民宿、餐厅这些项目，只能给外来投资的老板打工。他告诉笔者："做民宿前期投入资金太多了，现在贷款也不好贷，像这个酒店五年前盖的需要180万，要是现在得需要更多。如果装修差了，客人不来。景区物价上涨得厉害，像以前的话包子、馒头5毛钱，现在要2块钱，生活成本高了。"笔者问当地人是否有像过去挣工分那样的分红，他略带无奈地说："没有没有，每年按照门票收入的3%，分给1000多户，1年算下来的话6000多块钱，没办法，毕竟这是国家的。"[②]

"南粉北面"的老板在聊天中拿出手机给笔者看自己家里人的盛装合影，她说："我们苗家的衣服都是统一的，你看我外婆的衣服，都是手绣的，好看，银饰都是真的，老家人戴的头饰，一套衣服要七八万。以前没那么有钱，现在搞景区开发挣到钱了嘛，所以愿意搞真的银饰，帽子、身

① 博专委：《中外学者对话"西江千户苗寨的过去、现在和未来"》，微信公众号"博物馆联盟网"，2018年4月26日。

② 受访者：李某；访谈时间：2018年4月26日；访谈地点：西江千户苗寨寒舍精品酒店；访谈者：笔者。

上的全部都是银的。你看她们照相的那个哪有我们的衣服好看。"①她在说的时候，旁边一位等着吃粉的当地人说"她们家都是土豪"。的确，旅游开发带动了当地的经济发展，也让一部分人因开发而改善了生活，但一方面需要景区在建设前就要进行合理规划，另一方面也需要对当地居民的生活加以关照。

时隔五年后，笔者再次来到白水河人家，看到白水河人家正在扩建新房。"我们家现在从一号风雨桥那边看过来就被挡住了。酒店要搞起来嘛，现在这边盖了好多房，以前这里是稻田地嘛。现在景区开发需要，剩余的农田就安排别家来住。现在有好多住的地方，都是在景区申请得来的。这些年苗寨变化挺大的，景区的商户都是外地有钱的人来搞的，也投资搞农家乐。整个寨子的房子扩了，游人多了好几倍。以前是小北门，现在是大北门，那个停车场，特别是团队来的时候，那个大巴挤得满满的。以前没有西门，现在有西门，一下高速就是西门，西门那儿的停车场大小（车）都停得满满的。西门那里全是大楼，外面来投资的话可以租房，当地人也可以搬去住，里面弄得相当好，不像我们古镇这里。古镇盖房有限制，西门那里就没有限制。一般民房控制一砖两木，就是一层砖，上面两层木。因为现在条件比以前好，有些搞成四五层，特别是这两年，风气搞成这样。以前民宿二三十元，现在宾馆至少要200，我们装修完即便是淡季没有多少客人，一间也要400元。"②龙家的房子也是按照景区的规定建成一砖两木的结构，因为年纪大了，龙绍先雇了专业工程队，将整栋老房子抬上去，现在正在装修。改造房屋的费用170万左右，政府没有补偿，可以用老房子来做抵押。龙绍先夫妇告诉笔者："现在装修，都没地方住，所以（宋美芬）也就不绣了，也不教（刺绣工作坊）了，这两年也参加了国家组织的关于刺绣这些的峰会啊这些。将来我们准备在这里搞刺绣，家庭刺绣体验，把她的工艺发扬光大。"③如今，许多西江村民在景区的建设开发中，弃农从商，改善了自家生活，但能有将自己民族的优秀工艺传承发扬的意识将经济建设与文化建设结合起来的并不多见。

而就展演类民族服饰而言，它也具有商品和文化两重属性，所以对于展演类民族服饰设计生产的企业来讲，设计作品既有经济建设的意义，同

---

① 受访者：李桂芳；访谈时间：2018年4月27日；访谈地点：西江千户苗寨"南粉北面"；访谈者：笔者。

② 受访者：龙绍先；访谈时间：2018年4月27日；访谈地点：再建中的白水河人家；访谈者：笔者。

③ 受访者：龙绍先、宋美芬；访谈时间：2018年4月27日；访谈地点：再建中的白水河人家；访谈者：笔者。

时又要有文化建设方面的意义和责任。如亚当·弗格森（Adam Ferguson）曾言："没有一种艺术不是源于人类生活，而且在人类生存的某些环境中，没有一种艺术不意味着实现某种有益目标的手段。由于爱财产生了手工艺术和商业艺术，并且由于可能不冒风险，有利可图而得到了促进。"① 相对于最为外在和直接的商品属性而言，展演类民族服饰设计的文化属性是隐含在产品之中的，也有着"不可替代的文化价值"。

展演类民族服饰在服饰设计行业中是比较边缘的，一般鲜有大批量的生产，但在生活中又是不可或缺的，尤其是在倡导"和谐社会"的经济快速发展背景下。对于企业而言，追求效益是经济建设之必需。明松峰在聊到企业未来的发展方向时十分坦诚地说："希望明宇能越做越好。没有很爱好的下一代，就无法传承下去，我作为伯乐，如果没有好马也不行。不是这块料，你的思想只能做你能做的事。我现在甩手了，孩子们也能传承下去。因为我没有保守，他们都能够理解造型、工艺了。但是我现在必须挑大梁。以后会高薪聘请电脑绘图设计师，并逐步将民族独唱的服饰设计搞起来。效益好一些，设计、市场营销都得跟上。"② 应该说经济动机是作为企业领导者的明松峰最为关心的。"不过咱们这口碑好，酒香不怕巷子深嘛。"明松峰信心满满地对笔者说。

韦荣慧在访谈中对笔者说："体现设计师个人特色的最重要一点就是文化底蕴。工艺是其次的，最重要的是文化的把握。认真观察国际时尚大牌的设计作品，都是有文化积淀的。没有文化积淀的设计是轻飘飘的、浮躁的。为什么苗族服装这么好？因为它的文化元素好，比如它的图案，有的可以追溯到3000年前，整体非常和谐，是有积淀的。而我们的设计师现在还停留在拼贴和嫁接的阶段，这就很难会形成自己独特的文化。例如，香奈尔的革命精神使其设计和品牌有着深厚的文化精髓。"③ 她认为，一个设计师或一个品牌，如果不在文化方面下功夫，那么所得到的经济效益也就是暂时的，是很难持续的。

展演类设计作品可以为企业、为设计师带来名利，同时作为展演中颇为重要的"视觉盛宴"，也为观众带来精神上的享受和文化上的感染。因而，在设计作品时，过于专注经济利益，片面追求商业利润，忽视文化效应和传承的做法，即便在短期内可以得到所追求的商业价值，但并不是

---

① 〔英〕弗格森：《文明社会史论》，林本椿、王绍祥译，沈阳：辽宁教育出版社，1999年版，第190页。
② 受访者：明松峰；访谈时间：2011年8月11日；访谈地点：呼和浩特明松影视服装设计中心车间；访谈者：笔者。
③ 受访者：韦荣慧；访谈时间：2012年10月22日；访谈地点：中国民族博物馆；访谈者：笔者。

长久之计。而应以保证质量为应对行业竞争策略的前提，在此基础之上努力提升设计的文化层次，通过富有文化意义的设计作品来反映一个时代人们普遍的生活理想，才不失为兼具经济建设与文化建设意义的企业生存战略。

（三）文化丢失与文化再生

一味地提速经济建设，疯狂追求利益，必然带来一些后果。经过数年的商业打造，西江千户苗寨的民族风情也随之越来越泛化，慢慢失去了原本的独特味道。商业街上的商铺同质化严重，"贵妃醉"、民族风装饰吊坠等饰品、酥糖、牛角梳、蜡染工艺品、鼓这些在诸如丽江、凤凰等少数民族地区都可以见到的旅游纪念品，几乎布满了整个苗寨。龙绍先告诉笔者："牛角梳是湖南那边的，酥糖也是湖南那边人搞的，所以保持那个原始风味慢慢地就淡下去。但是没办法，每个景区都是这样。"[1]穆春也在访谈中透露："现在大家喜欢跟风，有一家卖酒的，没几日就会冒出好多家。很多人都会这样讲，现在西江卖的东西跟外面景区卖的特别像。确实也是，只要有东西在别处一流行，比如在丽江、西塘、凤凰还是哪里，老板就会搬过来，直接搬。街上改变挺大的，你看你上次来的时候西江没有什么花果酒，就这几个月，从春节到现在，七八家了，我们本地只有米酒，他们的酒从哪里搞来的我也不知道。"[2]西江的精神领袖鼓藏头唐守成也在访谈中表示："旅游商业无法阻挡。家里两个人都上班，没精神弄（民宿、餐饮），做博物馆一分钱都没，只是传承点文化而已。"[3]

西江的夜景是到西江旅游的必看项目，层层叠叠的灯光形成牛角的形状，给外来的游客带来了视觉上的感官享受。然而经过几年的扩建，西江的夜景变得不一样了：2009年笔者看到的夜景灯光统一在一片暖黄色调中，依山而建的房屋所形成的牛角形状十分清晰，给人以和谐共生之美；而2018年的夜景灯光色调复杂，牛角的形状也被夜晚演出灯光的四射光芒掩盖，呈现出的是一派国富民强、歌舞升平的景象。笔者在对龙先生做的访谈中也讨论了这一变化。

　　笔者：西江的游人越来越多了。
　　龙：现在西江游客量相当大。冬天人也有，三五千人是有的。一

---

①　受访者：龙绍先；访谈时间：2018年4月27日；访谈地点：再建中的白水河人家；访谈者：笔者。

②　受访者：穆春；访谈时间：2018年4月28日；访谈地点：西江千户苗寨木春绣坊；访谈者：笔者。

③　受访者：唐守成；访谈时间：2018年5月8日；访谈地点：北京／西江千户苗寨（微信访谈）；访谈者：笔者。

号风雨桥那里，如果你看到观光车那里有人排队，那景区起码有两万到三万人。你们来的时候我们这里的农家乐才只有40多家，现在发展到500多家，全部都是宾馆。

笔者：房子也越盖越多。

龙：以前你在山上往下看也好，或是山下往上看也好，房子是一层一层的，一栋比一栋高，下面的矮一点，上面的高一点，一层一层过去。现在的话，建新房以后，下面的房子要高，上面的房子还要矮，因为新盖的下面的房子一层砖两层木，它就高出来了，最起码这层砖也要四米以上。但是以前房子举架在两米五、两米六就不得了了。现在看起来有点乱了，灯光有白有黄不统一了。以前的灯是有十二生肖里面的图案，现在就没有那个了，因为老的灯烧的烧，坏了就随便捡一个拿来用，能亮就行。你们一次又一次来到这里能感觉到一次一次的变化，但是我们在这里有种感觉，越搞越带有商业味，不是那么浓的原生态味道了。一旦有外人流入，这些房子根据生活和现实的需要来整改了。以前这边有条路，现在起了房子就把路堵了，不好走了，就得绕了，这个就是很现实的了。

你打个比方，现在新建的下面房子高了，晚上看灯光的话，下面可能就挡住了上面的，因为屋檐就相差那么几十公分，那么你看那个夜景的时候，就混在一起了，不好看。以前一栋比一栋高，起码也是三四米这样的高度，看起来就很好看，有层次感。

笔者：初次来的游客感受不到这些变化。

龙：大部分客人都是走马观花，在苗寨里转一下就走，不像以前你们那样有什么爱好，要专门来这里看。真正到西江来旅游，应该引导大家到里面去看看西江的建筑，看看我们苗家的房子，怎样在斜坡上建一栋房子。以前我们的祖先有平地用来搞农田，自己建房子则在斜坡上建。五六米高，七八米高，水泥不用，钢筋不用，为什么能成一个房子？十来万斤在上面，它也不垮，还有几百年的时间都不会垮，大家都不懂去看这些，就是走马观花。我觉得来一次总要有收获，了解一下少数民族建筑怎么搞。看起来一排五根柱子把它撑上，但其中自有道理。①

---

① 受访者：龙绍先；访谈时间：2018年4月27日；访谈地点：再建中的白水河人家；访谈者：笔者。

伴随着飞速的旅游开发进程，当地发生了急剧的变化，一些文化在发展中走失，而一些文化又在发展中被强调和凸显。

> 嘎歌古巷虽然也是景区搞的，但是里面几个老太太她们也不错，挺淳朴的。景区一个月给她们600还是800块，就是对外展示，告诉游客这条街是搞文化的。①

> 现在家里做了苗药，已经和旅游公司谈了，准备一起打造，一方面把文化传承好，同时收入上也能有所保障。②

> 西江2015年高速开通，高速下来就是西门，很方便的。目前西江还有两个大工程要搞：一个是索道，飞上各个山头；一个是空铁，空中铁路，利用这里西江、雷公山、巴拉河这三个景区，将它们连起来，现在还没开始动。空铁比较安全，因为它是靠轨道，发展要有特色。[……]玲艳学了好多，也懂（刺绣）了。她现在有班就去上班，没上班就在家里跟老妈一起绣。我们的刺绣可以跟（商铺）老板商量挂在他那里，对他是宣传，对我们也有利，拿出来给人搞装饰也好啊。③

无论是景区还是当地的民众，都在发展中忖量着坚守和展现民族文化的路径。

"在生产过程中工人的思想活动并不是完全自觉的。在精美的艺术品制成以后，生产者并不知道这种艺术品的起源何在。有些部落的产品具有固定不变的风格，看来并没有表现个人的感情和自由发挥个人创造性的余地。但是，如果因此就认为这些部落艺术品的生产者没有任何思想活动，那是错误的。"④对原始艺术创造者的分析也同样适用于当代展演类西江苗服的设计及制作者。尽管他们对西江苗族服饰的起源等文化背景并不了然于胸，但是在对某些传统服饰特点的"去伪存真"中，也传递出个人的情感色彩，从而完成了文化再造。"做生活装不如咱们这类服装辛苦，但是

① 受访者：穆春；访谈时间：2018年4月28日；访谈地点：西江千户苗寨木春绣坊；访谈者：笔者。
② 受访者：唐守成；访谈时间：2018年5月8日；访谈地点：北京／西江千户苗寨（微信访谈）；访谈者：笔者。
③ 受访者：龙绍先；访谈时间：2018年4月27日；访谈地点：再建中的白水河人家；访谈者：笔者。
④ 〔美〕博厄斯：《原始艺术》，金辉译，上海：上海文艺出版社，1989年版，第145页。

咱们经常在变，不死板。不像做生活装，一天八小时在流水线上就做一样事，咱们这里比较新鲜，都喜欢干新鲜的，特别有兴趣。非遗的东西也不是固定的，我这就是结合现代工艺的民族服饰，而不是固守老传统的手工、手针。"①明松峰如是说。的确，在当代展演类民族服饰设计的发展中，文化丢失与文化再生亦是同时存在的。

怀特曾言："文化的一切方面，其物质的、社会的和意识形态的方面，可以经由社会机制，从一个人到另一个人，从一个世代到另一个世代，一个民族到另一个民族，以及从一个地区到另一个地区进行传播。文化可以说是社会遗传的一种方式。"②人们总是在摈弃一些文化的同时，又再吸收着新的文化。在当代展演类西江苗族服饰设计中，设计师使得一些文化"合理"消亡，同时用当下新的工艺来诠释，从而完成了文化生产的过程。韦荣慧在自己的博客中写道："古董与时尚、民族与时尚都只是相对的。今天时尚的东西将来也会成为古董，时下流行的也不缺古董的元素，甚至越'古董'越'民族'越时尚！"③而在文化的取舍上，设计师们始终是围绕着当代人们生活需要的变化而展开的，既有着逆势无益的无可奈何，也有着再生文化新质的意义。爱德华·泰勒（Edward Taylor）也曾说过："文化的各种不同阶段，可以认为是发展或进化的不同阶段，而其中的每一个阶段都是前一个阶段的产物，并对将来的历史进程起着相当大的作用。"④

鄢洪在访谈中提到了自己创作的一个名为《长桌舞》的舞蹈，参加了"多彩贵州"舞蹈大赛，反映的是西江的长桌宴，后来在国家大剧院也演出了，获得了成功。但是在黔东南评比时，因为不是西江原生态的表演，而是经过创作的，遭到评委的质疑。鄢洪说："当时监审组的一位工作人员认为，这个节目很受欢迎，且有争议，争议的要点就是没有原生态的这个舞蹈，但是有人把这个节目弄出来了，然后就有人模仿它，几年之后就成了原生态。"⑤鄢洪所说不是不可能，在访谈中她也提到了西江苗族花带裙的创作，当时花带裙的出现也曾遭受过非议，最后又被认可且沿袭至今。

---

① 受访者：明松峰；访谈时间：2011年8月15日；访谈地点：呼和浩特明松影视服装设计中心车间；访谈者：笔者。

② 〔美〕怀特：《文化的科学——人类与文明研究》，沈原、黄克克、黄玲伊译，济南：山东人民出版社，1988年版，第350～351页。

③ 韦荣慧：《大家创造时尚吧，我的工作是收藏时尚》，http://blog.sina.com.cn/s/blog_65544bf20100h3pd.html。

④ 〔英〕泰勒：《原始文化》，连数声译，上海：上海文艺出版社，1992年版，第1页。

⑤ 受访者：鄢洪；访谈时间：2012年8月2日；访谈地点：西江千户苗寨西江艺术团；访谈者：笔者。

传统的西江苗族服饰是历史发展的"遗留物",而设计师设计出来的展演类西江苗族服饰,则是在当代社会结构中实现创造性的文化转换,在继承中丢失部分文化特质,在文化再生中又有某种程度的继承。如设计师明宇和明松峰所说的"将传统民族服饰夸张化、艺术化,用现代的工艺和材料表现出来"[①]的做法,实则也是符合在断裂、再生中促进文化发展的自然规律的。

二、想象·借鉴·抄袭

在与郭健老师谈设计的时候,他说通常他画一张设计图怎么也得要两小时,主要是因为构思所耗费的时间比较长。"有的我自己就修改好几次,自己这就过不去。别看一张图,但我可能画了八张、五张,挑选出一张来了,剩下的全都扔了不要了。画着画着你自己就觉得不行,就把它灭了。脑子里再想,可能会又有新的想法,就再画。今天画好了,明天再看,可能还有好的想法,就再改,再否定。你自己就会对自己的设计否定一两遍、两三遍后,然后再送给他们,让他们再否定你,麻烦!过五关斩六将,知道吧!别看这一张图,但是过五关才立下,挺麻烦的,所以一张图的来历很不容易啊!来之不易啊。"[②]郭老师颇为感慨地说。的确,设计师的工作是颇费脑筋的,也正因此,设计师被认为是服饰生产中的"明星",他们将头脑中的想象转化为人格化的设计作品,使得他们的想象成为具体化的东西。然而,在想象变为现实的过程中,设计师难免会受到所接触到的事物的影响,从而产生借鉴行为,而借鉴的程度和火候的把握关系到设计作品是否成为所借鉴物的"复制品",是否构成抄袭行为。

《淮南子》云:"夫据除而窥井底,虽达视犹不能见其睛;借明于鉴以照之,则寸分可得而察也。"《新论》载:"人目短于自见,故借镜以观形。""借鉴"或"借镜"是将别人的经验或教训借来对照学习或吸取。毛泽东的《在延安文艺座谈会上的讲话》的结论中指出:"我们必须继承一切优秀的文学艺术遗产,批判地吸收其中一切有益的东西,作为我们从此时此地的人民生活中的文学艺术原料创造作品时候的借鉴……所以我们决不可拒绝继承和借鉴古人和外国人,那怕是封建阶级和资产阶级的东西。

---

① 受访者:明松峰;访谈时间:2011年7月29日;访谈地点:呼和浩特明松影视服装设计中心车间;访谈者:笔者。
② 受访者:郭健;访谈时间:2011年7月31日;访谈地点:呼和浩特明松影视服装设计中心车间;访谈者:笔者。

但是继承和借鉴决不可以变成替代自己的创造，这是决不能替代的。"① 可见，从古至今，借鉴是文化生产中的一个重要手段，而且针对服饰的设计理论本身就是借鉴其他学科而来的。

对于展演类民族服饰设计师来讲，不借鉴的创新实在太难，因为"重要的传统风格具有使人意想不到的约束力"②。正因人们在头脑中都有着与各民族服饰一一对应的服饰符号，对原本民族传统服饰的借鉴则为设计之必需，设计师一旦过于偏离这些相对固定的符号特征，设计作品就会被指责为"没有该民族服饰特点"或"不是该民族的服饰"。尽管在设计作品中，笔者有着自己的表达意图，但传统的风格却始终贯穿着整个设计作品。

郭健老师给笔者详细地讲过，他是怎么处理色彩设计和原生态民族服装色彩的关系的："颜色也不一定非得跟它原来的一模一样，不用照抄它的，走基调就完了。它要是黄调子、土黄调子的，咱们就尊重它的调子就行，至于深一点、浅一点，咱们就自己把握了，得根据舞台的需要。比如它原本就是这个色，咱们要是死丁丁地追着它，也可能根本追不出来它的颜色。再说在舞台上效果也不一定好，因为在舞台的灯光下，颜色都会偏深的。你看舞台灯光下墨绿色，几乎就是黑的，但是平时我们在日常光线下我们能分辨出来这个是墨绿，那个是黑。可是舞台灯光一打，墨绿色也是黑，黑也是黑，深咖啡也是黑，都是黑，舞台灯光下它就是这个效果。"③ 如此一来，设计作品既有原生态民族服饰色彩特征，同时又符合演出所须满足的舞台效果；而在作品设计过程中，设计师的工作就是要把握这两方面的火候，在这个前提之下充分发挥出自己的创造力，从而实现设计作品的人格化。

> 这抽点，那抽点，各个部落的东西你都懂，抽一点兑到一起就是好东西，再结合现代一点的东西，那出来的话就是你的作品。你会应用就是你的，不会应用照搬过来就是抄袭了。④

① 毛泽东：《毛泽东选集（第三卷）》，北京：人民出版社，1966年版，第817页。
② 〔美〕博厄斯：《原始艺术》，金辉译，上海：上海文艺出版社，1989年版，第147页。
③ 受访者：郭健；访谈时间：2011年7月31日；访谈地点：呼和浩特明松影视服装设计中心车间；访谈者：笔者。
④ 受访者：明宇；访谈时间：2011年7月26日；访谈地点：呼和浩特明松影视服装设计中心车间；访谈者：笔者。

没有创意就是抄袭。①

有好多东西可以遵循拿来主义，比如有前人设计好的东西你可以吸取，可以拿来，因为我们自己有厂子，经验很丰富，做过的衣服很多，每件衣服你都可以拿来研究。但是仅有拿来主义思想，没有自己的东西是不行的。拿来主义可以，但是要融入自己的东西，这才是你的新的作品。抓住对方的胃口，给你剧本后，查询一下历史背景、人物。②

这是"明松"三位核心人物对借鉴和抄袭差别的理解，以及他们作为设计文化持有者的经验之谈。其实，设计师在开始生产之前，已经在头脑中形成产品的形态，而产品本身恰为头脑中形象的直接再现。设计师们在执行生产计划的过程中会发现各种技术上的困难，从而使得自己不得不去修改和完善最初的设计意图，这种情况可以在之前分析设计师"被制约的设计意图"一节中清楚地看到。最终呈现在观众面前的展演类民族服饰产品，充分印证了在设计制造过程中曾经遇到过的问题，而这些问题又会影响设计的发展。而且，真正的设计精品是不用害怕被抄袭的，因为"品牌就是质量好，服装为什么冒牌特别多？你的感觉和他仿的感觉不一样，毕竟造价比较低，只要你的东西打得响，做得过硬，不怕别人抄袭。你是行业里的领头羊，带着这帮人走，说明你是强者，对这个行业来说也是推动"③。鄢洪在经历了自己的苗王装、苗后装被西江老百姓们抄袭之后，也谈到了相同的看法："我会再做一些你们做不来的，我在前面跑，你们在后面追，总追不上。我有许多想法都在脑子里，一旦落实到纸面上就很有可能被抄袭了。"④

李克喻老师在访谈中也提到，自己在教学中也鼓励学生将传统的东西进行创新，进行发展。她认为："原生态的民族服饰有博物馆，要跟随时代潮流的话，就要考虑怎么将它们传承发展下去。如果设计师不去发扬它们，就只能躺在博物馆了。我现在想要做的工作就是把这些东西继承了，

---

① 受访者：刘景梅；访谈时间：2011年7月27日；访谈地点：呼和浩特明松影视服装设计中心车间；访谈者：笔者。

② 受访者：明松峰；访谈时间：2011年8月2日；访谈地点：呼和浩特明松影视服装设计中心车间；访谈者：笔者。

③ 受访者：明松峰；访谈时间：2011年8月8日；访谈地点：呼和浩特明松影视服装设计中心车间；访谈者：笔者。

④ 受访者：鄢洪；访谈时间：2012年8月2日；访谈地点：西江千户苗寨西江艺术团；访谈者：笔者。

还要发展。按照我的想法，继承需要设计创新。"①李老师在刚参加工作的时候，设计了芭蕾舞《天鹅湖》的服装，因为是美术学院绘画专业出身的，并没有受到专业的服装设计训练，设计的时候"以为人家什么样，我们跟他们差不多就行了"，当时照着俄罗斯莫斯科剧院芭蕾舞《天鹅湖》的服装做了"设计"，后来被专家批评说与别人的一样，不是设计。后来，李老师渐渐明白了如何借鉴，如何创造，用她的话就是"现有的服装不能去扒，而书上的资料是可以用的，不算偷"。而随后她的《海盗》《蛇舞》《鱼美人》等这些服装设计则获得了专家的认可。一成不变地依样画葫芦、毫厘不差地生搬硬套的结果只能是抄袭。如何脱离单纯的、低级的抄袭层次，被冠以"借鉴"一词来描绘设计作品，且不至于偏离"经典做法"的常识太远，避免有"新"却无法有效"创"市场而形成设计师孤芳自赏的局面，是展演类民族服饰设计师需要攻克的难题。而对于设计师来讲，"创新"通常不过是旧的设计要素以新的方式组合的结果，但这并不意味着是创造了新的东西。因为如果设计师在设计中仅仅是满足于不断地重复使用几种按照习惯组合的主题，那么具有创造性的设计工作似乎就并不需要经过多少锤炼即可做好。设计师和企业可以只提供非常功能性、速食式的产品设计，但是若没有以人及其文化的研究作为基础，就无法真正地享受长期的利益，而不过是用过即弃的产品罢了。

前面谈到的西江景区旅游商品的同质化，其中也包含着借鉴与抄袭的问题。穆春在访谈中提及了店铺装修与售卖产品的跟风与复制："现在除了银饰店、刺绣店和不怎么起眼的服饰店以外，其他店就都是外地老板在做了。而且就是这样，看什么好卖就做什么。你看我这个店，旁边有个店就装修装得一样，东西也挂得一样。我的客人都问我，那家是不是你家的店。我小姑子是北方人，性格比较直爽，她说嫂子你直接去讲他嘛，搞得和我们家一模一样。我说算了，人家想搞就搞呗。别的店也一样，就像卖酒的，看人家卖得不错，下一个不是一家开的，也会装得一模一样。平时老是有西江这边的人，就是（来看）我们做的帽子、饰品这些，老是来仿，好不容易想出来一个东西，你没卖两天就被他复制了，就很烦。所以我就不让他们进我家，也不让拍照，来问东问西的，这个漂亮，怎么弄的。我婆婆也烦，后来就放上'同行莫入'的字样了。"②言语中透露出对同行抄袭行为的无奈与厌恶。

---

① 受访者：李克喻；访谈时间：2012年8月30日；访谈地点：李克喻家；访谈者：笔者。
② 受访者：穆春；访谈时间：2018年4月28日；访谈地点：西江千户苗寨木春绣坊；访谈者：笔者。

随着景区的深度开发以及客人的需求化多样，穆春的店铺产品及经营模式也朝着多元的方向发展，尽管她自己并未意识到自己的这些变化。

　　笔者：西江变化很大，你的店铺也有变化。

　　穆：西江发展了吧，很多东西还是一点都不变的，我自己在这边生活了这么多年，亲身体会。西江以前是一千多户，现在你看修了这么多房子，差不多得有两千了。西江民宿方面位置最好的就是对面，对面一块地就几十万，人家自己去修房子搞民宿，还有就是这条街是商铺，房东收房租。你看我2008年第一年来，房租是400，政府还补贴我450，相当于我还倒赚了50块，补了一年后来就不补了。那也便宜啊，一年也就几千块，到后来1万多，3万多，接下来就一直翻倍、几倍那样涨。以前是木房嘛不好装修，加上也没有什么经验。有些东西要跟人的需求走，现在做的帽子啊这些，也都是人家有这种需要才开发出来的，但是这些老绣片这方面还没有变。

　　笔者：以前除你之外还有一些老绣片店，现在都不做了。

　　穆：以前是有一些老绣片店，都淘汰了呀。原来我家有三个店，其中两个店现在都不做了，一个我弟弟搞银饰了，另外一个卖服装了。其他有两家，差不多也要走了。上几个月关掉一家，再过几个月就都关了。慢慢地都不做了，主要是房租太贵了，还有就是大家也赚不到。我还好，房东给我的价格还实惠一点，我的顾客也多，经常有老顾客来照顾我生意。（除老绣片外）也卖一些小东西，这样子搭着卖，还能维持个几年，几年以后就不知道了。

　　笔者：你的老绣片不是主打产品了？

　　穆：在街上卖我们这种东西，因为懂的人少，有这方面需求的人会买很多，有些（不懂的）人你送给她，就像我跟我妈说，一张绣片被风吹到地上我们没看到的话也没人捡，或者会被收垃圾的收走，因为不懂的人对这个东西真的是一点都不懂它的价值。但是现在卖那些小东西的利润很高，比如10块钱的东西她可以卖到80块，那样就可以接受很高的房租。我们这里才10来万，别人家要20多万，就像那果汁店20多万的房租人家也能接受，这个就是景区的竞争。

在销售形式方面，实体店销售占木春绣坊总销售额的三分之二，新兴的微商形式也占了三分之一。"我的价格不一定是最便宜的，也不会是最贵的，游客一问我的价格就知道我价格公道，我的为人也不错，客人也会认为我挺实在的。很多人都说景区就是一次性生意，我就不会，我会积累很多老客人，他们微信也会看，也会买一些。外国人很喜欢，有几个广州客户经常会买一些东西送外国朋友。之前没玩微信，现在也玩，我妈连一个字都不认识，她还玩微信，经常拿那个视频，她们唱苗歌。"①面对着景区不断的扩营和日益增长的房租，穆春也在努力摸索着自己的经营之道，她的商铺成为西江仅存不多的刺绣商铺之一。

---

① 受访者：穆春；访谈时间：2018年4月28日；访谈地点：西江千户苗寨木春绣坊；访谈者：笔者。

结论 从想象设计到意义建构

在当代展演类西江苗族服饰设计中，设计师一方面接受着苗族传统服饰文化作为灵感来源，另一方面也通过自己的主动性理解和创新，积极地进行着意义的建构和对他者的想象。在设计作品的生产和消费过程中，意义构建的互动模式使得设计师的主体地位和时尚的创造性功能得到了强调。由此，展演类西江苗族服饰设计作品以其独特的方式，成为设计师意义建构和想象表达的途径。

"自我建构作为一种反思性的'项目'，是现代性的反思性的一个基本部分；个人必须在抽象体系所提供的策略和选择中找到她或他的身份认同。"[1] 在当代展演类民族服饰设计过程中，个人与社会的关系有了独特的施展空间。设计师们作为个体创造了作品中的社会文化意义并使消费者认同和接受，实现了个体与社会的双向沟通和意义建构。凭借着展演类民族服饰设计这一艺术语言，设计师承担了一些社会机构和团体所具有的功能，也因此成为现代社会消费者进行自我认同和社会认同的重要建构手段。在碎片化的西江苗族服饰文化面前，展演类西江苗族服饰设计师们积极地建构着自身以及周围的文化与世界。

一、民族文化的建构：以女性为主导的民族文化展演

"戴着时尚面纱的女性时刻领略着她们所着服饰的多重社会文化意义，这些都与政治、美学、时尚、阶级地位有着千丝万缕的联系。[……] 被遮蔽的女性身体正在为欲望、信仰和形象的统一而斗争。"[2] 少数民族女性所承载的传统民族文化与女性这一性别被密切地关联在一起。"无论学者还是本族群内部成员，都不约而同地将身着民族服装的女性或女性的服饰

---

① 〔英〕安东尼·吉登斯：《现代性的后果》，田禾译，南京：译林出版社，2000年版，第108页。

② Banu Gökarıksel , Anna Secor: "The Veil, Desire, and the Gaze: Turning the Inside Out", *Signs*, 2014, 40(1): 177-200.

视为民族文化的象征。"①但在民俗旅游热的背景下，民族文化的重新建构问题引发了学者们的关注。少数民族地区的民众既在适应并接受现代化的生产生活方式，又在努力挖掘自身的民族特色。在这样的语境下，少数民族的他者形象被建构为区别族群，并与现代性相对的传统标志的少数民族女性形象。

然而，女性与民族文化建构之间的密切关系，并非是因为女性保守、被男性操控，或外来文化侵略者和内部男性精英共谋的结果这般简单。在与外界的文化交流中，少数民族女性逐渐意识到自身民族服饰的价值，自觉地将传统服饰技艺进行传承。而当民族文化被作为展演的内容时，少数民族女性成为民族文化代言人，不过与传承传统服饰技艺一样，民族文化的展演也是为她们带来经济利益。"女性承担的不仅仅是传承文化的职责，在市场经济大潮中，她们又接过商品生产和致富门路的大旗。"②

借用布迪厄关于"场域"的分析，可以从场域的三个具有内在联系的要素来看待民俗旅游开发背景下民族文化的再生产，即：这个场与权力场（政治场）的关系，因为权力场总是能强有力地延伸到其他场中，并对其他场产生影响；场内各种力量间的关系，它们的相互作用决定了场的变化发展情况；行动者的"惯习"，这样可以更好地了解他们在场内外的行动，把握场的发展轨迹。③在西江的旅游生产和对外文化展示中，民族文化被置入作为中国少数民族文化一部分的地方文化，在某种程度上表达着消费时代政治权力与资本孜孜以求的抱负。在民俗旅游开发的背景下，文化是当地经济发展的重要手段之一，是"引诱资本之物"（lures for capital）④，会对地方民族文化的传承与发展产生作用。

"走向市场的传统文化必然要遵循市场的逻辑，越来越远离其原来的生存背景，被仪式化、舞台化，成为被观赏的对象。"⑤民族服饰会诱导观众对西江苗族妇女的观看，一方面是汉民族对他者西江苗族的生活、服饰

---

① 刘秀丽、杜芳琴：《女性与"民族文化"重构——围绕服饰的讨论与审思》，《江西社会科学》2010年第2期，第224页。

② 石茂明：《民族服饰·族裔身份·跨国主义——以跨国苗族HMONG人为例》，载杨源、何星亮：《民族服饰与文化遗产研究——中国民族学学会2004年年会论文集》，昆明：云南大学出版社，2005年版，第178页。

③ 包亚明：《文化资本与社会炼金术——布尔迪厄访谈录》，上海：上海人民出版社，1997年版，第150页。

④ 〔英〕迈克·费瑟斯通：《消费文化与后现代主义》，刘精明译，南京：译林出版社，2000年版，第156页。

⑤ 宗晓莲：《布迪厄文化再生产理论对文化变迁研究的意义——以旅游开发背景下的民族文化变迁研究为例》，《广西民族学院学报（哲学社会科学版）》2002年第2期，第24页。

文化等物充满新鲜感、好奇感的观看，另一方面是在父权社会结构关系中，由这种观看所引致的对西江苗族女性的人的观看。西江苗族女性展演盛装可以看作是文化认同借助商品形式而得以展示，尽管展示给人的文化部分在一定程度上带有表层性，"更像是当地人在按照外地人对于异乡情调的想象和渴望修正、建立自己的观点，努力把一个由别人想象的'自己'传承给自己"[①]，但在民族和文化认同方面仍具有重要的价值。西江苗族人有意识地将西江展演盛装组织起来加以"出售"，从而塑造了西江苗族人的公共形象，他们的认同在这一过程中有意识地得以重构，文化被复制和再生产，并在展示的过程中强化了族群认同。"生产"是强调西江苗族文化传统受到时空所限而产生的自我调节的动态性。西江展演类苗族盛装在由传统文化仪式向带有商业色彩的商演活动的场景转换中，服饰的传统式样发生了改变，这种改变是传统融入现代的改变，而且是地方社会变迁的表征之一。

正如本书在第二章中所叙述的那样，少数民族女性形象常常成为民族特殊意义的符号，在西江苗族形象被"女性化"建构的现实语境中，作为民族文化载体之一的西江苗族妇女及其传统服饰，被推到了台前。然而，展演与现实有着一定的距离，展演类西江苗族服饰设计作品是设计师头脑想象中的苗族妇女现实形象的建构物，而并非西江苗族女性及其服饰的现实。包括"能歌善舞"之类的少数民族特点，"其实更多的是外来旅游人群对于当地少数民族的想象和渴望，而当地少数民族则在努力按照这些旅游消费者的想象和渴望塑造自己"[②]。所以，外来的游人领略到的往往是已经不复存在或是正在消亡的传统文化复制品，是在当代民俗旅游开发中应商品经济潮流而生的某种变异形态。

在展演类西江苗族服饰设计中，设计生产的目的多半是宣传地方文化、宣扬党的民族政策，因此这类设计并不是作为主体的西江苗族自我的表达，而是汉族（或其他民族）对西江苗族具有政治意味的再造。尽管展演类西江苗族服饰不是西江苗族民众自己的创造，但是他们却接受了处于主流文化中设计师的作品，按照设计师的想象来装扮自己。这样的接受表现出西江苗族按照文化进化的阶梯来想象自我这一现实，也是西江苗族的一种策略性选择。西江苗族民众在主观上存有外界主流文化是先进的，而少数民族文化是落后的偏见，因此"在强大的主流文化压力下，少数民族

---

① 潘蛟：《火把节纪事：当地人观点？》，《民族艺术》2004 年第 3 期，第 13 页。
② 潘蛟：《火把节纪事：当地人观点？》，《民族艺术》2004 年第 3 期，第 9 页。

往往会以牺牲自己的文化为代价，被迫接受或者迎合主流文化的诉求"①。为了更好地谋生，改善自己的生活，获得更多的经济利益，西江苗族民众不得不暂且将尊严和自我放置一边，迎合着旅游者的表层需要，诠释和重塑自己的文化。当旅游者到来时，他们将华丽的展演盛装穿戴在身；而当表演结束时，他们便迅速褪去这些成为利益获得媒介的展演盛装。"少数民族丧失了其作为独立文化承载者的特征和位置，进而成为汉民族的一个想象物，完成其负载明确的意识形态功能。"②在设计师的建构中，展演类西江苗族服饰对西江苗族的描绘具有强烈的符号色彩。服饰作为设计师对西江苗族的想象性意象，体现了"苗族风情"。在处于客体位置的西江苗族形象的再造中，"西江苗族"的身份与"女性"的身份被画上等号。身着绚烂多彩的民族服装的女性成为承担更多意义的表征和符号，同时也成为激发观众观看快感的重要来源。而整个社会对设计师这样的想象结果加以接受并认同，与男性中心主义的立场、主流文化的强势和商业目的的异化是不无关系的。

二、苗族风情的"西江化"：传统苗族服饰的想象与再造

如同本书在第二章所探讨的那样，在被"结构"了的表述中，西江苗族代替了整个苗族妇女的形象。西江苗族妇女盛装华丽大方，颇具民族特色，在贵州旅游业发展的推动下，在学者多元视角的关注中，在当地文化名人品牌效应的带动下，显示出强大的魅力，成为贵州苗族的经典形象。苗族风情在上述力量的共同作用下，被构建成倾向"西江化"的刻板印象。

20世纪是中国渴望现代性的时代，现代性成为推动所有层面上的"他者"生产霸权的价值观。改革开放初期，贵州基础设施和经济地理位置并无优势，当时国家的财政政策亦使得贵州经济被边缘化，但伴随着开发的进一步深入，贵州省寻找并发现了一种丰富的宝贵资源，那就是可以作为旅游资源的本地的民族传统文化。"对于弱势一方的少数民族而言，全球化代表交往空间、横向联系的极大延伸。现代化则代表历史变迁、纵向发展的骤然加剧，而且从某种意义上说，正是交往的全球化把他们拖进了现代化的洪流。因此，对他们而言，现实的问题已经不再是要不要现代化的问题，而是选择什么样的现代化道路、策略的问题了。"③现代化和脱

① 王建民：《扶贫开发与少数民族文化——以少数民族主体性讨论为核心》，《民族研究》2012年第3期，第50页。
② 李二仕：《十七年少数民族题材电影中的女性形象》，《北京电影学院学报》2004年第1期，第14页。
③ 杨志明：《全球化、现代化与少数民族传统文化的生存前景》，《思想战线》2009年第6期，第20页。

贫致富的价值观推动着距离州府凯里几步之遥、具有旅游开发优势的西江苗族地区向前发展，苗族民众通过国家对地方的文化政策，再造出自己的具有流动性的"他者"。

我们的近邻——日本人民也十分热衷于自己的民族文化，国内旅游业蓬勃发展中，在京都等地也会提供给非日本人包括和服试穿，观赏艺伎、舞伎表演等活动。这种服务被理解为参与自我东方化的行为，也会遭到人们的质疑。① 在民俗旅游业市场化的氛围中，西江苗族妇女自身不仅是再现的对象，还是自身文化的生产者。西江苗族文化的生产者采用借助商品化这一明智的手段来保护和颂扬着自己的民族文化，在服务于国家话语和意象控制的宣传目的中为大众所消费。

为了捕捉有代表性的西江特色，"城市的文化生产者不辞辛苦来到这里，到各村寨去猎取并记录下原生态、天然的外景……也正是因为'民族'的过去在今天仍旧得到持守，中国才有了民族特色，城里汉族人在此衬托下才显出优越的地位来"②。伴随着旅游开发的脚步，西江作为"典型"的苗族文化生产地，名气越来越大，西江苗族妇女身上的盛装也被越来越多的外界人识得。"中国的少数民族不仅受到国家和汉族的影响，反之也影响着国家和汉族。"③ 与国家所定义的现代性相背离的地方传统，凸显了国家的文明化程度。由此，典型的西江苗族"他者"形象在上述实践中被构建起来。

"无论是否是对现代性的否认，传统的创造或发明势必牵涉过去的构成。"④ 关于"评介"以传统为基础的当代展演类西江苗族服饰设计，无论设想在当代展演类西江苗族服饰设计和传统西江苗族服饰之间存在对立、类似还是传承关系，都可能会在无意之间促使对当代展演类民族服饰设计理论做出草率结论或化约式的解读。

博厄斯曾言："长期以来已在人们的头脑中完全适应了某些特定的习惯和某些感觉与动作之间的联系，结果使得人们很自然地对任何改变采取抗拒的态度。其原因是要改变必须忘掉旧的东西，学习新的东西。但必须

① Julie Valk: "The 'Kimono Wednesday' Protests: Identity Politics and How The Kimono Became More Than Japanese", *Asian Ethnology*, 2015, 74(2): 379-399.

② Louisa Schein: *Minority Rules: The Miao and the Feminine in China's Cultural Politics*, Durham& London: Duke University Press, 2000, p.119.

③ Nimrod Baranovitch: "Between Alterity and Identity: New Voices of Minority People in China", *Modern China*, 2001, 27(3): 360.

④ Robert J. Foster: "Making National Cultures in the Global Ecumene", *Annual Review of Anthropology*, 1991 (20): 240.

指出：固定不变不是绝对的，因为绝对的固定是不存在的［……］另一方面，人们反对变化还表现在，长期以来对习以为常的某些形式产生了一定的感情。"①也许正如他所发现的那样，"当人们用新材料制造某种物品时，可以明显地看出在形状上的保守现象。旧的材料停止使用可能是由于材料的供应不足，也可能是由于生产者出于创造的欲望锐意创新。尽管有时旧的材料不再使用，但其形状却往往被保留下来了"②。因此，在展演类西江苗族服饰设计中，设计师们用现代工艺和材料来"模仿"西江苗族服饰时，往往是将其传统形状加以更多地留存。"设身处地地探悉一种表达手段然后体情察物地表现之，这当然不是一个小小的传译的问题。以其程度而言，它实际上是与一种群体的概念化了的联系在进行一种谈判；无疑地，它将给双方的群体概念的思考带来巨大的变化。"③在吉尔兹看来，地方知识体现了对文化近距离感知与远距离观察双重认知视野的相互交融，是一个表述系统与另一个表述系统的概念协商。由此来看待展演类设计师对传统服饰的再造，亦可以看作是设计师设计系统与传统服饰体系的协商。作为协商结果的设计作品虽与传统服饰相比是缺少变化的，但这一方面调和了人们对任何改变采取的抗拒态度，另一方面也是对"长期以来对习以为常的某些形式产生了一定的感情"的尊重。

"如果说所有的社会生活都具有偶然性，那么所有的社会变迁就都和局势联系在一起。也就是说，所有社会变迁都取决于不同的环境因素和事件的关联，这种关联的性质因各种具体情境而异，而情境又总是涉及到行动者的反思性监控，这些行动者置身于各种条件之中，并在这些条件下'创造历史'。"④如此看来，西江苗族妇女盛装的凸显，是与当下民族文化旅游热潮以及国家重视对非物质文化遗产等民族文化的保护及宣传等这样的大背景密切相关的。而就展演类西江苗族服饰的设计而言，设计师男性中心主义和社会文化进化观念这些表面现象的背后，渗透出的实则是国家话语和意识形态。

不可否认，有关"再造"和"自发产生"之间的关系，是不断困扰当下研究者的问题。"'发明传统'有着重要的社会和政治功用，而且如果它们不具备这些功能，就既不会存在，也不会得以巩固。然而它们在多大程

---

① 〔美〕博厄斯：《原始艺术》，金辉译，上海：上海文艺出版社，1989年版，第138～139页。

② 〔美〕博厄斯：《原始艺术》，金辉译，上海：上海文艺出版社，1989年版，第140页。

③ 〔美〕吉尔兹：《地方性知识：阐释人类学论文集》，王海龙、张家瑄译，北京：中央编译出版社，2000年版，第208页。

④ 〔英〕安东尼·吉登斯：《社会的构成：结构化理论大纲》，李康、李猛译，北京：生活·读书·新知三联书店，1998年版，第362页。

度上是可以控制的？使用它们，确实常常也是发明它们以便控制的意愿是明显的；在政治中两者都有，而在商业中主要是前者。"①在当下西江苗族传统服饰的传承和发展中，不应过于依靠外力强制推动，而是要掌握主动权，依靠苗族民众自身的文化自觉和身份认同的强化，跟随时代变化来选择面料、纹样和款式，改进原有服饰，处理好传统服饰文化传承与发展的关系。因此对当地的"地方知识"以及"局内人的观点"的田野考察，以及对局内人现实生活的关注，应作为考察研究的前提，亦是剖析其服饰文化的重要路径和方法。这种做法可以避免在保护文化遗产的过程中的一些问题，譬如，防止借助外来力量的强制性保护而仅维持住僵死的物质形式。而从当代展演类民族服饰设计来看，亦可以看作是传统原生态民族服饰的变迁结果，是当代展演类服饰设计师置身于特定的演出条件之下创造出来的。当下，设计师俨然正在创造着处于动态变化之中的传统民族服饰。作为外界力量的设计师，在以西江传统苗族服饰为原型的展演类西江苗服设计中，可以将传统服饰看作是变迁序列的起点，典型的发展轨迹就是设计师们以这些起点为原型，抽取其中的元素，最终到达设计成品也即终点。

在旅游等大众文化事项的影响下，传统文化往往成了通过"有意识的创造"生产出来的大众消费产品。②展演类民族服饰设计既不是对传统的规复，也不是对传统的否决，而是对传统的一种传承与延续，是文化再生产过程中的"再造"或"发明"。

"人类学家们乐意接受将他者文化的日常服装视为穿着的做法。而在大多数其他学科学者的视角中，服饰是特定时代文化价值的表现形式（历史学研究），是群体价值观的表达（社会学研究），或是人格的表达（心理学研究）。"③这就是说，在人类学学者眼中，展演类服饰被视为基于设计师的日常交流，这种交流是在创新与传统之间的协商。"一个民族的文化是一种文本的集合，是其自身的集合，而人类学家则努力隔着那些它们本来所属的人们的肩头去解读它们。"④照此说来，展演类民族服饰设计师的工作也是站在当地人的肩膀上，通过现代的设计语言来将传统民族服饰加以重塑。

---

① 〔英〕霍布斯鲍姆、〔英〕兰格：《传统的发明》，顾杭、庞冠群译，南京：译林出版社，2004年版，第394页。

② 麻国庆：《全球化：文化的生产与文化认同——族群、地方社会与跨国文化圈》，《北京大学学报（哲学社会科学版）》2000年第4期，第160页。

③ Laurel Horton and Paul Jordan-Smith: "Deciphering Folk Costume: Dress Codes among Contra Dancers", *The Journal of American Folklore*, 2004, 117(466): 415-440.

④ 〔美〕格尔茨：《文化的解释》，韩莉译，南京：译林出版社，1999年版，第534页。

我们当以历史精神对待历史，因为"传统性价值与意向性价值之间、互为主体性的意义与主体的利益之间、象征性意义与象征性参照之间都展现出一种不协调性，在这种不协调性的作用下，历史过程乃展示为一种结构的实践与实践的结构之间持续不断又相辅相成的运动"[①]。如果说当代中国展演类民族服饰设计师作为某种力量在进行着"有意识的创造"，那么其创造过程可以看作是"文化再生产 / 再造"的过程。这种"再生产"或"再造"的基础是民族固有的文化传统，也是从单一的民族文化领域融入地域共同体之中的过程。

三、传统服装与设计服装：通过穿者和观者而被建构的意义

笔者在西江千户苗寨表演场随机采访了一些游客，让他们谈谈西江艺术团演出穿着的民族服饰与西江苗族传统盛装有何不同。绝大多数的游客认为，表演的服饰就是当地苗族的传统盛装，只有来自台湾的一群游客指出，表演的服饰是演出服，相比较而言，他们"更愿意看到西江苗族的原生态服饰"[②]。来自北京的几个姑娘认为："表演的衣服挺好看，应该就是当地原生态过节时候穿的服饰，不是日常生活穿的。"[③] 黑龙江的游客说："表演的服饰不太了解，好像都是这种风格。变化不是很多，应该就是当地的原生态服饰。"[④] 来自上海的游客则认为："衣服是什么样的，好不好看的无所谓的，我们也不懂，来看热闹。应该就是表演时穿的，不是平时穿的。"[⑤] 第一次来西江、第二次来中国的荷兰游客说："衣服只是节日穿的，很漂亮，与中国其他地方的苗族服饰都不一样。"[⑥] 无论是对于国内还是国外的游客来说，没有专业背景知识，许多人并没有对西江苗族的传统服饰有多少了解，而作为观众对于演出服饰，甚至是演出节目的要求，也无非是要符合当地民族的习俗，要原生态。

对于不同的观众来说，对西江苗族女性形象的观看也存在着差异。对

---

① 〔美〕马歇尔·萨林斯：《历史之岛》，蓝达居等译，上海：上海人民出版社，2003年版，第332页。

② 受访者：来自台湾的游客；访谈时间：2012年8月1日；访谈地点：西江千户苗寨万福楼；访谈者：笔者。

③ 受访者：来自北京的游客；访谈时间：2012年8月2日；访谈地点：西江千户苗寨表演场；访谈者：笔者。

④ 受访者：来自黑龙江的游客；访谈时间：2012年8月2日；访谈地点：西江千户苗寨表演场；访谈者：笔者。

⑤ 受访者：来自上海的游客；访谈时间：2012年8月3日；访谈地点：西江千户苗寨表演场；访谈者：笔者。

⑥ 受访者：来自荷兰的游客；访谈时间：2012年8月2日；访谈地点：西江千户苗寨表演场；访谈者：笔者。

于非西江苗族的汉族或其他民族的观众来说，西江展演类苗族服饰是想象的设计文本，而对于西江当地的苗族民众来说，则是有着切身体会的，带有亲身文化感受和情感的观看。针对西江千户苗寨民族歌舞展演中的西江苗族盛装的评价中，汉民族的批评视角多是针对"被时装化了的西江苗族"抑或是"扮演传统的苗族"，而当地苗族民众则认为它并不是体现本民族生活色彩的民族服饰，但是也会促使他们重新建构自身文化。在某种意义上，展演类民族服饰设计的确促进了民族文化间的交流。展演类西江苗族服饰作为设计师对西江苗族形象建构的产物，通过突出设计作品的民族特色、满足舞台表演的做法，从而在现当代文化产品市场中获得竞争优势。

而对于每天表演两次的演员来说，穿上展演类西江苗族盛装是工作需要，是获得经济收入的手段，并没有过节时穿盛装的特殊情感，因此"谁也不舍得拿自己的盛装出来天天风吹日晒"[①]。李克喻教授也这样认为："展演中用完全原生态的民族服饰也太费劲，造价也高，舞台表演也不一定适合。"[②]西江艺术团的演员玲燕有一套盛装，是自己的嫁妆，是母亲宋美芬一针一线缝制的，零敲碎打地花了将近两年的时间才完成。每当有重要的客人来西江时，比如省、州里的领导来时，团里就会要求演员穿自己的盛装。在没有这身嫁妆之前，玲燕就会穿母亲的盛装来表演，日积月累的使用，使得盛装的底布已经破损，宋美芬只得重新做底布，再将原来衣服上的绣片拆下来，缝到新衣服上。

对于当地的苗族民众和苗族演员来说，盛装与表演服饰的不同还在于其所负载的意义不同。玲燕告诉笔者："西江苗族人即便自己家人不会绣制盛装，她们也愿意花5000、10000元出去找人定做，包括平时穿的便装也一样，要一两千块钱，她们也舍得花。但是要让她们花一两百块钱买西式服装，她们不愿意。"[③]她的说法在笔者日后的访谈中得到了证实："我们穿我们自己的（便装）衣服就贵，像你们那样的衣服就便宜。50块钱一件，三四十一件，我们穿的就得100，最少80。虽然也是买的，但是要手工啊。布料是外面的，但是自己缝成的。"[④]言语中流露出当地民众对自身民族服饰的认同。

---

① 受访者：龙玲燕；访谈时间：2012年8月3日；访谈地点：西江千户苗寨白水河人家；访谈者：笔者。
② 受访者：李克喻；访谈时间：2012年8月30日；访谈地点：李克喻家；访谈者：笔者。
③ 受访者：龙玲燕；访谈时间：2012年8月3日；访谈地点：西江千户苗寨白水河人家；访谈者：笔者。
④ 受访者：刺绣技艺展示者；访谈时间：2018年4月28日；访谈地点：西江千户苗寨东引村刺绣工作坊；访谈者：笔者。

同所有手工艺品一样，苗族传统服饰不仅被看作是一种物质结构，也被看成是一种观念的表现，一种文化范畴与原则被编码和表达的手段。在文化全球化的背景下，苗族服饰也在经历着所在地区和全球层面的社会变化。①传统的盛装是民族历史的表征，在当下民俗旅游语境中，更被看成是现在对过去的"遗产"的一种话语实践，成为"人们之间有关过去的谈论，是关于它们遗忘、记忆、真实抑或想象的言说"②。尽管被塑为"传统"的西江飘带裙，不过是近代的发明，但在设计师眼中却是"不能丢掉"的民族特点，是象征西江苗族的重要元素，是塑造民族身份以获取认同的"标签"。

近年来，许多关于传统服饰／布料的研究都持有这样的观点：它们过去和现在都饱含着当地人神圣的价值观、等级、反殖民抵抗、文化自豪、妇女集体意识、民族认同以及全球化背景下日益密切的跨国关系。然而，"就与历史意义重大的过去存在着联系而言，'被发明的'传统之独特性在于它们与过去的这种连续性大多是人为的（factitious）。总之，它们采取参照旧形势的方式来回应新形势，或是通过近乎强制性的重复来建立它们自己的过去"③。不断革新和变化的当今世界，与当下某些文化被建构成恒久不变的做法形成了鲜明的对比，正是处在这样的对比之下，人们更加痴迷于再造传统。"过去（传统）服饰中的符号和实践被重新语境化，现在亦在不断被重新表达，即使是在创新步伐、速度更快的21世纪。"④如今的苗族服饰更倾向于被用作表达民族身份，而不是确定其所有者的子群体身份。"图案、颜色和服装的特殊裁剪正在迅速失去其符号意义。"⑤

然而，面对着观众、穿着者与苗族人的同时审视时，设计师拿出什么样的设计作品才能够获取他们的认同，是设计师所纠结的。西江艺术团的

---

① Maria Wronska-Friend: "Globalised Threads: Costumes of the Hmong Community in North Queensland", Nicholas Tapp, Gary Yia Lee (eds.): *The Hmong of Australia: Culture and Diaspora,* Canberra: Australian National University Press, 2010, pp.97-122.

② D. Harvey: "Heritage Pasts and Heritage Presents: Temporaliy, Meaning and the Scope of Heritage Studies", *International Journal of Heritage Studies,* 2001 (7): 320.

③ 〔英〕霍布斯鲍姆、〔英〕兰格：《传统的发明》，顾杭、庞冠群译，南京：译林出版社，2004年版，第2页。

④ Anna Paini: "Re-dressing Materiality: Robes Mission from 'Colonial' to 'Cultural' Object, and Entrepreneurship of Kanak Women in Lifou ", Elisabetta Gnecchi-Ruscone, Anna Paini (eds.): *Tides of Innovation in Oceania: Value, Materiality and Place,* Canberra: Australian National University Press, 2017, pp.139-178.

⑤ Maria Wronska-Friend: "Globalised Threads: Costumes of the Hmong Community in North Queensland", Nicholas Tapp, Gary Yia Lee (eds.): *The Hmong of Australia: Culture and Diaspora,* Canberra: Australian National University Press, 2010, pp.97-122.

鄢洪在回答笔者提出的在设计中是否考虑观众、演员和苗族民众等的想法这一问题时，她表面上看是更注重自身想法的表达，但其实在更深层面上是关注设计作品对人们产生的影响的。而如果说韦荣慧在"多彩中华"的表演中，纠结于到底是用传统民族服饰还是用现代设计的民族服饰，是考虑到法国以及其他国际观众对展演服饰的认同的话，那么在中华人民共和国成立60周年庆典中"爱我中华"方队中的西江苗族服饰设计也是考虑到了观者的感受，用设计作品营造出隆重的热闹氛围。除了考虑到普通观众和身为苗族的观众的认同外，笔者还对布置设计任务的领导从哪些方面来评价服装产生了疑问。从对不同的设计师的访谈来看，无论是普通观众、苗族观众的评价，还是领导的评价，设计师认为都很重要。

然而，传统民族服饰与现代设计的民族服饰之间除了存在着差异之外，它们之间还存在着延续，我们不能以过于世俗的方式简单对比二者。例如，尽管传统民族服饰是"为了生产的生产"，现代设计的民族服饰则更多的是"为了受众的生产"，但是传统民族服饰技艺的传承是从实践到实践的传递，而在服装设计学校内部，很大程度上传授知识的方式也是如此。从设计上看，设计师也多是在传统民族盛装基础上对其款式、色彩、面料、配饰、图案、工艺等服饰元素进行筛选、解构、重构、演绎等等，从而设计出既有利于演出的肢体活动，又蕴涵着展演节目形象的精神话语，同时还富有视觉艺术效果的展演类民族服饰。

作为民族文化展演中的媒介之一，西江展演类苗族服饰设计表现出的是多层次的意义建构与认同区分体系，区别于汉族对苗族的民族建构与认同、区别于老年人对年轻人的世代建构与认同、区别于男人对女人的性别建构与认同，区别于城里人对农村人的建构与认同，以及区别于对传统西江苗族服饰与对当代设计的西江苗族服饰的建构与认同。透过演员的展演、观众的观看、设计师的诠释，展演类民族服饰设计文化折射出这一多层次的意义建构与认同区分体系，并对其加以改变。设计师针对传统服饰进行的展演设计可以看作是上述三方面协商（negotiation）的过程，也是不断合理化的过程。虽然展演类民族服饰的设计为了迎合观众观看的消费需求，对传统式样进行了一定的修改，但其民族、地域的标志并没有改变，西江的苗族文化展演在某种程度上体现出民族认同是如何通过西江苗族演员的表演而得以协商的。

文化模式也可作为文本来对待，它是由社会材料建构而成的想象的产物。① 显而易见，即便将展演类西江民族服饰理解为传统服饰的重复，但设计师想象再造后的设计，其意也发生了改变，这一部分是源自社会环境的因素。在一个相对静止不变的时代，未曾变化的传统服饰或许反映的是稳定性以及该民族民众的意见，但是在充斥着变革、冲突或交融的时代，展演类民族服装设计有可能被设计师故意维持其原貌，为的是给人以某种持续、一致的印象。显然，不同设计师的设计作品使传统服饰呈现出纷繁多样的状态，其意义是多重的，但都与其时代的社会、政治、经济及文化背景相关联。

四、时势与英雄：设计师对时尚潮流与风格的解读

正如格尔茨所承认的那样，"至少我遇到过的，读到过的，间接读到过的大多数人，以及我本人，都是过于拘执于某种事物，或准确说，常常是受地域局限的"②。但毋庸置疑的是，"能够看到自己文化和传统对他们自身行为影响的民俗学家们，将在观察和阐释他人的艺术表现时更加敏感"③。带着这样的"有色眼镜"，该如何判断时势与英雄之间的关系？

自从19世纪末查尔斯·沃思（Charles Worth）开创了时装新纪元，成为"现代时装之父"后，20世纪时装潮流便以时装设计师的作品来推开。从将欧洲妇女自紧身胸衣里解放出来的将理想付诸实践的法国著名时装设计大师保罗·波烈（Paul Poiret），到为女性服饰开创了一种全新的风格、以面料素雅和款式简洁与以往的奢华风气形成鲜明对比、几乎领导了整个时装界的加布里埃·香奈尔（Gabrielle Chanel），使巴黎重新回到时尚版图霸主地位的克里斯汀·迪奥（Christian Dior），再到使得超短裙风靡一时的玛丽·奎恩特（Mary Quant），无不是用设计作品引领了时代的潮流与风格。的确，从表面上看，某一潮流确实源自某一位设计师的作品，看似是英雄创造了时势。但从实质上看，他们所创造的每一个时期的时装流行趋势都有其社会文化背景，迎合了当时社会发展之需。波烈的"蹒跚女裙"迎合了20世纪初期思想意识和生活方式的改变；香奈尔的设计恰好符合了20世纪20年代女性追求自由和解放的思想；迪奥的"新外观"象征着二战结束后即将到来的繁荣；奎恩特的超短裙打破旧的传统，开创了一个

---

① 〔美〕克利福德·格尔茨：《文化的解释》，韩莉译，南京：译林出版社，1999年版，第529页。
② 〔美〕克里夫德·吉尔兹：《反"反相对主义"》，李幼蒸译，《史学理论研究》1996年第2期，第98页。
③ Laurel Horton & Paul Jordan-Smith: "Deciphering Folk Costume: Dress Codes among Contra Dancers", *The Journal of American Folklore*, 2004, 117(466): 415-440.

专为年轻人提供时装产品的市场，从侧面映射出20世纪60年代震荡中的改革意愿。至于身为主宰自己作品的设计师，则是在时势中被推到潮头的英雄。

可见，蚍蜉撼大树的逆流而动行为终将被时代浪潮吞噬，而耸峙于时代潮头的则是事半功倍的顺势而为，上述所提到的设计师多半如此。在那个时代，时装设计潮流往往是设计师个人的创造性的独立工作和努力的结果。设计师等同于作者，是"原创作家"。①

"时尚的目的在于促进社会交往过程中的'类型'分化。对新设计的需求源自人们能动地与'正确'穿衣的人互动的愿望。"②对于展演类民族服饰的设计来讲，或许这类服饰并不像时装③那样顺应明显的时尚潮流。如同明松峰所说的："一加民族的都是比较陈旧的，没有时尚的。"④这也是展演类民族服饰通常给人的印象。但是即便如此，它也内含了设计作品所处的时代气息。因为"艺术家在一定的文化环境中存在，并在其中创造。他们是时代的儿子，吸收时代的财富和认识"⑤。明松峰说："你在现代服装中恰到好处地加入民族元素，会特别好看。把民族元素，包括特点、花边、工艺、造型，融到现代服装中。"⑥

谈到关于英雄造时势与时势造英雄的话题时，身为企业负责人的明松峰说："当然是时势造英雄了。就拿我们这个行业来说，国家的经济生活水平在提高，老百姓日子过得越来越好，需要相应地提高文化艺术生活水平。"⑦他认为，企业的发展是受制于整个国家甚至国际社会大环境的。

在服装行业，没有哪个设计师是孤军奋战的，用鄢洪的话说"任何一个人的成功背后都有他的支持者，他的朋友或团队"⑧。的确，一个好的

---

① Stina Teilmann-Lock: "The Fashion Designer as Author: The Case of a Danish T-shirt", *Design Issues*, 2012, 28(4): 29-41.

② Wolfgang Pesendorfer: "Design Innovation and Fashion Cycles", *The American Economic Review*, 1995, 85(4): 771-792.

③ 对于"时装"，李当岐教授在《服装学概论》中是这样定义的："即时髦的、时兴的、具有鲜明时代感的流行服装，是相对于历史服装和在一定历史时期内相对定型的常规性服装而言的、变化较为明显的新颖装束，其特征是流行性和周期性。"时装对应的英文是"fashion"。

④ 受访者：明松峰；访谈时间：2011年7月27日；访谈地点：呼和浩特明松影视服装设计中心车间；访谈者：笔者。

⑤ 〔苏〕苏霍金：《艺术与科学》，王仲宣、何纯良译，北京：生活·读书·新知三联书店，1986年版，第125～126页。

⑥ 受访者：明松峰；访谈时间：2011年8月11日；访谈地点：呼和浩特明松影视服装设计中心车间；访谈者：笔者。

⑦ 受访者：郭健；访谈时间：2011年8月13日；访谈地点：呼和浩特明松影视服装设计中心车间；访谈者：笔者。

⑧ 受访者：鄢洪；访谈时间：2012年8月2日；访谈地点：西江千户苗寨西江艺术团；访谈者：笔者。

设计师背后必定有着能够读懂他设计稿的结构师或裁剪师。谈到与自己合作多年的郭健时，明松峰提及了郭健当年将意念性的东西融入艺术性的设计，从而开创了一种新的设计方式。他的言语中，似乎又透露出设计师可以引导时尚潮流的意味。

在时装设计领域，评价设计师作品的标准是："设计师人格化的'时尚'设计作品是适时的、时髦的和被认为是值得拥有的。因为设计时尚不是一个有执照的工作，设计者不能自我宣告自己的设计在某些方面具有的合法性或关键性。"①明松峰在谈到设计师的风格时说："从图纸上一看就能看出来，成品看不出来。因为成品是反映到人身上的。外人只能感觉出明松制造，专家有时候能看出来成品是哪儿做的，因为舞美的衣服和我的不一样。而观众、导演就看效果。明宇学习的也是郭健老师的风格，因为多年来我们的合作。"②在他看来，服装设计是没有专利的，而风格的形成就在于设计师的处理。"比如肩膀是用扣子固定的黑色云肩，我变成活的，我变一点，就是我的，云头我变化一下也是我的了，这不是固定是谁的。不要一模一样，动一点东西就是你的了。比如鄂伦春的旗袍，掐腰也好，不掐腰也好，反正旗袍就是那个样子的，谁做也是那个样子。"明松峰给笔者举例道。

或许表面看展演类西江苗族服饰与时装是两个不搭界的设计类别，前者也没有明显地跟随或左右时装的国际时尚潮流，但是展演类民族服饰设计师处在一个整体的大环境下，诸如新材料的运用、加工工艺的创新、色彩配色的倾向等，难免会受到时尚流行的"干扰"，从而设计出符合当下社会语境的展演类民族服饰。

的确，如吉登斯提出的社会建构两重性③的问题、布迪厄提出的"实践"和"惯习"④的概念，行动者和社会结构之间确实存在着作用和反作用的关系。用他们的观点来看待时势与英雄的关系，也可以理解为时势与英雄的互动过程，是在结构框架下具有规定方向性的互动，设计者在互动中发挥着能动的创造性作用。也就是说，设计师既创造着时尚的潮流

---

① Yuniya Kawamura: *Fashion-ology: An Introduction to Fashion Studies*, Oxford New York: Berg, 2005, p.57.

② 受访者：明松峰；访谈时间：2011年8月5日；访谈地点：呼和浩特明松影视服装设计中心车间；访谈者：笔者。

③ 〔英〕安东尼·吉登斯：《社会的构成：结构化理论大纲》，李康、李猛译，北京：生活·读书·新知三联书店，1998年版，第429～436页。

④ 〔法〕皮埃尔·布迪厄、〔美〕华康德：《实践与反思——反思社会学导引》，李猛、李康译，北京：中央编译出版社，1998年版，第163～167页。

与风格，同时也被时尚的潮流与风格左右。左右设计师们塑造展演类民族服饰潮流与风格的权力要素，体现在设计师难以挣脱的社会大环境、难以自拔的自身文化先结构，以及需要遵循的设计要素上。而导致设计师"跟风""抄袭"的设计现状，表面看来自从服装到服装的简单地将元素抽取再进行拼贴的设计模式，而从更深层面上可以理解为设计师被所抽取的结构框架牢牢束缚，过分迎合结构框架之需，从而限制并阻碍了自身创造性的发挥，设计出"似曾相识"的作品。可以这样认为，基于"惯习"的设计实践有着自己的一套逻辑，不完全受控于环境，而且还有着可即兴发挥的空间。对于设计实践的分析，可以使我们理解社会、文化的变迁，理解设计文化中的多重意义。

提到时势，不得不提到现当代中国民族主义的复兴。徐勇认为："一是改革开放以后致力于经济建设，大大提升了国家的实力，中国作为一股不可忽视的力量在世界舞台上崛起，从而大大增强了民族自信心。二是随着科技进步和资本力量的进一步扩张，全球化浪潮更加猛烈。中国在开放的世界中与他国的交往愈来愈多，也必然与全球化的强势逻辑发生碰撞。强烈的历史记忆和正在生长但尚不够强大的实力，使人们对于国际碰撞特别敏感。正是这一背景下，人们试图在全球化的交往中寻求自己的国族性，以自立自强于世界之林。"① 照此说来，在处于世界体系之中的现代中国是"被全球化"的国家之一，是一个"半边缘国家"，因此，"重构历史""发明传统"以区别"自我"与"他者"成为当下进行国族性建构的文化整合方式。民族国家是一个"权力集装器"②，民族服饰及其文化的展演往往诉诸民族主义的情感意识，具有强大感召力和凝聚力。在现代世界体系下，国家与文化紧密相连。"建立在民族肌体上的国家，则通过各种手段和方式促进民族的经济利益的增长，提高民族的综合实力，支持民族在世界市场上的竞争。"③ 处在这样时势中的展演类民族服饰设计师"重构民族服饰"和"发明服饰传统"的设计作品和设计行为，亦是与当下民族国家建构策略不无关联的。设计师的作品通过展演，恰当地反映出当代中国在民族国家建构中所倡导的民族国家政治形象，也就是说民族国家话语构建在展演类民族服饰的艺术形式中得以呈现。

① 徐勇：《"回归国家"与现代国家的建构》，《东南学术》2006年第4期，第26页。
② 〔英〕安东尼·吉登斯：《民族－国家与暴力》，胡宗泽、赵力涛译，北京：生活·读书·新知三联书店，1998年版，第145页。
③ 王建娥：《世界体系和民族关系：解读现代民族问题的一个视角》，《民族研究》2004年第3期，第14～15页。

五、"角色建构"：全球化语境下设计师的自我实现

设计师在整个环节中的分量是怎样的？是起决定性作用的吗？充当什么样的角色？明松峰说："设计师是起决定性作用的。"①张顺臣说："制作跟设计两个，谁也离不开谁。一般像我们制作呢，也能了解设计的意图和编导的意图，这样三方面合作呢，出来的东西更好一些。谁也离不开谁！"②美国当代设计先驱埃尔文·鲁斯提格（Alvin Lustig）在《设计师是什么》一文中指出："设计师的角色以及他最重要的'必须'就是保持自由，尽他一切可能保持自由，从影响了设计领域那么多人的偏见和成规中保持自由。"③的确，设计是一项充满着想象力的工作，在众多相关人员的合作中，赋予作品以一种新鲜和新颖的感觉。在当代中国展演类民族服饰设计中，设计师也是处于完成角色实践的过程。

美国著名思想家乔治·米德（George H. Mead）在《心灵、自我与社会》对互动、自我和社会化的研究中提出"角色借用"（role taking）概念，即人们在日常生活互动中通过模仿他人角色，从他人的角度理解社会，并在互动中调整自己的行为，以适应制度的期待。④然而，他的研究并没有将角色和个人的社会背景联系起来，从而引发了"结构论"和"过程论"两大流派之争。以齐美尔、帕克和林顿等人为代表的结构角色理论所强调的是社会过程的既定性和结构化的一面，是一种静态的角色观；以拉尔夫·特纳（Ralph H. Turner）为代表的过程结构理论，强调的是角色的社会结构性质，而结构角色理论强调的是角色的工具性质。除此之外，另一种以戈夫曼（Erving Goffman）的戏剧理论和加芬克尔（Harold Garfinkel）的日常方法论为代表的角色表演理论则认为，外在于个体的规范和结构是不存在的，个体运用预先设计的、有意义的符号或者面具来进行自我角色塑造，而社会互动基于双方的场景、情境定义及个体自我呈现的行动。而随后的很多学者将结构角色理论和过程结构理论进行了综合，虽存有研究分歧，但学者们都认同"人的行为不是任意的，会受社会规范和社会环境的控制"这一观点。

作为角色担当者的展演类民族服饰设计师，如何通过这种角色实践影

---

① 受访者：明松峰；访谈时间：2011年8月15日；访谈地点：呼和浩特明松影视服装设计中心车间；访谈者：笔者。

② 受访者：张顺臣；访谈时间：2011年7月7日；访谈地点：张顺臣家；访谈者：笔者。

③ 中央美术学院设计学院史论部：《设计真言：西方现代设计思想经典文选》，南京：江苏美术出版社，2010年版，第470页。

④〔美〕乔治·米德：《心灵、自我与社会》，赵月瑟译，上海：上海译文出版社，1992年版，第138页。

响设计结构？我们可以尝试运用角色理论来进行分析。首先，设计师在角色获得的过程中首先面临的是来自"他者"的期待体系，这里的"他者"可以是导演，可以是演员，也可以是下达设计任务的领导。他们的期待，包括对主题、风格、内容、成本等诸多方面，作为设计者的角色规范，是设计师设计行为的出发点和参照体系。然而，由于"他者"的期望并未给设计师做出特定行为方式的规定，对同一个角色的理解和认知也因人而异。因此，在角色建构过程中，设计师既受到上述外在的诸多"结构"的影响，如同米德所讲"正是以这种泛化的他人的形式，社会过程影响了卷入该过程、坚持该过程的个体行为，即，共同体对其个体成员的行为加以控制；因为正是在这种形式，社会过程或共同体作为一种决定因素进入个体的思维"①；与此同时又受到设计师自身的心理特征和扮演角色的"能动"影响，正如拉尔夫•特纳强调角色建构中个体的主动性②那样，设计师在对展演类民族服饰的角色认知和建构中势必会融入自己的感悟和思考，形成自己独特的角色行为模式。三宅一生在回答是否人人都可以成为艺术家的问题时说道："我认为艺术行为的方式现在正变得越来越复杂。就举我的服装为例来说吧，我的东西看起来并不复杂，好像大家都有能力做出我做的东西，但事实上正好相反，我所做的工作是很难的〔……〕我的角色就是改变既有事物，尝试新的方法，这是我认为可行的、向前发展的唯一途径。"③

就如同面对全球化的浪潮，表面看是以西方时尚潮流与风格为主流的服饰设计在与地方服饰的文化互动中，趋向于"均质化"，设计师设计的西江展演苗族服饰的一致性代替了西江苗族传统服饰的多样性。但是全球化对中国服装设计师的冲击，不仅表现为支配，而更多体现为一种协商、操纵和混合的"地方性的全球嵌入（global embeddedness in locality）"④。在全球化背景下，当代展演类民族服饰设计审美中的多样性，体现在不同设计师对同一主题的不同回应，而其一致性则体现在以同一主题作为评判标准。然而这种一致性也并不是绝对的，因为在设计过程中，不同的设计师对西江苗族加以自己的想象与再造，从而形成各自不同的设计结果。

"一个个体的感觉，或者说得更严正一些——因为没有人是一个孤立

---

① 〔美〕乔治•米德：《心灵、自我与社会》，赵月瑟译，上海：上海译文出版社，1992年版，第138页。

② R. H. Turner: "Role-Taking, Role Standpoint and Reference-Group Behavior", *American Journal of Sociology*, 1956, 61(4): 316-328.

③ 朱锷：《消解设计的界限》，桂林：广西师范大学出版社，2010年版，第23页。

④ Rudiger Korff: "Local Enclosures of Globalization: The Power of Locality", *Dialectical Anthropology*, 2003, 27: 1-18.

的个体，他只是大众的一员——一个人对生活的感知当然表现在生活的各个方面，它不仅只是在其艺术上。它表现在人们的宗教观、道德观、科学观、商业观、技术观、政治观、娱乐观、法律观念，甚至表现在他们任何安排日常生活现实生存的方式上。关于艺术的讨论不应仅限于技术层面或仅与技术有关的精神层面上，它更重要的是大量融汇地导入和其他人类意图的表现形式以及它们戮力维系的经验模式上。"①因此，对于展演类设计行为的讨论，要基于了解设计师在新的设计任务中，对角色进行想象性感知的过程，分析其如何成为他者期待与自我期待、设计想象与作品现实之间的纽带。

在角色认知过程中，设计师将完成设想自我角色、理解他者期待以及判断自我现状这一系列动作。选择动因是设计师进入角色、决定"在场"的出发点，对自我期待的程度影响着设计师后期角色扮演的前期建设。展演类民族服饰设计师在设计和创造以适应世界商品体系（如民俗旅游、民族文化展演）时，用他者的眼光来对待所设计研究的事物，把自己当成穿用者，参与到穿用者所穿用的场景之中，以穿用者的眼光来审视自己设计的产品。设计师通过对展演生活的体验、对与演员互动及角色领会中的冲突的调适，表达出自己对角色的领悟，常常会对自身传统惯例加以传承和凸显，在某种程度上与他者形成共同的认同感来定义角色。从这个意义上来看，设计师的设计过程是与权力的博弈、发挥其知识和资源优势而展开的设计行为，以及是在角色扮演中以获得他者的支持和自我认同为基础的角色实现。设计师从产品使用者的角色出发，赋予产品以某种功能性语义，也赋予其情感、象征以及关联等多元的语义表达。设计作品作为情感交流的媒介，成为设计师自我呈现的重要载体。现代性的全球化导致了从传统的内生性向现代的反思性的剧烈转变，并使传统文化与其他文化产生断裂。设计师在抵制全球化浪潮下的"均质化"趋势中，在和以西方时尚潮流与风格为主流的文化互动中，在设计认同中，改造自己，从而构建文化上的认同，以凸显民族特色。然而，这并不意味着民族服饰文化必须碎片化并要消解于无中心的"符号世界"，必须传承和凸显自身传统惯例（如传统服饰图案中象征符号的意义）。

三个研究案例中的展演类西江苗服设计，不过是呈现设计师再造出纷繁多样的传统之冰山一角。这些作品所呈现出的多义性是不同设计师多种

---

① 〔美〕吉尔兹：《地方性知识：阐释人类学论文集》，王海龙、张家瑄译，北京：中央编译出版社，2000年版，第124页。

想象的结果，而展演类民族服饰设计则可视为设计师们多种意义、多种想象的交流平台。因此，对于展演类民族服饰设计的研究，是要关注人们如何通过交流实践，构建他们的社会关系和社会生活。在全球化背景下，对此类设计作品的分析更应聚焦在设计师们彼此相遇和彼此互动的情境。情境化的实践，产生于具体的情境之中；而交流实践的具体情境则是一种参照或是分析的单元。评价设计作品的好坏并不是本项研究所要做的，对设计作品创造性、独特性、即时性等方面的分析也不是重点，核心只是要通过考察不同设计师的设计作品是如何被建构的过程，发现和考量在社会惯例、既成事实与个人创造之间的平衡关系。通过本书的个案研究，笔者认为随着全球化程度不断加深，文化和经济互动发展，展演类西江式苗族服饰必然会经历一个由对传统的复制到一个开放性的设计的转变，将越来越多地呈现出多元性和包容性的特点，而这既是少数民族服饰文化在强大的外来文化冲击下得以存在的客观需要，也是展演类少数民族服饰设计发展的必然趋势。

参考文献

一、中文部分

（一）古籍

（宋）郭若虚：《图画见闻志》，明津逮秘书本。

（明）郭子章：《黔记》，明万历刻本。

（明）沈庠：《贵州图经新志》，（明）赵瓒等纂，明弘治刻本。

（清）爱必达：《黔南识略》，清光绪三十三年刻本。

（清）蔡宗建：《镇远府志》，（清）龚传坤纂，清乾隆五十六年刻本。

（清）陈鼎：《滇黔记游》，清康熙四十一年刻本。

（清）鄂尔泰、（清）张广泗：《贵州通志》，（清）靖道谟、（清）杜诠纂，清乾隆六年刻本。

（清）傅恒：《皇清职贡图》，清乾隆刻本。

（清）罗绕典：《黔南职方纪略》，清道光二十七年刻本。

（清）田雯：《黔书》，清光绪二十三年刻本。

（清）卫既齐：《贵州通志》，（清）薛载德纂，（清）阎兴邦补修，清康熙三十六年刻本。

（清）严如煜：《苗防备览》，清道光二十三年重刻本。

（清）严如煜：《苗疆风俗考》，清道光刊本。

（清）俞渭：《黎平府志》，（清）陈瑜纂，清光绪十八年刻本。

（二）著作

包亚明：《文化资本与社会炼金术——布尔迪厄访谈录》，上海：上海人民出版社，1997年版。

邓启耀：《民族服饰：一种文化符号——中国西南少数民族服饰文化研究》，昆明：云南人民出版社，1991年版。

邓启耀：《衣装秘语：中国民族服饰文化象征》，成都：四川人民出版社，2005年版。

董龙昌：《列维－斯特劳斯艺术人类学思想研究》，北京：中国社会科学出版社，2017年版。

段梅：《东方霓裳——解读中国少数民族服装》，北京：民族出版社，2004年版。

方李莉：《艺术介入美丽乡村建设：人类学家与艺术家对话录》，北京：文化艺术出版社，2017年版。

贵州省编辑组：《苗族社会历史调查》，北京：民族出版社，2009年版。

贵州省少数民族古籍整理出版规划小组办公室：《苗族古歌》，燕宝整理译注，贵阳：贵州民族出版社，1993年版。

贵州省少数民族古籍整理出版规划小组办公室：《苗族古歌：苗族史诗》，燕宝整理，北京：中国国际广播出版社，2016年版。

侯天江：《中国的千户苗寨——西江》，贵阳：贵州民族出版社，2006年版。

雷山县县志编纂委员会：《雷山县志》，贵阳：贵州人民出版社，1992年版。

李清华：《地方性知识与民族志文本：格尔茨的艺术人类学思想研究》，上海：上海三联书店出版社，2017年版。

刘显世、谷正伦：《贵州通志》，任可澄、杨恩元纂，贵阳：贵阳书局，1948年版。

龙光茂：《中国苗族服饰文化》，北京：外文出版社，1994年版。

马元曦：《社会性别与发展译文集》，北京：生活·读书·新知三联书店，2000年版。

毛泽东：《毛泽东选集（第三卷）》，北京：人民出版社，1966年版。

民族文化宫：《中国苗族服饰》，北京：民族出版社，1985年版。

潘定智等：《苗族古歌》，贵阳：贵州人民出版社，1997年版。

黔东南州民族研究所、雷山县民族宗教事务局：《西江苗族志》，自印本，1998年版。

邱春林：《设计与文化》，重庆：重庆大学出版社，2009年版。

史宗编：《二十世纪西方宗教人类学文选》，金泽等译，上海：上海三联书店，1995年版。

韦荣慧、侯天江：《西江千户苗寨历史与文化》，北京：中央民族大学出版社，2006年版。

王建民：《艺术人类学新论》，北京：民族出版社，2008年版。

王铭铭：《20世纪西方人类学主要著作指南》，北京：世界图书出版公司，2008年版。

伍新福：《苗族文化史》，成都：四川民族出版社，2000年版。

席克定：《苗族妇女服装研究》，贵阳：贵州民族出版社，2005年版。

杨鹃国：《苗族服饰：符号与象征》，贵阳：贵州人民出版社，1997年版。

杨夫林：《西江溯源》，北京：中国民族博物馆，西江：西江千户苗寨馆，2006年版。

杨源、何星亮：《民族服饰与文化遗产研究——中国民族学学会年年会论文集》，昆明：云南大学出版社，2005年版。

杨正文：《苗族服饰文化》，贵阳：贵州民族出版社，1998年版。

余未人：《苗疆圣地》，青岛：青岛出版社，1997年版。

张爱玲：《流言》，上海：中国科学公司，1944年版。

张竞琼：《从一元到二元——近代中国服装的传承经脉》，北京：中国纺织出版社，2009年版。

张竞生：《张竞生文集》，广州：广州出版社，1998年版。

张炯：《南阜山人敩文存稿：使滇日记 使滇杂记》，上海：上海古籍出版社，1983年版。

张世申、李黔滨：《中国贵州民族民间美术全集（银饰）》，贵州：贵州人民出版社，2007年版。

张晓：《西江苗族妇女口述史研究》，贵阳：贵州人民出版社，1997年版。

张晓、张寒梅、潘璐璐：《贵州苗族代表性服饰》，北京：知识产权出版社，2017年版。

赵国华：《中国生殖崇拜文化论》，北京：中国社会科学出版社，1990年版。

赵旭东：《本土异域间：人类学研究中的自我、文化与他者》，北京：北京大学出版社，2011年版。

中国西南文献丛书编委会：《西南民俗文献》，兰州：兰州大学出版社，2003年版。

中国织绣服饰全集编辑委员会：《中国织绣服饰全集6：少数民族服饰卷（下）》，天津：天津人民美术出版社，2005年版。

中央美术学院设计学院史论部：《设计真言：西方现代设计思想经典文选》，南京：江苏美术出版社，2010年版。

周莹：《少数民族服饰图案与时装设计》，石家庄：河北美术出版社，2009年版。

朱锷：《消解设计的界限》，桂林：广西师范大学出版社，2010年版。

庄孔韶：《人类学经典导读》，北京：中国人民大学出版社，2008年版。

〔德〕本雅明：《艺术社会学三论》，王涌译，南京：南京大学出版社，2017年版。

〔德〕马尔库塞：《审美之维：马尔库塞美学论著集》，李小兵译，北京：生活·读书·新知三联书店，1989年版。

〔法〕埃里蓬：《今昔纵横谈——克劳德·列维-施特劳斯传》，袁文强译，北京：北京大学出版社，1997年版。

〔法〕布迪厄、〔美〕华康德：《实践与反思——反思社会学导引》，李猛、李康译，北京：中央编译出版社，1998年版。

〔法〕丹纳：《罗丹艺术论》，傅雷译，北京：人民美术出版社，1978年版。

〔法〕列维-斯特劳斯：《野性的思维》，李幼蒸译，北京：中国人民大学出版社，2006年版。

〔法〕涂尔干：《宗教生活的基本形式》，渠东、汲喆译，上海：上海人民出版社，1999年版。

〔法〕托多洛夫、〔法〕勒格罗、〔比〕福克鲁尔：《个体在艺术中的诞生》，鲁京明译，北京：中国人民大学出版社，2007年版。

〔美〕巴特：《斯瓦特巴坦人的政治过程——一个社会人类学研究的范例》，黄建生译，上海：上海人民出版社，2005年版。

〔美〕贝哈：《动情的观察者：伤心人类学》，韩成艳、向星译，北京：北京大学出版社，2012年版。

〔美〕本尼迪克特：《文化模式》，张燕、傅铿译，杭州：浙江人民出版社，1987年版。

〔美〕博厄斯：《原始艺术》，金辉译，上海：上海文艺出版社，1989年版。

〔美〕邓津、〔美〕林肯：《定性研究（第3卷）：经验资料收集与分析方法》，风笑天等译，重庆：重庆大学出版社，2007年版。

〔美〕恩伯、〔美〕恩伯：《文化的变异——现代文化人类学通论》，杜杉杉译，沈阳：辽宁人民出版社，1988年版。

〔美〕凡勃伦：《有闲阶级论——关于制度的经济研究》，蔡受百译，北京：商务印书馆，2007年版。

〔美〕格尔茨：《文化的解释》，韩莉译，南京：译林出版社，1999年版。

〔美〕格尔兹：《论著与生活：作为作者的人类学家》，方静文、黄剑波译，北京：中国人民大学出版社，2013年版。

〔美〕怀特：《文化的科学——人类与文明研究》，沈原、黄克克、黄玲伊译，济南：山东人民出版社，1988年版。

〔美〕吉尔兹：《地方性知识：阐释人类学论文集》，王海龙、张家瑄译，北京：中央编译出版社，2000年版。

〔美〕马尔库斯、〔美〕费彻尔：《作为文化批评的人类学：一个人文学科的实验时代》，王铭铭、蓝达居译，北京：生活·读书·新知三联书店，1998年版。

〔美〕米德：《心灵、自我与社会》，赵月瑟译，上海：上海译文出版社，1992年版。

〔美〕皮科克：《人类学透镜》，汪丽华译，北京：北京大学出版社，2011年版。

〔美〕萨林斯：《历史之岛》，蓝达居等译，上海：上海人民出版社，2003年版。

〔美〕萨林斯：《文化与实践理性》，赵丙祥译，上海：上海人民出版社，2002年版。

〔日〕山本耀司：《做衣服》，长沙：湖南人民出版社，2014年版。

〔瑞士〕索绪尔：《普通语言学教程》，高名凯译，北京：商务印书局，1980年版。

〔斯洛文尼亚〕艾尔雅维茨：《全球化的美学与艺术》，刘悦笛、许中云译，成都：四川人民出版社，2010年版。

〔苏〕苏霍金：《艺术与科学》，王仲宣、何纯良译，北京：生活·读书·新知三联书店，1986年版。

〔西〕加塞特：《艺术的去人性化》，南京：译林出版社，2010年版。

〔匈〕豪泽尔：《艺术社会学》，居延安译编，上海：学林出版社，1987年版。

〔英〕巴利：《天真的人类学家》，何颖怡译，桂林：广西师范大学出版社，2011年版。

〔英〕道格拉斯：《洁净与危险》，黄剑波等译，北京：民族出版社，2008年版。

〔英〕恩特维斯特尔：《时髦的身体：时尚、衣着和现代社会理论》，郜元宝等译，桂林：广西师范大学出版社，2005年版。

〔英〕费瑟斯通：《消费文化与后现代主义》，刘精明译，南京：译林出版社，2000年版。

〔英〕弗格森：《文明社会史论》，林本椿、王绍祥译，沈阳：辽宁教育出版社，1999年版。

〔英〕弗吕格尔：《服装心理学》，孙贵定、刘季伯译，上海：商务印书馆，1936年版。

〔英〕贡布里希：《秩序论》，杨思梁译，杭州：浙江摄影出版社，1987年版。

〔英〕霍布斯鲍姆、〔英〕兰格：《传统的发明》，顾杭、庞冠群译，南京：译林出版社，2004年版。

〔英〕霍尔：《表征：文化表象与意指实践》，徐亮、陆兴华译，北京：商务印书馆，2003年版。

〔英〕吉登斯：《民族－国家与暴力》，胡宗泽、赵力涛译，北京：生活·读书·新知三联书店，1998年版。

〔英〕吉登斯：《社会的构成：结构化理论大纲》，李康、李猛译，北京：生活·读书·新知三联书店，1998年版。

〔英〕吉登斯：《现代性的后果》，田禾译，南京：译林出版社，2000年版。

〔英〕库伯：《英国社会人类学——从马林诺斯基到今天》，贾士蘅译，台北：经联出版事业公司，1988年版。

〔英〕拉波特、〔英〕奥弗林：《社会文化人类学的关键概念》，鲍雯妍、张亚辉译，北京：华夏出版社，2009年版。

〔英〕莱顿：《艺术人类学》，李东晔、王红译，桂林：广西师范大学出版社，2009年版。

〔英〕理查兹：《差异的面纱——文学、人类学及艺术中的文化表现》，如一等译，沈阳：辽宁教育出版社，2003年版。

〔英〕马林诺夫斯基：《巫术科学宗教与神话》，李安宅译，北京：中国民间文艺出版社，1986年版。

〔英〕马凌诺斯基：《文化论》，费孝通译，北京：华夏出版社，2002年版。

〔英〕泰勒：《原始文化》，连数声译，上海：上海文艺出版社，1992年版。

（三）期刊

陈超：《民族服饰元素在现代服装上的应用》，《丝绸》2007年第1期，第19～21页。

陈雪英：《贵州雷山西江苗族服饰文化传承与教育功能》，《民族教育研究》2009年第1期，第60～62页。

陈煜鑫、郝云华：《现代服装设计中民族服饰元素的运用——以永仁彝族服饰元素的现代运用为例》，《郑州轻工业学院学报（社会科学版）》2010年第2期，第17～20页。

陈志永等：《少数民族村寨社区居民对旅游增权感知的空间分异研究——以贵州西江千户苗寨为例》，《热带地理》2011年第3期，第216～222页。

邓启耀：《不离本土的自我传习与跨界传播——摩梭民族服饰工艺传承"妇女合作社"考察》，《文化遗产》2017年第6期，第1～8、157页。

董法尧等：《西南民族地区民族村寨旅游扶贫路径转向研究——以贵州西江苗寨为例》，《生态经济》2016年第4期，第139～142、157页。

董佳艳：《全域旅游视角下苗族原生态音乐保护与发展——以雷山县西江苗寨为例》，《黄河之声》2017年第10期，第102～103页。

杜成材：《地域文化视野下的资源类型研究——以西江千户苗寨为例》，《青岛职业技术学院学报》2011年第2期，第83～86页。

方李莉：《文化生态失衡问题的提出》，《北京大学学报（哲学社会科学版）》2001年第3期，第105～113页。

付强：《西江千户苗寨少数民族旅游住宿业发展探析》，《凯里学院学报》2017年第10期，第56～59页。

高明锦、龙拥军：《西江千户苗寨旅游资源特点与开发构想》，《贵州教育学院学报（自然科学版）》2004年第8期，第62～65页。

苟菊兰、陈立生：《贵州西江苗族服饰的发展和时尚化研究》，《贵州民族研究》2004年第2期，第64～68页。

何景明：《边远贫困地区民族村寨旅游发展的省思——以贵州西江千户苗寨为中心的考察》，《旅游学刊》2010年第2期，第59～65。

何明：《直观与理性的交融：艺术民族志书写初论》，《广西民族大学学报（哲学社会科学版）》2007年第1期，第71～77、125页。

何明、洪颖：《回到生活：关于艺术人类学学科发展问题的反思》，《文学评论》2006年第1期，第83～90页。

侯天庆：《承载民族精神的方舟——解读贵州西江苗族民间文学审美

取向》，《黄冈师范学院学报》2008年12月，第103～106页。

黎莹：《贵州雷山西江镇"千户苗寨"和谐社会管窥》，《凯里学院学报》2007第4期，第80～82页。

李迪、任洪丽：《论中国舞台服装的发展》，《北方音乐》2012年第8期，第87页。

李二仕：《十七年少数民族题材电影中的女性形象》，《北京电影学院学报》2004年第1期，第10～15页。

李佳：《苗族桥文化的变迁——以"西江千户苗寨"为个案研究》，《贵州民族大学学报（哲学社会科学版）》2015年第2期，第182～185页。

李胜杰：《社会伦理语境下的民族乡村旅游演进与反思——基于贵州西江苗寨的个案研究》，《民族学刊》2018年第7期，第33～38页。

李天翼、麻勇斌：《西江模式：贵州民族文化旅游产业发展的样本》，《新西部》2018年第7期，第39～43页。

李松等：《民俗旅游与社会发展》，《山东社会科学》2011年第7期，第51～56、60页。

廖远涛等：《贵州西江镇千户苗寨旅游发展策略研究》，《小城镇建设》2010年第1期，第94～98页。

刘德昌：《对西江苗族文化现象的思考》，《贵州民族研究》1989年第2期，第69～74页。

刘秀丽、杜芳琴：《女性与"民族文化"重构——围绕服饰的讨论与审思》，《江西社会科学》2010年第2期，第223～228页。

刘轩宇：《商业化背景下苗族村寨文化的保护与传承——以贵州黔东南地区"西江苗寨"和"摆贝苗寨"为例》，《贵州民族研究》2016年第4期，第137～141页。

麻国庆：《全球化：文化的生产与文化认同——族群、地方社会与跨国文化圈》，《北京大学学报（哲学社会科学版）》2000年第4期，第152～161页。

麻国庆：《生活的艺术化：自者的日常生活与他者的艺术表述》，《思想战线》2012年第1期，第4～9页。

稂丽萍：《民族文化与民族旅游业的发展——以西江苗寨为例》，《怀化学院学报》2007年第3期，第4～6页。

潘健华：《论舞台服装种类》，《演艺设备与科技》2004年第2期，第72～75页。

潘蛟：《火把节纪事：当地人观点？》，《民族艺术》2004年第3期，第6～13页。

潘璐璐：《三个女人看西江——对两部西江女性民族志撰写方式的解读与评析》，《原生态民族文化学刊》2011年第1期，第99～103页。

沈海梅：《族群认同：男性客位化与女性主位化——关于当代中国族群认同的社会性别思考》，《民族研究》2004年第5期，第27～35页。

宋湲、徐东：《中国民族服饰的符号特征分析》，《纺织学报》2007年第4期，第100～103页。

孙九霞：《族群文化的移植："旅游者凝视"视角下的解读》，《思想战线》2009年第4期，第37～42页。

孙小龙、林壁属：《基于网络文本分析的旅游商业化符号表征研究——以西江苗寨为例》，《旅游学刊》2017年第12期，第28～36页。

万翠等：《贵州省苗族服饰文化产业化对策研究——以西江千户苗寨苗族服饰为例》，《产业与科技论坛》2015年第5期，第20～21页。

王建娥：《世界体系和民族关系：解读现代民族问题的一个视角》，《民族研究》2004年第3期，第11～20页。

王建民：《扶贫开发与少数民族文化——以少数民族主体性讨论为核心》，《民族研究》2012年第3期，第46～54页。

王建民：《论艺术人类学研究的学科定位》，《思想战线》2011年第1期，第5～10页。

王建民：《艺术人类学学理论范式的转换》，《民族艺术》2007年第1期，第39～45页。

王明珂：《羌族妇女服饰：一个"民族化"过程的例子》，《"中央研究院"历史语言研究所集刊》1998年第69本第4分册。

闻一多：《从人首蛇身像谈到龙与图腾》，《人文科学学报》1942年第2期，第1～20页。

肖佑兴：《演化视角下的旅游地建筑景观变迁探讨——以贵州西江苗寨为例》，《广州大学学报（社会科学版）》2018年第4期，第75～83页。

徐百佳：《民族图案元素是现代设计之魂——贵州苗族图案元素在家纺设计中创新》，《南京艺术学院学报（美术与设计版）》2011年第4期，第114～116页。

徐赣丽、郭悦：《认同与区分——民族服饰的族群语意表达》，《民族学刊》2012年第2期，第23～31页。

徐勇：《"回归国家"与现代国家的建构》，《东南学术》2006年第4期，第18～27页。

严卿方、姜葵：《贵州少数民族图案在包装设计中的价值》，《贵州民族研究》2013年第1期，第61～63页。

杨柳：《民族旅游发展中的展演机制研究——以贵州西江千户苗寨为例》，《湖北民族学院学报（哲学社会科学版）》2010年第4期，第39～44页。

杨艳霞：《黔东南少数民族村寨旅游产业集群生态化发展初探——以西江苗寨为例》，《凯里学院学报》2014年第4期，第29～31页。

杨鹓：《身份·地位·等级——少数民族服饰与社会规则秩序的文化人类学阐述》，《民族艺术研究》2000年第6期，第43～51页。

杨志明：《全球化、现代化与少数民族传统文化的生存前景》，《思想战线》2009年第6期，第19～22页。

姚长宏、刘爱利：《乡村旅游地品牌价值评估体系研究》，《现代商业》2011年第29期，第182～184页。

叶荫茵：《苗绣商品化视域下苗族女性社会性别角色的重塑——基于贵州省台江县施洞镇的个案研究》，《民俗研究》2017年第3期，第86～92页。

曾军：《视觉文化与观看的政治学》，《文艺理论研究》2007年第1期，第42～50页。

张洪昌等：《民族旅游地区乡村振兴的"西江模式"：生成逻辑、演进机制与价值表征》，《贵州民族研究》2018年第9期，第165～168页。

张建世：《黔东南苗族传统银饰工艺变迁及成因分析——以贵州台江塘龙寨、雷山控拜村为例》，《民族研究》2011年第1期，第42～50页。

张翔等：《苗族原生态文化村寨旅游者动机及开发策略——以西江千户苗寨为例》，《贵州民族研究》2015年第4期，第144～147页。

张晓：《妇女小群体与服饰文化传承——以贵州西江苗族为例》，《贵州大学学报（艺术版）》2000年第4期，第41～47页。

张晓：《关于西江苗寨文化传承保护和旅游开发的思考——兼论文化保护与旅游开发的关系》，《贵州民族研究》2007年第3期，第47～52页。

张晓：《西江苗族亲属制度的性别分析》，《西南民族大学学报（人文社科版）》2008年第10期，第22～25页。

张馨凌：《酸食的地域性研究——以贵州黔东南西江苗寨为例》，《百色学院学报》2015年第5期，第75～86页。

张枕绿：《妇女装饰与曲线美》，《家庭》第7期，第1～2页。

赵浩、高菊兰：《不弃本质：彝族图案创新与传承方法研究》，《装饰》2018年第9期，第130～131页。

赵卫东：《族群服饰与族群认同——对"白回"族群的人类学分析》，《民族艺术研究》2004年第5期，第24～28页。

赵旭东：《侈糜、奢华与支配——围绕十三世纪蒙古游牧帝国服饰偏好与政治风俗的札记》，《民俗研究》2010年第2期，第22～51页。

赵旭东：《消费的文化解释》，《江西社会科学》2006年第10期，第12～15页。

赵玉中：《西方视野下的少数民族研究与文化——路易莎·谢恩和〈少数人说了算〉》，《云南民族大学学报（哲学社会科学版）》2008年第3期，第65～67页。

朱和双：《中国西南少数民族妇女形象的现代建构》，《贵州民族研究》2005年第3期，第72～80页。

周莹：《㒰家服饰蜡染艺术的族群认同研究——贵州黄平重兴乡望坝村的研究案例》，《原生态民族文化学刊》2011年第2期，第60～65页。

周莹：《贵州西江苗族女子便装头饰文化调查》，《装饰》2013年第4期，第108～110页。

周莹：《贵州西江苗族女子便装艺术与文化特征探析》，《丝绸》2014年第2期，第65～69页。

周莹：《民族服饰的人类学研究文献综述》，《南京艺术学院学报（美术与设计版）》2012年第4期，第125～131页

周真刚、罗宇昕：《贵州西江苗寨旅游开发研究述评》，《中南民族大学学报（人文社会科学版）》2017年第4期，第88～92页。

宗晓莲：《布迪厄文化再生产理论对文化变迁研究的意义——以旅游开发背景下的民族文化变迁研究为例》，《广西民族学院学报（哲学社会科学版）》2002年第2期，第22～25页。

〔澳〕王富文：《评路易莎的〈少数民族准则〉》，胡鸿保译，《世界民族》2003年第3期，第78～80页。

〔法〕昂塞勒：《全球化与人类学的未来》，张海洋译，《世界民族》2004年第2期，第41～52页。

〔美〕吉尔兹：《反"反相对主义"》，李幼蒸译，《史学理论研究》1996年第2期，第95～105页。

〔英〕安东尼·吉登斯：《全球时代的民族国家》，郭忠华、何莉君译，《中山大学学报（社会科学版）》2008年第1期，第1～8页。

（四）学位论文

陈雪英：《西江苗族"换装"礼仪的教育诠释》，博士学位论文，成都：西南民族大学，2009年。

董入雷：《服装符号与中国国家形象建构研究——以2014年APEC会议领导人服装为例》，博士学位论文，北京：外交学院，2017年。

胡莹：《生态心理学视阈下的民族村寨景区组织冲突研究——以贵州西江苗寨为例》，博士学位论文，昆明：云南大学，2018年。

（五）报纸

李杨：《朗德上寨：一个民族村寨的"起起落落"》，《贵州民族报》2012年5月25日，第B01版。

胡鸿保、陆煜：《从林耀华到路易莎——贵州苗民人类学研究视角的变换》，《中国民族报》2010年4月16日第006版。

二、外文部分

（一）著作

Barth, Fredrik(ed.): *Ethnic Groups and Boundaries*, Boston: Little, Brown & Co., 1969.

Barthes, Roland: *Roland Barthes by Roland Barthes*, New York: Hill and Wang, 1977.

Bourdieu, Pierre: *Distinction: A Social Critique of the Judgment of Taste*, Translated by R. Nice, Cambridge, MA: Harvard Univ. Press, 1984.

Comaroff, John L.& Jean Comaroff (eds.): *Of Revelation and Revolution, Volume Two: The Dialectics of Modernity on a South African Frontier*, Chicago: Univ. Chicago Press, 1997.

Dalby, Liza: *Kimono: Fashioning Culture*, New Haven, CT: Yale Univ. Press, 1993.

Danforth, L.: *The Death Rituals of Rural Greece*, New Jersey: Princeton, 1982.

Devereux, George: *From Anxiety to Method in the Behavioral Sciences*, The Hague: Mouton & Co, 1967.

Finkelstein, Joanne: *The Fashioned Self*, Cambridge: Polity Press, 1991.

Geertz, Clifford: *Islam Observed, Religious Development in Morocco and Indonesia*, New Haven and London: Yale University Press, 1968.

Gell, Alfred: *Art and Agency: An Anthropological Theory*, New York: Oxford University Press, 1998.

Gnecchi-Ruscone, Elisabetta, Anna Paini (eds.): *Tides of Innovation in Oceania: Value, Materiality and Place,* Canberra: Australian National University Press, 2017.

Guindi, Fadwa: *Veil: Modesty, Privacy and Resistance*, Oxford: Berg, 1999.

Hannerz, Uif: *Cultural Complexity: Studies in the Social Organization of Meaning*, New York: Columbia University Press, 1992.

Harari, J. V. (ed.): *Textual Strategies*, New York: Ithaca, 1979.

Keyder, Çağlar(ed.): *Istanbul: Between the Global and the Local*, Lanham, MD: Rowman & Littlelfield, 1999.

Lamphere, Louise & Michelle Zimbalist Rosaldo (eds.): *Woman, Culture, and Society*, Stanford: Stanford University Press, 1974.

McGrew, Tony, Stuart Hall & David Held (eds.): *Modernity and Its Futures*, Cambridge: Polity Press in Association with the Open University, 1996.

Meinhold, Roman: *Fashion Myths: A Cultural Critique,* New York: Columbia University Press, 2013.

Niessen, Sandra, Leshkowich Ann Marie & Jones Carla (eds.): *Re-Orienting Fashion: The Globalization of Asian Dress*, Oxford: Berg, 2003.

Paulicelli, Eugenia & Hazel Clark (eds.): *The Fabric of Cultures: Fashion, Identity, and Globalization*, London: Routledge, 2009.

Polhemus, Ted: *Streetstyle: From Sidewalk to Catwalk*, New York: Thames & Hudson, 1994.

Polhemus, Ted: *Style Surfing: What to Wear in the 3rd Millennium*, London: Thames & Hudson, 1996.

Read, Kenneth. E.: *In the High Valley*, New York: Scribner's, 1965.

Roach-Higgins, Mary Ellen, Joanne B. Eicher & Klm K.P. Johnson (eds.): *Dress and Identity*, New York: Fairchild Publications, 1995.

Schein, Louisa: *Minority Rules: The Miao and the Feminine in China's Cultural Politics*, Durham& London: Duke University Press, 2000.

Sennett, Richard: *The Fall of Public Man*, Cambridge: Cambridge University Press, 1977.

Sontag, S.(ed.): *A Barthes Reader*, New Jersey: Princeton, 1982.

Tapp, Nicholas, Gary Yia Lee (eds.): *The Hmong of Australia: Culture and Diaspora,* Canberra: Australian National University Press, 2010.

Willis, Paul E.: *Common Culture: Symbolic Work at Play in Everyday Cultures of the Young,* Boulder & San Frandcisco: Westview Press, 1990.

Yuniya Kawamura: *Fashion-ology: An Introduction to Fashion Studies*, Oxford New York: Berg, 2005.

（二）期刊

Baranovitch, Nimrod: "Between Alterity and Identity: New Voices of Minority People in China", *Modern China*, 2001, 27(3): 359-401.

Brenner, Suzanne: "Reconstructing Self and Society: Javanese Muslim Women and 'the Veil'", *American Ethnologist*, 1996, 23(4): 673-697.

Buckley, Cheryl and Hazel Clark: "Conceptualizing Fashion in Everyday Lives", *Design Issues*, Autumn 2012, 28(4): 18-28.

Foster, Robert: "Making National Cultures in the Global Ecumene", *Annual Review of Anthropology*, 1991(20): 235-260.

Freeman, Carla: "Femininity and Flexible Labor: Fashioning Class through Gender on the Global Assembly Line", *Critique of Anthropology*, 1998 (18): 245-262.

Gökariksel, Banu, Anna Secor: "Islamic-ness in the Life of a Commodity: Veiling-fashion in Turkey", *Transactions of the Institute of British Geographers,* New Series, July 2010, 35(3): 313-333.

Gökarıksel, Banu, Anna Secor: " The Veil, Desire, and the Gaze: Turning the Inside Out", *Signs*, 2014, 40(1): 177-200.

Gray, Sally: " Searching for Mother Hubbard: Function and Fashion in Nineteenth-Century Dress", *Winterthur Portfolio*, Spring 2014, 48 (1): 29-74.

Hansen, Karen: "The World in Dress: Anthropological Perspectives on Clothing, Fashion, and Culture", *Annual Review of Anthropology*, 2004 (33): 369-392.

Harvey, D.: "Heritage Pasts and Heritage Presents: Temporaliy, Meaning and the Scope of Heritage Studies", *International Journal of Heritage Studies*, 2001 (7): 319-338.

Heider, Karl: "Attributes and Categories in the Study of Material Culture: New Guinea Dani Attire", *Man*, 1969, 4(3): 379-391.

Horton, Laurel & Paul Jordan-Smith: "Deciphering Folk Costume: Dress Codes among Contra Dancers", *The Journal of American Folklore*, 2004, 117(466): 415-440.

Kaya, Laura: "The Criterion of Consistency: Women's Self-Presentation at Yarmouk University, Jordan", *American Ethnologist*, August 2010, 37(3): 526-538.

Kuper, Hilda: "Costume and Identity", *Comparative Studies in Society and History*, 1973, 15(3): 348-367.

Korff, Rudiger: "Local Enclosures of Globalization: The Power of Locality", *Dialectical Anthropology*, 2003 (27): 1-18.

Luke, Nancy, Kaivan Munshi: "Women as Agents of Change: Female Income and Mobility in India", *Journal of Development Economics*, 2011 (1): 1-17.

Marcus, George: "Ethnography in/of the World System: The Emergence of Multi-Sited Ethnograghy", *Annual Review of Anthropology*, 1995 (24): 95-140.

Martin, Phyllis: "Contesting Clothes in Colonial Brazzaville", *The Journal of African History*, 1994, 35(3): 401-426.

McRobbie, Angela: "Fashion Culture: Creative Work, Female Individualization", *Feminist Review*, 2002 (71): 52-62.

Ong, Aihwa: "State Versus Islam: Malay Families, Women's Bodies, and the Body Politic in Malaysia", *American Ethnologist*, 1990, 17(2): 258-276.

Pham, Minh-Ha T.: "The Right to Fashion in the Age of Terrorism", *Signs*, Winter 2011, 36(2): 385-410.

Rovine, Victoria L.: "Colonialism's Clothing: Africa, France, and the Deployment of Fashion", *Design Issues*, Summer 2009, 25(3): 44-61.

Schneider, Jane: "The Anthropology of Cloth", *Annual Review of Anthropology*, 1987 (16): 409-448.

Simmel, Georg: "Fashion", *International Quarterly*, 1904 (10): 130-155.

Turner, R. H: "Role-Taking, Role Standpoint and Reference Group Behavior", *American Journal of Sociology*, 1956, 61(4): 3l6-328.

Valk, Julie: "The 'Kimono Wednesday' Protests: Identity Politics and How The Kimono Became More Than Japanese", *Asian Ethnology*, 2015, 74(2): 379-399.

附　录

一、西江田野调查图片

图附录–1　盛装飘带裙上的贴绣、平绣龙鸟鱼猫图纹（西江千户苗寨博物馆，2009 年）

图附录–2　考察苗族传统服饰与技艺（黔东南州民族博物馆，2009 年）

图附录–3　与候场的寨老们在一起（西江千户苗寨，2011 年）

图附录–4　集市上穿便装的西江苗族妇女（西江千户苗寨，2011 年）

图附录–5　老年女性的便装与发髻（西江千户苗寨，2011 年）

图附录–6　集市售卖刺绣用材料（西江千户苗寨，2011 年）

图附录–7　下乡采风的学生们
（西江千户苗寨，2011 年）

图附录–9　银匠哥的舞蹈
（西江千户苗寨，2011 年）

图附录–8　体验苗王、苗后装的游客
（西江千户苗寨，2011 年）

图附录–10　两款展演类西江苗族盛装
（西江千户苗寨，2012 年）

图附录–11　穿蜡染服饰的擦鞋匠
（西江千户苗寨，2011 年）

图附录–12 出售传统苗族服饰的店铺
（西江千户苗寨，2011 年）

图附录–13 以刺绣为主的旅游商品店铺
（西江千户苗寨，2011 年）

图附录–14 租给游客拍照的带裙撑的西
江苗族盛装（西江千户苗寨，2012 年）

图附录–15 刺绣名匠宋美芬在制作双
针锁绣（西江千户苗寨，2012 年）

图附录-16　男性刺绣画师
（西江千户苗寨，2017年）

图附录-17　西江刺绣参观点一角
（西江千户苗寨，2012年）

图附录-18　供游客自己动手体验刺绣的服
务（西江千户苗寨，2017年）

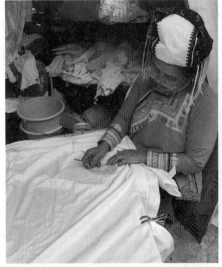

图附录-19　榕江苗族妇女当街画蜡展示
（西江千户苗寨，2017年）

图附录-20　公众假期迎游客的传统服饰工
艺现场展示（西江千户苗寨，2017年）

图附录－21　蓝染主题店铺
（西江千户苗寨，2017 年）

图附录－22　迎宾拦门酒
（西江千户苗寨，2017 年）

图附录－23　高高的发髻可以当作针插
（西江千户苗寨，2017 年）

图附录－24　演出前的书法作品拍卖
（西江千户苗寨，2017 年）

图附录－25　绚丽的演出舞台
（西江千户苗寨，2017 年）

二、西江苗族传统服饰穿戴

（一）盛装的穿戴

西江苗族妇女对待盛装的态度是认真而严肃的，盛装的穿戴也有着一定的程序：梳头—化妆—穿裙—穿鞋—穿衣（先把装饰衣服的银花片钉到衣服上）—戴银压领—戴银项圈—戴银首饰—戴银手镯（参见图附录-26）。[①]

| 穿百褶裙 | 在百褶裙外围系飘带裙 | 穿银装上衣 |

| 系腰带 | 佩戴好项饰后调整 | 穿戴完毕 |

图附录-26　盛装穿戴部分过程（西江千户苗寨，2012年）

[①] 张晓、张寒梅、潘璐璐：《贵州苗族代表性服饰》，北京：知识产权出版社，2017年版，第30页。附录图片为笔者调研时宋美芬和龙玲燕向笔者展示其绣制的盛装，盛装银衣上并未钉银花片，仅为穿戴流程的示意。

　　着盛装时发饰为银饰，盛装所佩戴的银角很高大，如果发髻不够大或梳理得不够结实，就承不住银角，戴上后会前倾或后仰。银帽头饰内部围卷毛巾，先将毛巾的一边向内折约1/5，对向的一边也向内折1/5，将对折后的一边再向内折，再将毛巾折成1/5宽，将折好的厚毛巾条从后向前围头部一周，进行适当调整后用细绳将毛巾固定（如图附录-27，a-g）。之后将马头帽套在毛巾外，并固定整理，最后插上银角即可。

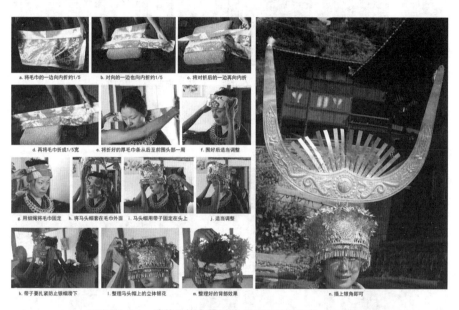

图附录-27　盛装头饰穿戴过程（西江千户苗寨，2012年）

（二）便装的穿戴

　　西江苗族女子便装穿戴中最重要的就是发髻的梳理。首先要用梳子将长发理顺，将头发四周梳拢于发顶，不分缝，用皮筋扎紧成马尾状发束。接下来，将假发用先前捆绑马尾的皮筋固定在倒梳好的马尾根部，将自己的真发扭转成条状，将假发用梳子理顺并用其包裹住扭成条状的真发，这样真发就与假发合二为一了。然后将头发像拧麻花般地扭转成形，盘结于头顶。将发尾由发髻中心甩出，在发尾处用约1cm宽的发带（或是稍粗的彩色绳子）将其缠绕并盘绕在发髻根部固定好。再用梳子整理一下发髻上的发丝，使其更加顺畅。最后，双手分别抓住一根细绳的两端，从发根向发髻的方向将掉下来的碎发捋上去，并喷发胶固定，这样发髻就算盘好了。盘好的发式使人看上去精神利落。发髻虽然盘好了，但是还需要对其进行装饰（如图附录-28）。

图附录-28　便装头饰梳妆过程（西江千户苗寨，2012年）

便装的穿戴相对简单，装饰物已经在服装上，不需要额外缝合，穿戴效果如图附录-29。

图附录-29　便装穿戴后正、背、侧面效果（西江千户苗寨，2012年）

三、西江苗族传统刺绣技艺

（一）平绣

平绣是以平针为基础的绣法，具有绣面平整、针法丰富、线迹精细、色彩鲜明的特点。平绣是较为基础的针法，也是最古老的针法之一，湖南省长沙马王堆一号汉墓出土的绣品中就出现了花纹为山岳云气的平绣针法。

图附录-30　以剪纸为底的平绣（西江千户苗寨，2012年）

贵州雷山西江苗族的平绣是以剪纸为底样的一种平绣针法，绣出的纹样有一定弧度，呈现出微微的浮雕状（如图附录-30）。平绣工艺讲究，绣品华贵精美，但颇为耗时。在西江苗族女性的便装中，平绣多用于上衣前片、袖口和胸兜处。

（二）破线绣

破线绣是在平绣的基础上，将丝线剖成很多细线再来刺绣。破线绣的绣品光滑、平整、细致，富有光泽感，但比较不耐磨，容易损坏。苗族破线绣工艺讲究，绣品华贵精美、光滑细腻，但颇为耗时，属苗绣中的精品。绣制时，首先要将刺绣图案制成剪纸，并将剪纸贴在底布上，然后准备破线。破线是将一根普通丝线用手工均分成8或16股，分好的线穿上针，线随着针穿过夹着皂角液的皂角叶子，使得绣线平顺、挺阔、有光泽，待干后再用平绣的针法，沿图案绣制。西江苗族的破线绣是以剪纸为底样的一种平绣针法，因而绣出的纹样有一定的弧度，呈现出微微的浮雕状（如图附录-31）。

图附录-31　雷山西江苗族破线绣蝶纹衣袖片（西江千户苗寨博物馆藏，清代，彩图见文前插页图3-1）

（三）数纱绣

数纱绣是我国优秀的民族传统手工艺，具有悠久的历史，古时候称"戳纱绣""纳纱绣"，盛行于清代嘉庆年间。陕西咸阳秦六国宫殿遗址出土的绣品中就有数纱绣的绣品。其方法是以素纱罗为面料，按照织物经纬纹格有规律地进行刺绣，绣线需要平行于经线或纬线，线迹的长短有"串二""串三"等变化。由于用彩线在面料上数纱绣平针，具有织花彩锦的质地美，因此又称"纳锦"。数纱绣色调明丽、饱满、图案性强、富有装饰性，在少数民族服饰中十分常见。

苗族数纱绣以针脚细密均匀、图案布局对称、色彩和谐美观为上品。苗女绣制数纱绣一般没有图样，创作空间很大，因纱数的不同，所以也没有完全相同的数纱绣片。苗族数纱绣的底布一般为经纬线非常明显的自织土布，根据土布上的经纬线，按照一定的纱数，沿横向、纵向或斜向规则重复运针，绣制出具有几何对称感的图案。这种绣法是从底布的反面运针，即"反面绣，正面看"。虽然是从反面绣，但是拉线的角度通过这样的运针方式变得更合理，从而使正面的线迹更好看。西江苗族运用数纱绣较少，主要作为辅助针法来装饰衣边、袖口等处（如图附录-32）。

图附录-32　雷山西江数纱绣（西江千户苗寨，2012年）

（四）辫绣

辫绣是将若干根色线编成"辫子"（如图附录-33），将其按照纹样设计需要回旋盘于底布并用丝线钉牢即成。辫绣的特点是纹理清晰，有凹凸感（如图附录-34）。辫绣方法简单，容易出效果。西江苗族辫绣底布一般以土棉布、绸缎、丝绒为主，底色多为黑色或深蓝色。图案以散点式二方连续为多，整体色彩较为艳丽，以黄色、墨绿色、玫红色等为常用色。

（五）锁绣

锁绣是最古老的针法之一，也称为"辫子股""套圈绣""套花""拉花""链环针"等，是我国自商代至汉代的一种主要刺绣针法。长沙马王堆一号汉墓出土衣物中的朵朵云纹就是用锁绣针法绣制而成的；河南安阳殷墟出土的铜觯上有菱形绣残迹，其亦为锁绣针法；湖北马山一号楚墓出土的21件绣品，有对凤、对龙纹绣和飞凤纹绣、龙凤虎纹绣禅衣等，也均为锁绣针法。锁绣的起针在纹样根端，而在起针旁边落针，落针时将绣

图附录–33　辫带（西江千户苗寨，2018年）　　　　　图附录–34　手工辫带辫绣
　　　　　　　　　　　　　　　　　　　　　　　　　　　　　　　（西江千户苗寨，2017年）

线兜挽成套圈状，第二针起针即从套圈中间插针，两针之间约半市分（约0.17厘米），并将前一个套圈扎紧，如此反复，即形成锁链状盘曲相套的纹饰，轮廓清晰明确，如行云流水，曲直分明，坚固耐磨。锁绣在织物上形成线状图形，较为结实，适合刺绣曲线或复杂图案的边缘勾勒，也可以通过紧凑的绣纹来形成密集的块面填花。锁绣针法在少数民族刺绣中保持最为完好，在苗族、侗族、羌族中可以看到整幅刺绣均为锁绣的作品。

　　西江苗族至今仍制作的"双针锁绣"工艺是汉代流传下来的技艺。双针锁绣在刺绣时双针双线同时运用，两条线一粗一细，粗线作扣，细线用来穿扣扎紧，如此反复，绣制具古朴雄浑之感的纹样（如图附录–35）。西江双针锁绣仍以事先描好的剪纸绷缝在面料上，因绣法耗工耗时且复杂，不容易掌握，如今所见不多。

图附录–35　双针锁绣（西江千户苗寨，2017年）

（六）皱绣

皱绣制作的前期工作与辫绣基本相同，也需要先将要绣制的图案剪成纹样贴在底布上，然后用手工辫带（一般是用8根、9根或12根彩色线编成宽0.3厘米左右的带子）按照图案的轮廓，由外向内地将辫带弯曲成一个个小褶皱后，用单线在每一小褶皱处钉一针，将辫带堆钉在剪纸图案上，直至将图案

图附录-36　以剪纸为花样底稿的皱绣（西江镇控拜村，2012年）

铺满。苗族妇女通常将皱绣装饰在衣领、衣袖、衣角、背带等处，富于立体感，装饰效果强烈（如图附录-36）。

（七）锡绣

苗族妇女的锡绣很有特色，比较著名的是"剑河锡绣"。西江苗族的盛装中也有少量锡绣工艺的运用，银白色或黄铜色的锡线与对比色绣线相配，色彩鲜明亮丽，富有较强烈的光泽感和华丽感。严格说来，锡绣应属于一种用料方法。

西江苗族的锡绣主要用于盛装肩、袖、领等部位的装饰，通常以线条状分布。锡绣底布为棉麻布料，以绣线覆盖，常搭配的绣线为鲜艳的浅湖蓝色与红色。如今的西江锡绣多以金银线来替代锡线（如图附录-37）。

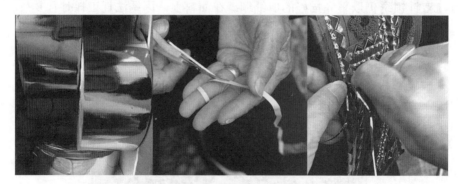

图附录-37　替代锡线的金银线及锡绣（西江千户苗寨，2012年）

（八）缠绣

缠绣通常以一根线作梗，盘曲成花纹，另一根线通过绣针的穿引，从梗线的一侧抽针，而从另一侧刺针，将梗线压落固定。如今，西江苗族女

性盛装中缠绣多用集市上卖
的现成粗线直接缝饰（如图
附录-38）。西江苗族女性便
装中的缠绣常与贴花绣技法
相搭配使用，主要用于固定
贴花图案。一般被缠绕在其
中的梗线是用金纸和银纸剪
成的2～3毫米宽的金线、银
线，而绣线则主要是红色的
普通绣线。这种绣法的图案
线条突出，极富立体感（如
图附录-39）。

（九）贴花绣

贴花绣是颇具民族特色
的传统民间手工艺，是在我国
古代"堆绫""贴绢"工艺基
础上发展起来的一种服饰装饰
手工艺。贴花绣是将一定面积
的材料剪成图案附着在衣物
上，西江苗族贴花主材通常为
真丝。

西江苗族贴花绣的工艺
过程相对较为复杂：先将硬
纸板上的花样剪下，再按照
剪下的纸板将布料剪成比花
样大一圈的花片，然后将花
片的毛边用较粗的竹针拨窝
进去，用乳白胶（过去是用
魔芋制成的胶）粘好，使花
片的边角整齐，为使贴花绣

图附录-38　传统缠绣（上）与以机织粗线代替的缠
绣（下）（西江千户苗寨，2017年）

图附录-39　缠绣与贴花绣并用的胸兜局部（西江
千户苗寨，2012年）

图附录-40　贴花绣（西江千户苗寨，2012年）

更富立体感，在面料和纸板之间用棉花适当填充，最后用胶将制好的图形
粘在所需装饰部位，用金线或银线缠绣固定即可。这种手工艺与以绣线线
迹为主的刺绣手工艺相比，虽然在制作工序上更复杂，但却更容易呈现出
强烈的视觉和肌理效果（如图附录-40）。

贴花绣适合于表现面积稍大、形象较为简洁的图案，其在用料的色彩、质感肌理、装饰纹样上与衣物形成对比，具浮雕感。西江苗族女子便装装饰中常见此工艺，可单独应用，别具风貌；亦可与平绣配合，相映成趣。

（十）掇花绣

掇花是贵州雷山西江苗族在与汉族交往中学会的一种服装装饰技艺。西江苗族掇花绣使用较大的注射针头作为绣针，针尖上要磨出小孔，线从针尾经中空的针棒穿过，在针尖侧面的小孔穿出。掇花前须先将花样纸板用胶粘在底布的反面，然后正面看、反面绣，针头带着线从反面穿向布片的正面，在正面凸起形成高约3毫米的线圈，然后收针回到反面，接下来再依照图案所需进行相同方法的点刺。待整个图案掇完后，将底布正面用剪刀精心修剪成平整光滑的图案即可（如图附录-41）。

图附录-41　掇花用针头、绣制及成品效果（西江千户苗寨，2017年、2018年）

西江苗族妇女主要用掇花绣来绣制花鸟图案，绣出的图形写实逼真，立体感很强。除了用于绣制胸兜外，当地人还常用掇花绣来装饰背带、腰带和便装上衣的肩袖。掇花绣的牢度虽不如上述针法，但是其具有简单易行、绣品逼真立体的特点，因此也是苗家人喜欢采用的便装装饰技法。

（十一）编绣

又叫作织绣，是以绣线为纱线进行交叉编织的绣法，先从后向前绕，在上端折叠部位与相邻线斜向交叉编织出图案（如图附录-42），一般用于盛装绣片的包边。

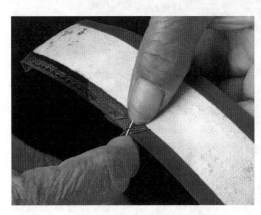

图附录-42　编绣（西江千户苗寨，2017年）

（十二）堆绣

这是一种将拼贴和刺绣相结合的制作工艺，又称作"堆花"。其做法是：先把浆过皂角水的彩色绫子剪成小正方形，再把两个角向内折，也可以再次对折，使之成为带尾的小三角，然后按照图案需要将这些色彩各异的三角形依照构思有序地、一层压一层地堆钉成各种图案。这种工艺造型夸张，色彩斑斓，似鱼鳞一般，更犹如绘画艺术当中的点彩派。百余年前，在贵州台江、凯里、雷山地区的苗族，用此法制作盛装的衣袖及主花旁边的装饰图案，需要与满身的银饰相搭配。后因制作工艺十分费工、费时、费料，现在已经被其他各种针法替代。西江苗族妇女盛装袖片中，各种彩色的小三角形与金银纸组成的装饰仍在使用（如图附录-43）。

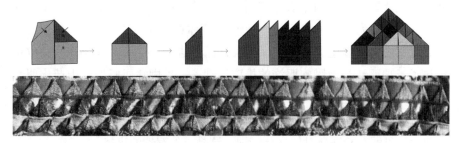

图附录-43　堆绣针法示意图及实物效果（西江千户苗寨，2012年）

后记　书稿完成后的叩问与反思

几经修改，这项研究终将结束。书稿完成，作为"作者"亦是"写作者"，呈现了作为"他者"的设计师在各自"那里"的设计生活。与吉尔兹描述的中规中矩的民族志者一样，笔者从研究最初直至完成，参与到西江展演类民族服饰设计当中去，带回关于设计师如何设计的信息，并试图使这些信息能够为专业领域所用。"想要理解你真正观察到了什么，你就应该知道观察者内部发生了什么。"[1]在研究行将结束之时巧遇机缘，于2017年参与了一项西江当地民族服饰的推广活动——"蝴蝶妈妈"雷山苗族服装创意设计大赛，笔者试图"像人类学家一样思考"，展开设计，投身比赛，也试图从自己的"捕蝇瓶"（fly bottle）中挣脱出来[2]，将自己作为研究客体，获取设计见解，验证自身的文化表现，这是一件有趣的事情。

在本书开篇，笔者谈到了读书时参与的一项民族展演服饰设计实践，那时只是单纯作为一名服装设计师。自2009年攻读人类学博士以来，受到人类学思想的浸润，笔者再度重拾设计工作时，变得"不单纯了"。

一、"当"局内人

最初知道这一赛事，是在一位服装设计专业教师的朋友圈，后来也陆续在黔东南州旅游发展委员会、雷山县人民政府网等媒体看到赛事的征稿信息。因为对西江有着密切的关注，所以便好奇地打开宣传页面，看到比赛的具体要求：

> 本次征集大赛，为参加纽约时装周做准备，旨在贯彻落实国务院《中国制造2025》战略部署和李克强总理在2017中国政府工作报告中提出的培育众多"中国工匠"，打造更多享誉世界的"中国品牌"，推

---

[1] George Devereux: *From Anxiety to Method in the Behavioral Sciences*, The Hague: Mouton & Co, 1967, p.84.

[2] 〔美〕克利福德·格尔兹：《论著与生活：作为作者的人类学家》，方静文、黄剑波译，北京：中国人民大学出版社，2013年版，前言第2页。

动中国经济发展进入质量时代的重要指示，也是为了落实2017贵州省黔东南州政府提出的打造一批民族特色文化品牌，进一步增强文化自信，实施优秀民族文化"走出去"战略，努力扩大黔东南民族文化的国际国内"朋友圈"，让黔东南民族文化蜚声海内外的重要指示，同时，也是打造和展示雷山苗族文化品牌，实现雷山用好两个宝贝，努力打造国内外知名苗族文化旅游目的地战略目标。

比赛由中国人类学民族学研究会博物馆文化专业委员会主办，贵州省雷山县人民政府承办，贵州省雷山县民族文化交流发展中心、贵州省西江千户苗寨文化旅游产业发展有限公司、贵州省雷山县文体广电新闻出版局、贵州省雷山县民族宗教事务局执办，分别征集了本次活动的品牌名称（中文）、主题歌、苗族服装创意设计和苗族文化旅游产品设计四项内容。设计从文化融合、创新创意、市场潜质这三个方面进行考核，要求在文化融合方面能够表现苗族特色元素（主题、图案、材料、造型），具有明显的地域特色和象征性，作品寓意表达积极向上、健康和谐，品牌名称要能体现苗族文化内涵、民族性格特征和苗族服饰特色；在创新创意方面要求作品明显区别于传统产品（图案、造型、材料、功能），有个性特征，能将传统元素与创意理念融合，具有国际普适性和现代表述手法，造型美观，色彩搭配合理；在市场潜质方面，要求作品能具有市场流动的可能，有明显的市场定位，作品具有民族工艺品特征，便于装饰或穿戴，具有审美性与收藏性，作品在同类产品中具有市场竞争力。

笔者因有着不算丰富的民族地区旅游经验，加之七年艺术学服装设计专业的学科背景和熏陶，眼光较为"挑剔"，但所到之处，仍无不被当地具有民族特色的旅游服饰"震撼"。在近年民俗旅游商品同质化的背景下，西江的旅游服饰也一样，没有什么当地特色，而多是全国民族旅游地区皆可见到的旅游纪念品。基于此境，参加赛事的想法更加深植于心，不断滋长。

参加服装专业赛事是本科、硕士求学阶段的事了，现在都是辅导学生参加各类赛事，而这次"出手"县级地方赛事不仅让笔者周围人惊讶，也令赛事评委感到惊奇。一个毕业多年的学生尹飞与赛事评委韦荣慧老师合作了"蝴蝶妈妈的世界——2017雷山苗族服饰高级定制专场秀"礼服设计（图后记-1），他在向我请教时说："韦荣慧老师问我认不认识您，我告诉她您是我的班主任。"[1]一个本可以作为评委的教授来参加比赛，在常人眼

---

[1] 受访者：尹飞，中央民族大学美术学院服装系2012届毕业生，现为自由设计师；访谈时间：2017年11月13日；访谈地点：北京（微信访谈）；访谈者：笔者。

里都是不可理解的，然而于笔者却是意义非凡的。

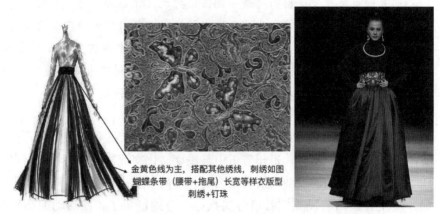

金黄色线为主，搭配其他绣线，刺绣如图
蝴蝶条带（腰带＋拖尾）长宽等样衣版型
刺绣＋钉珠

图后记-1　雷山苗年晚会礼服设计方案及成品（彩图见文前插页）

　　"对于民族志者而言，使自己进入文本（即呈现式地进入文本）或许与使自己进入文化（即想象性地进入文化）同样困难。"①大概是与西江有着不解之缘以及带着刨根究底的心理，笔者想借着参与这项赛事再"当"一回设计师：一方面，想借自己经"人类学"熏陶后的设计能力为西江做点贡献；另一方面，于笔者也是更重要的，是想借局内人的身份近距离地观察，重新论证笔者所研究的西江苗族展演类服饰设计这件事，借参与设计反观自己，反观研究本身。

　　"人类学不可避免地要遭遇他者。但是，隔开人类学文本的读者以及人类学家本人同他者的民族志距离，经常被严格地加以维持，有时甚至被人为夸大。在许多情况下，这种距离导致他者的野蛮、怪诞和奇异成为唯一被关注的问题。熟悉的'我们'与奇异的'他们'之间的这种鸿沟是有意义地理解他者的主要障碍，这一障碍只能通过某种形式的对他者世界的参与来克服。"②在既是观察者又是被观察者，既是"我们"又是"他们"的参赛经历中，自我与他者之间的零距离促使作为作者的人类学观察者和文本之间的关系发生微妙的变化。"作者功能现在在我们看待文学作品的观点中扮演了重要的角色。"③按照福柯的文学话语赋予作者以功能的逻辑来思考设计作品赋予作者的功能，设计作品出自何处？是谁设计的？在何时或

① 〔美〕克利福德·格尔兹：《论著与生活：作为作者的人类学家》，方静文、黄剑波译，北京：中国人民大学出版社，2013年版，第24页。

② L. Danforth: *The Death Rituals of Rural Greece*, New Jersey: Princeton, 1982, pp.5-7.

③ M. Foucault: "What Is an Author?", J. V. Harari (ed.): *Textual Strategies*, New York: Ithaca, 1979, pp.149-150.

何种情景下创作？出于何种构思而展开设计？附属于设计作品的意义和相应的设计作品的地位、价值都取决于我们如何回答上述问题。

二、"局内人"的自观

（一）设计作品出自何处？

来说说此次参赛的设计作品。"到过那里"（西江千户苗寨）很多次，也到过贵州许多其他支系的苗寨，听到、看到许多动人的苗族神话传说，给人印象最深以致在课堂上给学生讲得也是最多的是赛事的主题——"蝴蝶妈妈"的故事。

> 我们来看妹榜生，妹留生在远古。
> 假如现在人出生，这有什么值得说。
> 来看悠悠古时候，妹榜出生在哪里？妹榜出生枫树心。
> 来看妹榜出生吧，妹留生在古时候。
> 哪一个来拍门开，开门来扶妹榜生？
> 蛀虫大王老人家，开门来扶妹榜起。
> 蛀虫大王拍开门，拍着门板嘭嘭响，
> 妹榜起来直直立，妹榜头发蓬蓬乱，妹榜头上真邋遢。
> 来看妹榜出生吧，妹留生在古时候。
> 妹榜生来没有妈，妹榜头上太邋遢，乱发蓬蓬有年把。
> 什么梳子来梳通？要用兜勒油来擦，妹榜头发才光滑。
> 来看妹榜出生吧，妹留生在古时候。
> 妹榜生来没有妈，她把哪个喊做妈？
> 她把神仙喊做妈，山坡应声嘿回答，妹榜心中暖融融。
> 别人生来就有娘，妹榜生来没有娘，她把哪个喊做娘？
> 她把神仙喊做娘，山岭一声嘿回答，妹榜心头暖融融。[①]

在《妹榜妹留》《枫木歌》等苗族古歌中，都有着对蝴蝶妈妈是苗族人共同祖先的传唱。苗族民众将蝴蝶妈妈视为人之祖，而女性服饰上的蝴蝶刺绣和蝴蝶银扣等则作为神话的文化实体，源自其祈求始祖庇护的心理。

[①] 贵州省少数民族古籍整理出版规划小组办公室：《苗族古歌：苗族史诗》，燕宝整理，北京：中国国际广播出版社，2016年版，第278～279页。

　　自参加工作以来，因与民族艺术接触日益增多，一直希望探索如何将时尚设计理念与传统民族文化相结合。所以借着这次比赛的主题，笔者尝试将富有意味的蝴蝶妈妈图案应用在时尚亲子T恤这一载体上。

　　（二）是谁设计的？

　　"在人类学中，'作者'意味着什么？或许在其他话语领域中，作者（伴随着人、历史、自我、上帝和其他中产阶级的附属）正在死亡的过程中；但他……或她……在人类学家之间还非常鲜活。或许照例有背景知识：在我们天真的学科中，'谁说'依然是一个非常重要的问题。"①若要全面客观地认识设计者，就要展开文化主体——设计师的文化自观和自我描述，那么，该怎样描述作为设计师（作者）的自己呢？

　　设计师是一位母亲，有个活泼可爱的女儿，过着标准的核心家庭（三口之家）的幸福生活。家庭新成员的到来，使其许多设计创作也围绕着这一主题而展开。设计师有着交叉学科的学习背景，本硕读的服装设计专业，博士读的人类学专业，现从事着服装设计专业教学与科研工作。"人类学领域有许多其他学科转过来的研究者，它的范围非常广。因此人类学家以前学过的东西，不管是毫无实际用途的技术或深奥的能力，都不会浪费无用。"②当笔者投身设计文化研究时，压根没想到自己的设计经验会有大价值，但它确实有。"一个人类学家的工作倾向于成为——无论他假托什么样的学科——一种对其研究经验的表达，或者说得更准确些，研究经验作用于他的事实的表达。当然，这对我来说同样是事实。"③研究经验不断作用于研究者自身，通过"深描"的阐释，研究者于不断地被当下化的方式中获得了对异文化现象、行为及其"地方知识"的深层理解。

　　设计师各处采风，人类学家多是定点田野，设计师将所见所闻加以艺术提炼，而人类学家的田野工作则重在跨文化体验，重视参与观察。作为此次参赛的设计师，同时又是参与观察的外来田野工作者，笔者希望能够打破西江苗族传统服饰禁忌，从中收获，正如在《天真的人类学家》一书中作者写的那样："最能标示外来田野工作者的反常地位者莫过于他可以

---

① 〔美〕克利福德·格尔兹：《论著与生活：作为作者的人类学家》，方静文、黄剑波译，北京：中国人民大学出版社，2013年版，第9页。

② 〔英〕奈吉尔·巴利：《天真的人类学家》，何颖怡译，桂林：广西师范大学出版社，2011年版，第334页。

③ Clifford Geertz: *Islam Observed, Religious Development in Morocco and Indonesia*, New Haven and London: Yale University Press, 1968, p.X.

快乐漠视几乎一切多瓦悠人（当地人）必须恪遵的禁忌。"①可以说笔者是一位既具有一定的"地方知识"，又具备时装设计专业创造能力的设计师。

（三）在何时或何种情景下创作？

"艺术家可以把看不见的文化变成可视、可听、可感觉得到的气氛及象征性的文化符号，并让其渗透到我们的生活空间，从而成为一种新的生活式样。"②正因有着这样一种力量，设计师须不断自诘内心，思考如何赋予时装以神韵，不人云亦云，出色地驾驭时装。考察过众多的民族地区，特色一直是旅游开发后笔者难觅的要素。毫不夸张地说，千篇一律的旅游纪念品充斥着如出一辙、似曾相识的古城和民族村寨。对于大多数人而言，旅行应该是一件很惬意的事情，但如何将文化和旅游有机地结合起来，满足游客体验"诗和远方"的期待，应当是文旅项目研发的核心。

"创作是一种发现，没有一颗发现之心，美丽的东西终将会遁逃。从这个意义上说，真正的行家是能抓住美的。"③按照列维－斯特劳斯的"压缩模式"④理论，可以将设计作品看作是设计师与"事件、材料及功用"三者偶然性对话的结果，而如果设计师完全被外在偶然因素摆布，则不配称为艺术。"看熟"了民族地区旅游纪念品的雷同，笔者从游客旅行体验出发，尝试发现并创作出既具有与当地传统、风俗、生存方式、思想观念等文化精髓相吻合，又能够被游客带回家后时常"挂念"（使用）的苗族文化旅游产品。基于上述考虑，笔者希望能够在通过设计作品表达、发现自我的同时，将苗族服饰的美加以时尚再现，使作品成为可感知的媒介传达给游客。"进行田野工作的人类学家有着独特的经历，没有其他人能如此了解生活在一个完全相异的文化中是什么样子：政府官员不知道，商人和探险家也不知道。只有人类学家对与之共同生活的人们别无所求——除了［……］对其生活状况的理解和欣赏。"⑤在此次设计中，笔者"到过那里"，而且是他们中的一员，但"在心底"（inside）和"外表"（outside）皆为设计师，是要用他们的语言说话，以完成对自我的揭示。

---

① 〔英〕奈吉尔·巴利：《天真的人类学家》，何颖怡译，桂林：广西师范大学出版社，2011年版，第285页。

② 方李莉：《艺术介入美丽乡村建设：人类学家与艺术家对话录》，北京：文化艺术出版社，2017年版，第17页。

③ 〔日〕山本耀司：《做衣服》，长沙：湖南人民出版社，2014年版，第105页。

④ 〔法〕克洛德·列维－斯特劳斯：《野性的思维》，李幼蒸译，北京：中国人民大学出版社，2006年版，第29～31页。

⑤ Kenneth. E. Read: *In the High Valley*, New York: Scribner's, 1965, p. ix.

（四）出于何种构思而展开设计？

此次参赛，笔者提交的作品是从游客作为消费对象的角度，从他们的购物体验出发，设计的一系列亲子T恤。以T恤为设计载体，是因为它是穿着人数最多的上装品类，适用范围较为广泛，无论男女老幼高矮胖瘦都能穿，在季节上也可应用在春、夏、秋三季，非常适合作为旅游纪念品，还可以作为日常服饰穿着，比较实用。确定了以T恤为载体、以神话故事蝴蝶妈妈刺绣图案为灵感源后，便已经完成了这项文旅产品设计任务初步的设想（图后记-2）。笔者在对西江的调查中了解到，刺绣图案符号的构建与使用，有其特定的社会、历史原因。"神话，实际说起来，不是闲来无事的诗词，不是空中楼阁没有目的的倾吐，而是若干极其重要的文化势力。"[1] "神话的用处在于解释为什么最初不尽相同的东西变成了现在这种样子，为什么不能成为其他的样子。"[2] 马克思的《政治经济学批判导言》则从唯物史观揭示了神话的奥秘："通过人民的幻想用一种不自觉的艺术方式加工过的自然和社会形式本身。"尽管学界对苗族古歌"妹榜妹留"

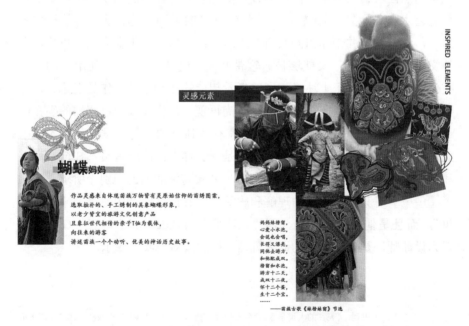

图后记-2 《蝴蝶妈妈》苗族文化旅游产品设计灵感版

---

① 〔英〕马林诺夫斯基：《巫术科学宗教与神话》，李安宅译，北京：中国民间文艺出版社，1986年版，第82页。

② 〔法〕迪迪埃·埃里蓬：《今昔纵横谈——克劳德·列维-施特劳斯传》，袁文强译，北京：北京大学出版社，1997年版，第178页。

的汉语翻译存有争议①，但当地人普遍认为"苗族人是蝴蝶（妈妈）生出来的蛋"②，蝴蝶妈妈被看作是人、神和兽的母亲，是苗族人的始祖和精神图腾。苗族人通过刺绣蝴蝶图案，将人类起源的苗家古老传说加以记录，表现出远古图腾崇拜意识，固化着民族认知。蝴蝶在西江苗族的服饰当中十分常见，艺术表现手法简洁，不受蝴蝶自然形象的束缚，常常运用夸张和变形的方法。蝴蝶装饰在袖子、衣身、裙摆、背儿带等处，除可以作为主体图案用外，也可以与其他形象的主体图案搭配使用。而在此次设计中，笔者将"蝴蝶妈妈"人类起源神话与体现祈求蝴蝶妈妈庇佑的苗族妇女服饰上的蝴蝶刺绣图案和蝴蝶扣等神话文化实体加以引申，将苗族感恩自然、尊崇生命、对"天人合一"的歌咏以亲子装的形式加以呈现，以象征始祖的蝴蝶妈妈形象，传递亲子血缘的一脉相承、温暖亲情的印记以及对生命生生不息的祝福（图后记-3）。

图后记-3　《蝴蝶妈妈》苗族文化旅游产品设计效果图（彩图见文前插页）

---

① 将"妹榜妹留"（Mais Bangx Mais Lief）译成"蝴蝶妈妈"较早出现在1955年的《蝴蝶歌》，后多沿用这一译法。但亦有学者对此译法提出质疑：李炳泽认为Bangx和Lief只是两个常用的苗族女性名字，Bangx为女神之主名，Lief为陪衬名；吴晓东在《苗族图腾神话研究》中亦提到"妹榜妹留"不是"蝴蝶妈妈"；石德富则在《"妹榜妹留"新解》一文中指出，认为bangx（榜）是"植物的花"不是"蝴蝶"，"蝴蝶"的苗语说法是gangb bax lief，不是bangx lief，所以应将"妹榜妹留"译成"花母蝶母"。

② 受访者：唐守成；访谈时间：2011年4月14日；访谈地点：唐守成家；访谈者：笔者。

在具体的方案设计中，笔者选取了清代雷山西江苗族破线绣蝶纹绣片作为图案母版，将刺绣图案加以归纳和提取，并在图案下方加上苗族的英译"HMONG"，以扩大设计作品作为民俗旅游产品的受众范围，吸引国际友人消费。在色彩的搭配上，笔者也提供了以黑、白、灰为三种底色配以红、绿两种冷暖不同色调的方案，以满足消费者的着装喜好（图后记-4）。在制作工艺方面，组委会虽没有提出要求，但笔者也做出了自己的思考，希望可以用水印和刺绣两种不同工艺共同来完成，一方面水印可较好地满足穿着者的舒适感体验，另一方面局部刺绣亦可增加T恤外观的视觉层次感和质感。

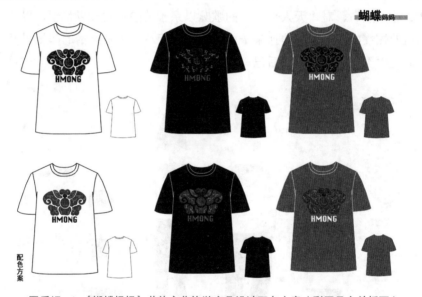

图后记-4 《蝴蝶妈妈》苗族文化旅游产品设计配色方案（彩图见文前插页）

（五）附属于设计作品的意义及其相应的地位和价值

"艺术人类学研究应当从艺术入手，通过艺术形式分析、类型分析、结构分析、工艺过程和场景描述本身，进一步说明艺术背后的文化理念，说明这些艺术形式之为什么的问题，也有可能回答艺术研究者所关心的问题，如形式、情感、激情、想象之类。"[1]艺术人类学的研究既关乎审美，又观照文化。在对自己的设计进行剖析的自白进路中，先在地存在汉族"我者"言说与苗族"他者"表达、主位内容与客位因素交叉融合的问题。对于"蝴蝶妈妈"的文化意义阐释，多数现代年轻苗族人已经不能讲出其背后的深刻含义，只知道过去就是这样的，而有些了解得比较多的人也只

---

① 王建民：《论艺术人类学研究的学科定位》，《思想战线》2011年第1期，第10页。

能讲出诸如吉祥如意这样的表层含义来。因此,众所周知的"我们"与想象的"他们",在这一问题上似乎达成了一致,即蝴蝶图案是一种具有意味的美感装饰。

"美学享受必须是建立在理性之上的快感。"[①]因此,我们有必要理性地分析一下设计作品的受众。由于设计作品定位的消费群体是来西江旅游的国内外游客,产品应能体现西江苗族风情的地域性,能保存难忘的旅游记忆并成为回家后可以"炫耀"的礼品。

> 如果在村寨游玩,希望能买到具有当地特色的、传统的、民族文化气息浓烈的一些刺绣或蜡染小样,可以回来做装饰用。[②]

> 想买到既现代好看又富有当地特色并且实用的东西。[③]

> 会买比较具有当地特色的产品,而不是每个民族旅游地都可以买到的产品。[④]

> 我希望买到的旅游纪念品就是既有他们当地的特色,又可以方便我日常穿着;包括游玩,在当地游玩的时候也能有一些当地的特色吧。[⑤]

这是笔者在田野考察中也常能听到的外地游客想要"找特色""寻传统"的购物心声。

结合当下西江旅游产品市场的现状,笔者首先规避了旅游产品的同质化问题,在设计中注重保存西江苗家人共同的集体记忆,将蝴蝶夸张、放大为苗族的文化符号,使之成为融苗族传统符号与时尚审美特点于一体的物质载体,体现苗族地域文化与市场对接的设计理念。

将苗族传统刺绣图案应用在现代旅游产品中,可以更好地推广和传

---

① 〔西〕奥尔特加·伊·加塞特:《艺术的去人性化》,南京:译林出版社,2010年版,第26页。

② 受访者:尹飞;访谈时间:2018年9月13日;访谈地点:北京(微信访谈);访谈者:笔者。

③ 受访者:李阳,女,1988年生人,中央民族大学2017级研究生;访谈时间:2018年9月14日;访谈地点:中央民族大学;访谈者:笔者。

④ 受访者:梁路遥,女,1994年生人,中央民族大学2017级研究生;访谈时间:2018年9月14日;访谈地点:中央民族大学;访谈者:笔者。

⑤ 受访者:么红梅,女,1991年生人,苏州大学艺术学院服装艺术系教师;访谈时间:2018年9月14日;访谈地点:北京(微信访谈);访谈者:笔者。

播苗族传统文化。将具有悠久标识的历史神话"蝴蝶妈妈"的文化符号放大，会给非苗族人以较强的视觉冲击，这是一种对西江苗族文化某个"点"的强调，但与此同时是否容易刻板化苗族形象？如今，苗族服饰上的蝴蝶图案更多体现的是装饰性，曾经的符号意义也不过是一个文化属性，并不能成为民族文化的分界点。而从推进文旅产品创新的角度来说，结合艺术、美学和人文，从传统中创新西江苗族文化，推出多样化的旅游产品，不失为一条佳径。

三、"局内人"的他观

全球化对文化最显著的影响就是艺术与文化"同质化"和"差异化"两种相互对立的趋势。在由市场与竞争主宰的全球化世界中，尊重差异是人们在保持文化多样性方面已达成的共识。就此项赛事而言，将雷山西江打造成国内外知名苗族文化旅游目的地，让民族文化"走出去"的战略目标亦是在全球化背景下，民族文化"同质化"与"差异化"之间互动的体现。"所有文化都常常会相互'偷取'，无论是占统治地位的文化，还是居从属地位的文化。"[1] 尽管作为旅游产品的亲子T恤，并不能够起到吸引游客单纯为此而来的作用，但"偷取"苗族文化内涵、融合时尚趋势的设计理念符合文化旅游的现实发展方向，有助于树立西江民俗旅游品牌，提升西江在游客心目中的形象，满足游客获取异文化吸引物文化体验的出行动机。

"文化间的挪用通常是这样起作用的，因此人们感兴趣的是被借用元素的新意义是否符合借用者的目的，而不是它在原始语境中的意义。[……] 挪用，特别是那些'不正确的'挪用，常常是一个原创的过程，可以被理解为一种对意义的创新。"[2] 从设计创新角度来看，不同族群之间的"旅游者凝视"使得民族村寨的族群文化被商品化和符号化，设计师们亦在不断挖掘民族"文化符号"的过程中将民族文化加以创新展示，以满足游客以视觉为核心内容的旅游体验，为游客提供多样化解读的机会。"因此观赏者被转变成了一个参与者的因素，而他本人对此甚至一无所知。只有在凝视画面时他才仿佛把握了同一作品的其他可能的形式。而且他模模糊糊地感到自己比创作者本人更有权力成为那些其他可能形式的创作

---

① 〔斯洛文尼亚〕阿莱斯·艾尔雅维茨：《全球化的美学与艺术》，刘悦笛、许中云译，成都：四川人民出版社，2010年版，第130页。

② 〔斯洛文尼亚〕阿莱斯·艾尔雅维茨：《全球化的美学与艺术》，刘悦笛、许中云译，成都：四川人民出版社，2010年版，第130～131页。

者，因为创作者本人放弃了它们，把它们排除于自己的创作之外。"①

观看是一个远距离动作，自观和他观切换的是观看的视角，不同背景下的"局内人"也会持有不同的观点。具有苗文化背景的专家、当地的民众、西江苗族服饰设计师，又是怎样看待笔者的设计作品的呢？

经过具有多元知识背景专家团队的评审，笔者的旅游商品设计类投稿作品最终获得了服装设计类的优秀奖。这样的评选结果，一方面体现了专家们对作品在某种程度上的认可，另一方面可以看出评委们存在认为T恤是服装、不能作为旅游商品这一误解。然而，作为旅游商品的"蝴蝶妈妈"亲子T恤，承载了满足旅行者购物需求及传播雷山西江苗族形象的双重任务，具备了纪念性、艺术性、实用性和收藏性等旅游商品应具备的基本特征，缘何被评委们划分为服装设计类的参赛作品呢？

既是游客又是设计师的尹飞这样说："匆匆一瞥，感觉西江千户苗寨比较有特色，袅袅炊烟，熙攘街市，建筑很具有当地苗族特色，同时服饰也是汇聚了多种形式。但商业化严重，主干道两侧商铺林立。特色纪念品以蜡染、刺绣为主，主要有银饰和蜡染丝巾。"②既是当地人又是设计师的穆春说："如果我在民族村寨游玩的话，还是比较希望能买到就是当地比较有纪念性的，就是一些图腾（作为装饰图案的物品）啊，或者说能够代表当地特色的旅游纪念品。"③苏州大学艺术学院服装专业教师么红梅说："2013年的时候去过，对西江印象主要是它的环境，那种氛围下呢，就会让人有一种很亲近的感觉，那种层峦叠嶂、烟雾缭绕的感觉就很喜欢。然后对民族村寨的感受就是跟其他的相比，我反而觉得它更传统一些，更有那种回归感，一直还是很传统吧，不像其他的地方那样更商业化，我感觉虽然它是一个商业化的苗寨，但是我觉得它比其他的地方，比如和云南相比它反而更传统一些。"④"景点内专供本地居民搭乘的摆渡车以及很多边看店边刺绣的姑娘，给了我极深的印象，商业化与本地居民处于一个较和谐的状态。虽然也有所谓的义乌小商品，但是也不乏具有本民族特色的产品。"⑤的确，西江能带给南来北往的游客以印象深刻的旅行记忆，商业化也是游客们评价时的关键用词之一。

穆春在和笔者聊到西江的旅游纪念品时也表示："我觉得西江当地的

① 〔法〕克洛德·列维－斯特劳斯：《野性的思维》，李幼蒸译，北京：中国人民大学出版社，2006年版，第31页。
② 受访者：尹飞；访谈时间：2018年9月13日；访谈地点：北京（微信访谈）；访谈者：笔者。
③ 受访者：穆春；访谈时间：2018年9月21日；访谈地点：北京（微信访谈）；访谈者：笔者。
④ 受访者：么红梅；访谈时间：2018年9月14日；访谈地点：北京（微信访谈）；访谈者：笔者。
⑤ 受访者：梁路遥；访谈时间：2018年9月14日；访谈地点：中央民族大学；访谈者：笔者。

旅游纪念品做得还是比较有限，比较少，创新的东西还是比较少。我认为造成这种印象的原因是创新能力弱，大家对品牌，对这种当地纪念品的参与度啊，比如做这个东西的人也比较少、比较有限。"谈及自己在开发旅游纪念品的想法时，穆春说："我做这个刺绣饰品的时候，只是想着能够把古老的苗绣展示出来，然后让每一个人都能去运用它，或者就是拥有它，然后去体验这种古老的东西和现在的这种生活用品的结合。也有想过与其他民族村寨的纪念品区分，因为都想做到比较特别，或者说叫独一无二的样子。"她认为能够凸显苗寨特色的"首先是西江刺绣的针法，还有就是西江的一些图腾图案"。说到自己设计作品的用户评价时，穆春坦言："游客对我的旅游纪念品的评价还是蛮好的，因为性价比高，价格比较便宜，东西品质也比较好，然后能够作为比较独特的礼物带回给亲朋好友，同时的话又有我们西江当地特色，就是将刺绣、银饰结合在一起。"①

"今天的消费不再是为了生活需求的消费，而是要寻求消费的意义，这种意义是通过自我反思性的知识而获得的。在个体寻求一种知识的反思性的同时，知识进入到了消费文化的领域中来。"②对西江旅游纪念品的消费也不是消费者可以完全自由选择的，是在一个社会和文化框架内的消费。游客所需要的东西就是社会所设计出以供消费的东西，文化不仅满足消费者的需求，也塑造着消费者的需求。西江销售自己民族的文化，游客购买自己喜欢的异文化，大家在消费自己文化的同时也在消费其他文化。

当和笔者聊到对西江旅游产品的设计期待时，设计师们坦言：

> 如果让我设计，可能会更多着手于考察当地特色与专长，带动当地刺绣或蜡染，采用传统工艺，加入现代元素和图案来设计。可能会考虑包袋，把传统刺绣图案解构，重新配色进行组合设计，营造适合当下年轻人接受的民族设计。③

> 文创类，书本，衣服，瓷器，银饰……以当地的民族图案为元素。④

不同的设计师在吸收了西江苗族文化元素后，拟开展的不同设计思

---

① 受访者：穆春；访谈时间：2018年9月21日；访谈地点：北京（微信访谈）；访谈者：笔者。
② 赵旭东：《消费的文化解释》，《江西社会科学》2006年第10期，第13页。
③ 受访者：么红梅；访谈时间：2018年9月14日；访谈地点：北京（微信访谈）；访谈者：笔者。
④ 受访者：梁路遥；访谈时间：2018年9月14日；访谈地点：中央民族大学；访谈者：笔者。

路，印证了"即使两个人吸收同样的文化元素，他们也会有不同的侧重、不同的比例。而当人们吸收多种不同文化元素时，这些差异肯定会更加明显"①。尽管如此，但设计师们将传统元素融入现代生活的设计理念是一致的。

笔者借势让设计师们在未告知创作者的前提下点评了"蝴蝶妈妈"亲子T恤：

> 此款T恤，如果在当地游玩，可能会购买，如果是网上购买，我可能不会考虑，原因是民族性太强，包括蝴蝶的配色属传统配色，色彩较为强烈，不适合我。②

> 理念我很喜欢，如果去购买的时候有店员给讲解其中蕴含的意义，可能会购买。③

> 我会买，亲子装或者情侣装的设计会很有吸引力，一家人穿着这种设计的衣服在当地游玩会比较有代入感，带回去之后是一段回忆，同时还具有很高的实用价值。但是我购买与否也取决于它的价格、品质、图案。④

> 如果说是团体过去的话，比如说一堆人，我们想要一些特色，在当地，那我可能会购买，因为大家一样的嘛，穿成一样的团体的这种形式。但如果说是单独的话我可能不太会购买，因为在当地我可能还是想要一些他们当地的特色。除非说是我买回到我日常生活的地方可能T恤来讲更好一些。但如果说在当地的话可能就更想要特色一点吧。因为想要一种那种融入的状态，但是你融入的时候呢又相对来讲是特别的、时尚的，就是你有那种很兴奋的感觉。⑤

从访谈中可以看出设计师们给出的各种购买可能性和前提条件："在当地游玩时购买""被告知图案的文化内涵意义后购买""视价格、品质、

---

① 〔斯洛文尼亚〕阿莱斯·艾尔雅维茨：《全球化的美学与艺术》，刘悦笛、许中云译，成都：四川人民出版社，2010年版，第179页。
② 受访者：尹飞；访谈时间：2018年9月13日；访谈地点：北京（微信访谈）；访谈者：笔者。
③ 受访者：梁路遥；访谈时间：2018年9月14日；访谈地点：中央民族大学；访谈者：笔者。
④ 受访者：李阳；访谈时间：2018年9月14日；访谈地点：中央民族大学；访谈者：笔者。
⑤ 受访者：么红梅；访谈时间：2018年9月14日；访谈地点：北京（微信访谈）；访谈者：笔者。

图案而定""团队购买"……这些也从侧面展现了"蝴蝶妈妈"亲子T恤的市场前景。

当然游客的感受和购买欲望是一方面，苗寨的民俗旅游产品设计也需要倾听"异文化"持有者——苗寨人的心声。如同近来颇受争议的《事苗：苗文化的多维观想》（以下简称《事苗》）这一当代苗族艺术发掘与创作实验展，因画家童言明的作品《蛊》首先引发了苗族人的愤怒，整场展览被苗族知识分子和网友评价为"一群走偏的艺术家对苗族文化连皮毛都没有摸到的创作者制作的'怪物展'"[1]。关于《事苗》的争议，涉及传统物质文化与非物质文化如何与当代前卫实验性艺术相处，涉及苗族艺术工作者与非苗族艺术工作者的互动，以及展览对当地及当地人产生何种影响等问题。当然，《事苗》的观众是多样的，观看的视角也是多维的。有了多维的观，自然有着多维的想。艺术家们在创作中需要考虑被创作民族的情感和主体性，评论家们也当对艺术家做出近距离参与观察后再做出整体客观的评价，而不能仅仅通过作品呈现的表象来臆测艺术家的创作行为和体验。

关于笔者的亲子T恤设计，笔者也访问了一些西江当地人，希望可以听到文化主体的声音传达。当地人穆春这样说："我对这个征集大赛不太了解，就去年看到有个订阅号宣传过这个比赛，但是没有去参与过。我觉得这个T恤设计很实用。T恤，夏天每个人都会想拥有一件，又是亲子装，或者说情侣装，是一件很特别的，又有当地图腾特色和文化的T恤。"可以说，游客在民俗文化旅游过程中所体验的异文化以及所对应的消费行为，不只是个人需求被满足，亦是被多种权力和资本共同作用生产出的文化符号吸引。因此从游客的角度，穆春分析道："我觉得游客会很喜欢的，它比较有代表性，然后也蛮实用的。像这样的T恤价格也不高，性价比也比较高，大众化，平时在大城市里面你随便买一件T恤的话也要个一百多好几百块。如果我是游客的话肯定会购买的，像这样的蝴蝶妈妈图腾的这种T恤，比较有文化的意义。"[2]的确，"在'旅游者凝视'下，展演的文本以民族地区原生文化符号的复制与变形、移植与加工得以建构，为游客制造出特殊的时空距离感，以产生强烈吸引力。族群文化在'凝视'的权力下进一步符号化、刻板化，并面临着变形再生产的危险"[3]。

---

① 石茂明、树禾：《苗族的声音：陈一丹基金会的"事苗展"摊上事儿了？》，微信公众号"三苗网×智慧苗族"，2018年9月13日。

② 受访者：穆春；访谈时间：2018年9月21日；访谈地点：北京（微信访谈）；访谈者：笔者。

③ 孙九霞：《族群文化的移植："旅游者凝视"视角下的解读》，《思想战线》2009年第4期，第42页。

　　"若你动情书写，他者也会真情回应。"①面对被设计作品打动而购买的消费者，设计师的职责是什么呢？作为"异文化"持有者（因近距离参与观察了西江苗族服饰，笔者自认为在某种程度上持有苗族服饰文化的"自我"）的笔者在设计时，也并非完全能够做到如同族群携带自己文化进行变迁的那种"有根移植"。设计作品为与笔者一样的外来游客的"我用"（笔者既是设计师，又是设计作品的使用者，因而这里的"我用"也是"他用"），设计师与设计师的研究对象站在同一条线。这些作品是移植了民族文化后又在西江当地销售的物品，也许亦会对族群原生地的文化传承以及族群服饰文化的"我用"产生一定的影响。

　　笔者关注民族服饰传承创新的这些年里，常常能够看到一些时尚设计师运用民族技艺进行设计创作的案例。例如，杭州手工刺绣饰品品牌"王的手创"创始人王丹青毕业于民间艺术设计专业，志在发掘正在消失的108种中国传统手工艺。她将传统技艺与现代生活美学加以融合设计，产品不仅受到了消费者的喜爱，实现了"小众产品大众化"，年销售额达800万，而且为扩大产能，在西江苗寨、肇兴侗寨、哈密维吾尔族村寨、三都水寨等偏远少数民族村寨建立手工基地，解决了当地家庭的收入问题，让绣娘们收获了物质的回报、手艺的尊严。设计师的创意开拓了当地绣娘的视野，丰富了当地传统服饰技艺的门类，也促进了文化间的交流。

　　然而，仅仅作为外来设计师设计意图的实现者（或者说是加工方），并未使当地绣娘们的自主开发能力得以训练，具有当地特色的刺绣针法也并未在实现设计师意图过程中得以呈现。"王的手创"饰品刺绣技艺以平绣针法为主要技法，而品牌手工基地都各自有具地域特色的刺绣技艺，例如西江苗族的皱绣、双针锁绣，肇兴侗族的缠线绣，三都水族的马尾绣等。当地的绣娘们接到订单后只能按照品牌要求进行绣制，尽管可以解决部分生计问题，但对当地传统技艺的传承并没有起多大作用，反而人为加速了各地技艺的趋同化。尽管文化的差异不会因为世界性文化的交往而自然消失，但类似的基于文化融合的商业活动，或许将会使地方性的认同和地方知识渐渐成为一种回忆。在文化重构中，最初产生地方性认同和地方知识以外的地方也将获得重新体验，边界变得日益模糊。倘若设计师能与绣娘们共同研发，使产品既符合品牌风格，又具有当地特色，也许不失为实现民族技艺创新传承美好愿景的一条路径。

---

① 〔美〕露丝·贝哈：《动情的观察者：伤心人类学》，韩成艳、向星译，北京：北京大学出版社，2012年版，第15页。

早些年，我去少数民族地区采风时经常考虑的是"拿什么""怎么拿"；如今我常常会想我的行为、我的书会"给"到当地人什么，对他们有什么影响。"作为审美文化批评的艺术人类学研究还要充分发挥其介入现实、介入生活的文化功能。"①那么，我想考察艺术活动也一样，注重人的"体验"是帮助我们探索文化观察与阐释的有效途径，可以弥补以往研究或仅关注感性或仅关注理性，或重视视觉式或重视听觉式的研究方法的缺失。

四、尾声

"凡在人类学史上产生了重要影响的优秀的人类学家，其素养几乎都无一例外是全面的。一方面，时代精神和特定时代、特定文化中智识阶层的某种独特的格调和氛围在他们的身上打下了深深的烙印；另一方面，他们也非常自觉地从自身文化中包括文学在内的各种艺术形式中广泛汲取大量卓有成效的表现手法，并且在自身的民族志写作实践中进行大胆尝试和运用。在此基础上，他们在民族志书写实践中往往能形成自己独特的风格和精心构思并且驾轻就熟地加以运用的民族志文本策略和表现手法，不但为自己的民族志文本进行了风格鲜明的署名，而且为无数人类学家的民族志话语提供了一种巨大的可能性，大量的民族志曾经并且正源源不断地从这种可能性中被生产出来。"②在将自己过去的经验呈现出来的同时，若偏爱"向后看"的反思性，将使自己获得的经验回馈与自身返回到自己与他者共存的现场中，实现"你中有我，我中有你"的互为主体的知识追求。在田野工作中，被研究客体与研究者主体是同时存在的，因为研究者与被研究者的共时在场，才有着丰富的研究发现。"人类学家通过了解自己去了解他者，也通过他者来反观自己。"③以曾经的设计作品开篇，又以经过"人类学思考"的设计作品结尾，不得不说这其中的缘分奇妙。

福柯在《作者与写作者》一文中，将作者分为两类：一类是"一个文本、一本书或者一个作品的创作的正当归属者"，另一类是开创了"一种理论、传统或者学科，其他作者可以反过来找到一个位置"的更具影响力的人物。④笔者属于前者，但又在努力成为后者的道路上砥砺前行，希望

---

① 董龙昌：《列维－斯特劳斯艺术人类学思想研究》，北京：中国社会科学出版社，2017年版，第233页。
② 李清华：《地方性知识与民族志文本：格尔茨的艺术人类学思想研究》，上海：上海三联书店，2017年版，第18页。
③ 〔美〕露丝·贝哈：《动情的观察者：伤心人类学》，韩成艳、向星译，北京：北京大学出版社，2012年版，第15页。
④ R. Barthes: "Authors and Writes", S. Sontag (ed.), *A Barthes Reader*, New Jersey: Princeton, 1982, pp.185-193.

探究了近十年的研究成果能产生新的学科生长点，能为所交叉的学科提供些许参考。

如同布迪厄所言："学术人乐于欣赏成品，就像因循守旧的学院派画家，总想在自己的作品里，使任何一点笔触，各种反复的润色，完全消失得无影无踪。我发现有些画家，其中就有马奈的老师库蒂尔（Couture），他留下了大量素描，风格酷似旨在反对学院派绘画的印象派画风，但他和其他一些画家经常在对画稿作最后修饰时，屈从于完美精细的标准，这样的表现方式正是学院派的审美观念，在某种意义上，这些人自己'破坏'了他们的作品。"① 因此，我对当代展演类民族服饰设计的研究，到这里暂且就告一段落，不再"破坏"，尽管它还不够完善，有着各种各样的不妥之处，但确为笔者通过尝试与教训，逐渐积累起来的"进行"状态的研究，笔者乐意接受所有人的质疑与批评而不断进步。

① 〔法〕皮埃尔·布迪厄、〔美〕华康德：《实践与反思——反思社会学导引》，李猛、李康译，北京：中央编译出版社，1998 年版，第 340 页。

致　谢

　　本书是关于展演类民族服饰设计的，关于传统的民族服饰在全球化时代背景下，在中国服装设计文化中的呈现。我希望了解是什么促成了虽有差异但却相对稳定的当代展演类民族服饰设计现状。

　　2005年至2018年，我先后到云南、贵州、湖南三省的二十多个村寨进行了关于民族服饰的田野调查，当地民族的风土人情深深地感染着我，也使得我的研究有了较为扎实的实践基础。为了采集研究素材，我曾分别于2008年、2009年、2011年、2012年、2017年和2018年（去了两次）七次前往贵州，去过分属不同苗族支系的村寨大约十余个，其中曾五次到西江千户苗寨做实地考察。我要诚挚地感谢贵州的苗族同胞，他们在生活上帮助我，并和我分享他们的知识。从北京的学校来到黔东南的苗族山区，他们的盛情款待给了我家一般的温暖，他们热情地以各种方式告诉我想要了解的知识。感谢在西江调查中提供帮助和指导的朋友们：西江千户苗寨鼓藏头唐守成，西江千户苗寨村主任李光忠，西江苗寨艺术团负责人鄢洪，西江千户苗寨"木春绣坊"店主穆春，西江老街"蝴蝶妈妈"T恤衫店店主兼设计师潘璐，西江千户苗寨"白水河人家"的宋美芬、龙绍先、龙玲燕等。

　　这项研究基于庆祝中华人民共和国成立60周年游行中"爱我中华"方队中的民族服饰，因此在研究过程中不可避免地要叨扰游行的组织者和参与者。在这里要感谢中央民族大学校团委的马国伟书记，他为我研究方队中的西江苗服提供了便利，并热情地帮我联系制作方队表演服饰的厂家。还要感谢刘雨霏和李美涛，她俩是中央民族大学美术学院2007级服装设计专业学生、"爱我中华"方队游行参与者，她们从设计专业的角度为我提供了论文写作的必要信息。另外，诚挚地感谢呼和浩特明松影视服装设计中心总经理明松峰、刘景梅，设计师明宇，他们在我于呼市调研期间一直为我提供帮助和支持，感谢他们一家三口及工厂的师傅们接受我的采访，毫无保留地为我提供资料，使我非常顺利地完成了近距离的客位观察与参与的主位体验，收获了鲜活的素材。

另外，尤其要感激北京服装学院89岁高龄的李克喻教授（她也是我本科和硕士阶段的恩师）和中央民族歌舞团87岁高龄的服装裁制师张顺臣老先生，他们耐心地为我讲解他们曾经做过的舞台演出民族服装，讲设计中的道理，谈制作方面的经验，并为我提供珍贵的历史资料。感谢中央民族大学民族博物馆原副馆长刘军教授，他无私地帮助、支持和鼓励着我，并尽己所能地给我提供研究资料。还要感谢"多彩中华"民族服饰展演活动的创办者、著名的服装设计师韦荣慧老师，在百忙之中接受我的访谈，和我探讨其中的问题。

这部书稿从构思、执笔直至修改完善，都得到了他人的学术帮助。首先要感谢我的导师王建民教授，在学习期间以及写作的每一个阶段，他都耐心地提出种种具体意见。我就像是一个在人类学海洋里的"盲童"，是他给我指引了光明之所在。他的每一次一针见血的指点，都让我发自内心地感慨和佩服，有种顿然大彻大悟的感觉。更重要的是，他在学术上的广博见解给我以至深至久的力量，一丝不苟的学术态度是我终身学习的榜样，深厚的学术造诣和深刻的洞察力更使我受益匪浅。最初得到了北京大学社会学系朱晓阳教授、中央民族大学民族学与社会学学院潘蛟教授和张亚莎教授以及中国林业大学社会与人口学院赵旭东教授的指点，这项研究才能够更加顺利地开展，少走了不少弯路。中国社会科学院民族学与人类学研究所原研究员翁乃群给我做出了中肯的指导，鞭策并促进了我的学术实践。还要感谢中国社会科学院社会学研究所社会人类学研究室罗红光主任、北京大学社会学系朱晓阳教授、中央民族大学民族学与社会学学院潘蛟教授和潘守永教授，他们在百忙之中认真地阅读了我的书稿，并提出了扼要恳切的意见和建议，完善我的修改思路，使我受益良多。

对我的家人也要特别提出感谢，他们竭尽全力支持我，让我得以安心学习和研究。感谢双亲，他们抚养我长大，始终无私、热情地鼓励我，感谢他们对我晚婚晚育的容忍。还要感谢爱人陈立新的无私奉献和帮助。他陪着我完成了所有的田野调查，陪我几次远赴贵州和内蒙古。2009年从贵州调研回来，他因劳累免疫力低下而被传染了甲肝，所以非常遗憾地未能身穿蒙古袍，参加中华人民共和国成立60周年庆典"爱我中华"方队的群众游行。他所做出的牺牲，我难以言尽……更让人感动的是他至诚的热情、无私的爱心、坚韧的品格和乐观向上的人生态度。

还要感谢本书中所引用的学术作品的作者们，他们是我未曾谋面的良师益友,他们的学术研究成果为我的研究奠定了基础。

　　手捧书稿,我心里五味杂陈。因受个人学术水平所限,难免有失准确之处,但我进一步深入完善它的脚步不会就此停止,我将笃志前行。

周　莹

2018 年 12 月